Reliability Design of Mechanical Products Under Gradient Threshold

渐变阈值下机械产品的可靠性设计

王新刚　著

化学工业出版社
·北京·

内容简介

产品阈值的变化直接影响产品的性能和质量评价，本书提出渐变阈值的概念，详细阐述了阈值的渐变特性和竞争失效机理，给出了冲击阈值与性能退化阈值之间的数学关系。充分利用产品监测的退化数据，同时丰富现有的冲击类型，开展了渐变阈值下机械产品竞争失效的可靠性评估方法研究，解决了传统阈值为固定值或离散型分段函数下对产品可靠性高估的问题，进一步完善了产品可靠性评估理论体系。

本书适合作为高校硕士研究生和博士研究生的专业教材，也可作为相关专业科研工作者的技术参考书。

图书在版编目（CIP）数据

渐变阈值下机械产品的可靠性设计/王新刚著．—北京：化学工业出版社，2022.8（2023.8 重印）

ISBN 978-7-122-41451-9

Ⅰ.①渐… Ⅱ.①王… Ⅲ.①机械设计-可靠性设计 Ⅳ.①TH122

中国版本图书馆 CIP 数据核字（2022）第 086543 号

责任编辑：陈　喆　王　烨　　　文字编辑：赵　越
责任校对：王　静　　　装帧设计：王晓宇

出版发行：化学工业出版社（北京市东城区青年湖南街 13 号　邮政编码 100011）
印　　装：北京建宏印刷有限公司
710mm×1000mm　1/16　印张 13　字数 220 千字
2023 年 8 月北京第 1 版第 3 次印刷

购书咨询：010-64518888　　　售后服务：010-64518899
网　　址：http://www.cip.com.cn
凡购买本书，如有缺损质量问题，本社销售中心负责调换。

定　　价：128.00 元

前言

随着科学技术的发展，众多行业产品都呈现出高可靠、长寿命、小子样的特点。传统的加速寿命实验只能获得少量的产品失效数据甚至无失效数据，这给产品可靠性技术带来极大的挑战。基于性能退化数据的可靠性分析方法克服了这种局限性，成为目前可靠性领域的重点和热点研究内容之一。然而判断产品性能退化的一个关键指标就是阈值，阈值的变化直接影响到产品的性能和质量评价。目前对于阈值的确定，都是通过理论经验和试验给出某一个固定值、随机变量或分段函数。实际上随着产品性能逐渐退化，其自身鲁棒性会下降，这将影响到冲击带给自然退化过程累积增量的效果，以及基于冲击强度对其分类的阈值的变化。这些阈值大都呈现逐渐递减的变化趋势，所以不考虑阈值的变化特性会高估产品的可靠性，带来不安全因素。同时，目前产品性能退化大多呈现出非单一性能、非线性的多性能退化过程，这也使得产品的实际失效数据很难获得，而且有些监测数据不能直接表示退化状态，如振动信号、声发射信号、油液分析数据等，这给产品可靠性分析带来了一定困难。其次，阈值的变化影响了产品性能的评价，传统单一或多元性能指标衡量产品的性能退化程度已不符合实际需求。

为了准确评估产品可靠性水平，本书以“十四五”国家科技支撑计划项目、国家自然科学基金项目为背景，深入研究了在考虑阈值渐变特性的情况下，充分利用产品直接、间接退化数据来进行多性能联合退化过程下的产品可靠性分析方法，为由于失效数据少、不宜获取和产品样本少等因素带来的可靠性评估不准确提供理论和技术支撑。详细阐述了由于现有冲击类型不够丰富和冲击失效阈值的渐变性导致传统冲击失效模型对产品可靠性评估不准确的原因和机理，深入研究在阈值的渐变特性下，明确自然退化过程和冲击过程的相互作用机理，建立考虑渐变阈值下的产品竞争失效过程的可靠性估计模型，弥补传统模型的不足。使产品可靠性预测模型更加符合实际工况，具有一定的工程应用和推广价值，完善机械产品竞争失效可靠性理论体系。

借此书出版之际，首先感谢广东石油化工学院、东北大学、电子科技大学和西安交通大学等单位的领导和同仁对本书给予的支持和鼓励，特别是同行专家的专业指导意见给了我深深的启迪，令我受益匪浅。同时我的学生杨禄杰、张鑫垚、马瑞敏、韩凯忠、李林和申强参与了本书部分内容的编写和校对工作。在此，谨向对本书给予帮助的专家同仁表示真诚的感谢和深深的敬意。

另外，向多年来一直给予我无限关怀和恩情的父母致以最衷心的感谢，您们的支持给予了我无穷的动力和信心；特别感谢我的妻子对我无微不至的关心和默默的支持，给予了我不断进取的信心和力量。也要感谢我的两个女儿王思涵、王墨涵，是她们给我带来了生活的无穷快乐。

本书的出版得到了广东石油化工学院人才引进项目（No. 2020rc034）、广东省普通高校重点领域专项项目（No. 2022ZDZX3013）、省部共建精密电子制造技术与装备国家重点实验室开放课题（No. JMDZ2021012）、福建省自然科学基金项目（No. 2022J01527）、河北省自然科学基金项目(No. E2020501013)和中国空间技术研究院项目（No. CAST-BISEE2019-019)的大力支持，在此一并表示感谢。

为了方便读者对实验的图形图像有更直观的理解，我们把全书的插图汇总归纳，制作成二维码，放于封底，有兴趣的读者可扫码查看。

由于作者的水平有限，书中难免有疏漏或不妥之处，恳请各位专家学者批评指正。

王新刚

目录

第6章 刀架振动传递路径系统的稳健优化设计 98

第7章 考虑突发失效阈值变化的产品可靠性设计 119

第1章

绪论

1.1 研究背景与意义

可靠性的概念最初是在第二次世界大战时提出来的，当时起源于航空领域，那时将可靠性作为一门独立学科进行研究，原因在于产品的结构日益复杂，如果不解决可靠性问题，那么其系统功能也就变得毫无意义。在20世纪中叶就已经有了大量可靠性分析的统计方法，在可靠性评估方面取得了重大的进步。自20世纪70年代起，一些学者就已经开始研究产品的失效模式与失效机理之间的关系，因此应用失效物理的可靠性试验和环境应力筛选越来越有效[1]。随着科技的不断发展，产品的可靠性研究已经达到了一个新的水平。

可靠性工程理论在产品的开发、制造与使用过程中都具有极其重要的意义。根据可靠性相关理论对产品进行描述，评估其可靠性，从而能够根据可靠性指标的改变，研制出相关策略以提高产品的使用寿命，从而获得更大的利益。大多数产品被设计为可以运行数年、数十年甚至更长的时间而不会出现失效，正是由于这个原因，出现了失效数据严重不足的情况，甚至可能会出现零失效。然而在进行传统可靠性分析时通常需要依靠大量的失效数据，所以基于失效数据方法进行可靠性分析将遇到阻碍。然而大多数高可靠性、长寿命的产品具有性能退化（刀具的磨损、金属材料的疲劳等）特征，如果在其工作过程中能够采集到相关的性能退化数据，那么就可以根据可靠性理论对产品进行相关的分析。目前，以产品性能退化数据进行可靠性研究已经成为当前的热点，利用退化数据建模的方法在失效数据很少或没有失效数据情况下也能进行可靠性分析，现在已经成为可靠性理论研究的重点之一。

在研究产品的性能退化数据时，能够发现其退化程度与故障时间是有关联的，两者并不是单独地存在。比如产品发生突发失效的时间与性能退化量成正比，两者之间存在着关联，当然也有可能无关，然而根据传统可靠性理论，在研究产品的失效时一般只考虑到其失效时间与次数等相关特征，并没有充分考虑产品在性能退化过程中的有效信息，这样就会导致可靠性评估不准确。因此，在分析产品可靠性时，不能仅仅考虑其退化失效与突发失效，还需要综合考虑退化失效与突发失效两者之间的相关性，这将是基于性能退化失效产品可靠性的研究发展方向之一。

同时，由于产品在研发、材料等方面都得到了发展，因此其失效机理也更加难以判断。而产品本身通常拥有多个性能特征，虽然各个性能参数之间的退化机理有着明显的不同，但是各参数之间的退化过程可能存在着相关性，因此研究产品多性能退化参数的竞争失效可靠性分析就变得至关重要。

由以上分析可以知道，研究基于性能退化数据的竞争失效可靠性分析时，应充分考虑突发失效与退化失效之间的影响，分析各参数之间退化过程的相关程度，可使产品可靠性评估与工程实际更加符合。

1.2 国内外研究现状

1.2.1 基于退化量分布可靠性的发展及研究现状

根据退化量分布法进行可靠性建模时，通常情况下假设在不同时刻产品的性能退化量服从某概率分布。然后通过检验其分布特征，找出最合适的分布，估计出各个时刻的相关参数，并拟合出各参数的变化轨迹，最终进行产品的可靠性评估。在应用退化量分布法进行可靠性建模时，必须要求退化量分布规律比较明显，假如退化数据的相对增量符合一定的分布规律，则可以使用随机过程理论（如维纳过程、伽马过程等）对相对增量进行描述，从而对性能退化数据进行可靠性建模分析。

基于退化量分布法进行可靠性研究方面，Nelson[2] 在早期的研究之中就利用了此方法，并且对试验中测量的性能退化数据进行处理与分析。Wu

和 Tsai 等人[3] 提出了一种关于模糊聚类过程的加权方法，能够对失效时间分布进行参数估计。Yang 等人[4] 在对刀具寿命进行研究时，假设刀具的性能退化量服从正态分布，并基于该模型进行了寿命预测。Jayaram 和 Girish[5] 根据产品的性能退化数据，通过正态分布来描述退化量的分布规律并进行了可靠性分析，然后通过似然估计法来估算模型当中的相关参数。Huang 和 Duane[6] 根据截断威布尔分布来描述性能退化数据，在其形状参数不随时间变化的情况下，推导出了双参数截断威布尔分布的似然函数，然后在形状参数随时间变化的情况下给出了一种半数值求解方法。Sun[7] 在研究电容器的退化量分布规律时，提出了 Gauss-Poisson 联合分布模型，与威布尔分布模型作比较时，发现 Gauss-Poisson 联合分布模型效果更好。在多故障退化数据方面的研究，Peng 等[8] 意识到一个系统其实是由很多个组件构成的，而系统的失效则具有多个失效路径，研究了多故障模式下的可靠性，根据相关退化参数的方差与协方差之间的关系来描述失效模式的相关性，并用多元正态分布对模型进行了分析。Xu 和 Zhao[9] 在应力-强度干涉模型的基础上对多元件多退化指标的可靠性进行探讨。胡锦涛等[10] 在多性能退化数据的基础上，认为性能退化量之间存在相关性，并由此建立了多个性能退化参数的可靠性模型。赵建印等[11] 在金属化膜脉冲电容器的退化数据基础上，得到性能退化量均服从于正态分布，并给出此模型的参数估计方法，从而求得模型中的参数值，最终证明了此方法简单有效。

1.2.2 基于退化轨迹可靠性的发展及研究现状

退化轨迹模型是先通过产品在性能退化过程中的退化曲线推算得到伪失效寿命，然后在伪失效寿命的基础上进一步对可靠性进行分析。由于该方法在建模分析时操作简单并且直观易懂，因此大量学者对此进行了研究。例如，Freitas 等人[12] 在对长寿命组件进行可靠性分析时基于车轮性能的退化数据。在光学玻璃的多脉冲激光损伤问题研究中，Gallais 等人[13] 在进行可靠性分析时利用几种经验函数建立了相应的模型。Liu 等[14] 评估轴承的性能下降程度对于进行主动维护和实现近零停机非常重要，在轴承性能退化评估中，引入了基于正交局部保留投影和连续隐马尔可夫模型的方法。Zheng 等[15] 根据在试验中得到的性能退化数据建立了钢的力学性能退化模型。蒋喜等[16] 在探讨磨损电主轴可靠性时，通过最小二乘法将退化数据与退化轨迹模型进行了拟合对比分析，然后利用虚拟增广样本的办法计算可靠性指标。Wang 和 Fu[17] 提出了一种基于实时轨迹校正的单探测器复合轴跟踪算法，两轴闭环控制仅需要一个目标探测器系统，从而提高了可靠性，并降低了对CCD系统探测能力的要求。Dusmez和Akin[18]设计并构建了一个多设备老化平台来收集实验数据，并通过实验数据成功拟合出指数退化模型，用卡尔曼滤波器处理实验数据，并证明了有限场数据的剩余寿命估计。Gopikrishnan[19]在研究可靠性时，建立了非线性退化轨迹模型，并分析了随机截距、随机斜率与随机斜率/截距这三种情况。Chinnam[20]在分析性能退化信号的部件可靠性时，根据具有一阶自相关残差的广义多项式回归模型对性能退化数据建立可靠性模型并预测了部件的性能退化状态。邓爱民等[21]推导了基于退化轨迹的可靠性分析方法，阐述了建模的基本思想与求解办法，并通过某GaAs激光器的失效数据验证了方法的有效性与准确性。张永强等[22]提出了性能退化轨迹模型的建模方法，在小样本情况下，给出了基于贝叶斯方法的性能退化轨迹参数的估计办法，并最终得到了系统可靠性后验估计的求解方法。Meeker等[23]针对标准加速寿命试验模型不适用于印制电路板失效数据的情况，以失效过程的近似化学动力学模型为基础，推导出一类更为通用的加速寿命试验模型。Crk[24]针对含有多个部件的系统，采用回归分析方法估计未知参数，最后计算了系统的可靠度。

1.2.3 基于随机过程的发展及研究现状

产品的性能退化是由内因与外因共同导致的，外因是指产品受到外力的作用，而内因是由于产品内部的材料逐渐发生变化。由于这些原因的随机性，导致产品在各个时刻的性能退化量也出现随机的情况。因此，可根据随机过程相关理论来描述产品的性能退化过程。

维纳（Wiener）过程是随机过程的一种，其为Robert Brown于1827年提出，由于在使用过程中其有着不严格单调的特点，所以在分析具有波动特性的产品时有着其他随机过程不具备的优点。在通过Wiener过程分析产品可靠性方面，Wang[25]根据带线性漂移的Wiener过程来建立模型。Park等[26]在加速应力试验中得到了退化数据，并对数据进行了处理，将原有的模型转化为Wiener过程进行了分析。彭宝华等[27]在研究金属化膜电容器时，由于其退化数据具有一定的随机性，而且不具备严格单调的特性，因此利用Wiener过程进行了可靠性的评估。对参数的估计一直是Wiener过程建模求解的重要步骤，彭宝华等[28]为了处理小样本产品的可靠性问题，提出了贝叶斯参数估计法，因为此方法对参数的估计是随时间变化的，所以也解决了实时可靠性评估问题。Cai等[29]针对恒应力加速退化试验中的非线性退化数据，认为各个样本之间存在差异性，因此给出了基于此问题的 Wiener 过程非线性加速退化可靠性方法。朱磊[30] 利用先验退化数据和现场退化数据估计了 Wiener 过程的参数，并对航空发动机进行了可靠度评估。

伽马（Gamma）随机过程也是随机过程模型当中的一种，但是要求其退化增量必须是非负的。Noortwijk 等[31] 研究了 Gamma 随机模型下的产品可靠性分析方法，并针对随机过程在可靠性工程应用中的维修探讨进行了详细概述。Yuan[32] 利用核电站部分元件的性能退化数据，通过 Gamma 随机过程模型进行了分析。姜梅[33] 提出了一种在导弹连接器受双应力的情况下利用 Gamma 随机过程进行可靠性建模的方法，并用极大似然估计法得到了模型中的参数。张英波等[34] 利用直升机主减速器某部件的退化数据，根据 Gamma 过程建立了寿命预测模型，通过粒子滤波算法求解了模型中的参数。

在研究产品可靠性模型时利用随机过程方法建模能够反映出一些有效性和合理性，然而在研究时仍然会有一些问题：首先在研究过程中由于对产品失效机理的不了解，导致一些退化模型不适用；其次是有些产品的退化数据不易收集，如航天设备等，对于这种数据的分析研究还有一定的困难，同时这也是今后研究的方向之一。

1.2.4 基于竞争失效的可靠性发展及研究现状

产品在退化过程中会出现失效是必然状况，但是很多情况下其并不是仅仅受单一失效模式的作用，而是出现多种失效模式竞争的情况，其间存在一定的联系，这种联系导致产品的失效称为竞争失效。

Bocchettia 等[35] 在进行竞争失效模型研究时，利用了船用内燃机气缸的性能退化数据，研究时他们充分考虑了这两种失效模式的相关性并对模型进行了检验。吕萌等[36] 认为其所研究的电子设备具有多种退化模式，并建立了基于竞争失效的可靠性模型。王华伟等[37] 根据航空发动机的性能退化数据，给出了在几种失效模式相互竞争情况下的航空发动机剩余寿命的预测模型。

在具有突发失效的竞争失效模型当中，利用失效率建模是常见的一种情况。失效率是时间与退化量之间的函数，在建立模型时通常有着很好的适应性。Huang 等[38] 在分析某产品时认为其具有两种失效模式，并且假设这两种失效模式之间相互独立，然后利用失效率模型得到两个函数，并由此建立竞争失效模型。Su 等[39] 在研究产品的可靠性时，认为产品的突发失效服从威布尔分布，退化失效服从 Wiener 随机过程，由此建立了产品的竞争失效模型。

对竞争失效退化的研究还不够全面和深入。秦荦晟等[40]分析了在小样本情况下的轴承竞争失效可靠性分析。王炳兴[41]根据产品加速寿命试验得到的性能退化数据进行了竞争失效分析。但上述所说的情况都是基于各个失效模式之间是相互独立的，并没有考虑到失效模式之间的相关性。在研究多退化失效之间相关性的问题中，Liu 等[42]通过比例危险模型来建立产品的可靠度模型。在产品受到冲击时，通常会产生退化失效与冲击失效两种情况，常春波等[43]研究了这两个过程之间的关系，并在此基础上建立了产品的竞争失效可靠性模型。在上述的研究当中，竞争失效产品都没有考虑到突发失效，而复杂系统中通常都存在着突发失效，因此研究含有突发失效的竞争失效是研究的方向之一。

目前许多学者认为竞争失效模式下的产品会发生失效阈值的变化。Jiang 等[44]认为冲击会使产品抵抗硬失效的能力降低，表现为硬失效阈值的下降，并且基于三种不同的情形，给出了描述冲击过程与硬失效阈值水平的关系的分析模型。Rafiee 等[45]则认为冲击同时在三个方面对产品造成影响，在建模过程中，应该同时考虑冲击造成的阈值下降、加速退化与退化量激增。Hao 等[46]认为当冲击足够大时才会对产品失效阈值产生影响，并且根据其拓展的冲击模型给出了一种新的竞争失效可靠性模型。黄文平等[47]则分析了性能退化量大小对硬失效阈值的影响，结果表明考虑失效阈值的可变性可以有效提高可靠性评估精度。综合来看，目前的研究对硬失效阈值变化的讨论较多[44-47]，而对软失效阈值的讨论较少。此外，鲜有建模过程能够完全细致地将所有影响可靠性评价的因素都融入建模过程中。

由于产品的失效机理十分复杂，所以也会出现分阶段退化、多个退化过程同时进行的情况，而这种情况的发生，也意味着使用单一阈值作为评判标准的方法是不合理的。Dong 等[48]在建模过程中设置了退化量、服役时间两种阈值，认为退化过程以到达警戒线的时间为界，分为两个不同的阶段。文献［49，50］中则利用了 Copula 函数来对多退化过程的情况进行建模，并得出了该方法正确可行，且具有一定通用性的结论。基于维纳（Wiener）过程，Gao 等[51]认为产品的失效阈值与漂移参数会存在突变的情况，这就使得退化过程的多阶段表述与变阈值建模方法的应用显得十分必要。针对串联系统，文献［52］结合了概率和性能退化建模的概念提出了一种新的可靠性模型，解决了描述冲击对所有部件的影响，即产品多失效过程并存的问题。Li 等[53]分析了由一个冲击过程和两个退化过程组成的失效过程。文献［48-53］将建模重点放在了软失效过程上，基于冲击过程影响退化过程的思想，以冲击到达时间作为不同退化阶段的分割点是合理且符合实际需求的，但并未为不同阶段设置相应的特定阈值。作为建模过程中的一个重点，变阈值的建模方法应该被进一步讨论。

Neumuth 等[54] 考虑了外部冲击载荷对退化过程的影响，并在模糊退化数据下进行了退化分析，建立了模糊退化数据下的可靠性模型。刘晓娟等[55] 在外部冲击过程和内部性能退化过程同时存在的情况下，采用时变 Copula 函数建立多个退化过程和冲击过程下的竞争失效可靠性模型。产品在工作过程中，产品自身的性能退化过程和产品所受的外部冲击过程相互影响。杨圆鉴[56] 在考虑产品个体差异的基础上，分别用维纳过程、逆高斯过程、伽马过程建立了产品的可靠度模型。

1.2.5 国内外研究中存在的主要问题

虽然性能退化数据的获取在工程实际中已经不是难事了，但是根据性能退化数据进行可靠性分析的各种理论与方法才刚刚起步，通过数理统计方法对性能退化数据进行处理和研究的时间也不是很长，而且很多研究都是在某一个具体情况下，推导一些特定的模型与求解思路，通常不具备通用性与一般性，因此较深层次的理论就相对少一些，这种情况国内较为常见。因此在基于产品性能退化数据的可靠性研究方面，仍有着一些需要讨论的问题[57]。

（1）退化模型的选择问题

当前，在退化失效分析中，很多都是根据已知的退化模型而假设的，并没有讨论所研究的问题与其假设的退化模型是否合适，也就是说并没有充分分析所研究的问题与假设的模型之间的匹配程度。在生产实际当中，很多工程中现有的退化失效模型并没有确切的经验公式，需要进一步的探索研究，因此在对产品的性能退化模型分析时需要分情况讨论。

（2）多性能参数退化数据分析问题

在目前基于性能退化数据的可靠性研究分析当中，很多都是认为产品的退化仅仅具有一个性能退化参数。然而，在诸多实际工程、生活当中，产品通常都是多个性能参数同时在发生退化，而且各个性能参数的退化对产品失效造成的影响都不能够被忽略。假设这些参数之间彼此独立，那么求解时就相对容易一些；当这些性能参数彼此相关时，就需要充分考虑彼此间的相关性了。

（3）加速退化失效问题

在获得产品的性能退化数据时，可能会出现产品的性能退化量随时间的变化相对缓慢的情况，这个时候虽然测量时间很长，但是其性能退化量却不怎么改变。然而当产品的退化速度比较慢的时候，可以采用加速寿命试验进行测量，加速产品的退化过程，根据测量所得的加速退化数据，通过加速退化失效模型对产品进行可靠性分析。但是，加速退化失效问题分析得还远远不够，目前研究的还没有通用性的模型，所以在此问题上还需要进一步地研究。

自从基于性能退化理论的可靠性评估研究开展以来，基于该理论的试验方法、数据采集拟合与评估模型建立等工作已经拥有了坚实的研究基础。但目前存在的可靠性分析方法仍存在一些可能会影响评估结果的问题，需要进一步加以改进。本书中涉及的相关内容列举如下：

① 有关变失效阈值的可靠性建模方法未受到足够重视，相关模型不足以满足实际分析需求。

② 对可靠性评估模型的细化程度不足。竞争失效模式包括自然失效与突发失效两部分。自然失效涉及软失效阈值的确立与退化模型的选取，在外界条件的影响下，自然退化过程会呈现出多阶段、分时域的特征，而阈值也并非一成不变。鲜有模型能够全面地对影响退化的各个因素进行全面系统的描述，从一定程度上忽略了这些条件对评估精度的影响。此外，产品在服役中往往受到多种冲击的共同影响，硬失效模型如何进一步细化也非常值得讨论。

③ 现有可靠性分析模型各自具有不同的数学特性，产品的两阶段退化过程或连续退化过程应结合具体分析情况进行选取，并进一步进行建模工作。现有研究对产品特性及实际退化情况重视不足。此外，现有模型大多默认产品在理想环境下工作，这也与实际情况有所出入，传统模型已经满足不了产品的实际分析需求。

④ 性能退化试验的分析理论与性能退化数据的处理方法未成体系。现有文献中性能退化试验多样性不足，造成了能够验证模型的实例背景较少的问题。针对制造昂贵、寿命较长、不易损坏的产品，应该提出加速性能退化的分析与试验方法，以期快速得到退化数据。同时，鲜有文献针对退化数据处理方法进行推导与归纳，应当加以研究补充。本书针对现有的退化模型，分别给出了具体的参数估计方法。对于规范性能退化试验数据处理流程与丰富可靠性模型分析背景具有一定意义。

近些年来，关于退化失效的可靠性研究已经取得了很大的进步。但是目前的可靠性模型依旧存在一些问题，而这些问题也相应地影响了可靠度模型的精确度。

有以下问题需要改进：

① 对于突发失效模型来说，把失效阈值当作固定不变的值不符合实际情况的要求。在实际中外界冲击载荷会影响产品的性能退化过程，反过来性能退化过程也会影响产品突发失效阈值的情况。

② 产品在实际工作过程中，因为环境的复杂性，可能会同时遭受多种冲击载荷的作用，每种冲击载荷的大小不同，对性能退化量造成的影响也不同。同时并不是所有冲击载荷都会对产品的性能退化量造成影响。在实际工作环境中，产品有抵抗微小冲击的能力，只有大于一定范围内的产品才会对产品产生影响。

③ 外界冲击载荷造成的性能退化增量和自身的性能退化量构成了产品总的性能退化量。在实际工作过程中，对于某些产品，当两次冲击时间的间隔过长时，前一次冲击对产品造成的影响可以忽略不计。所以仅仅考虑冲击载荷的大小，忽略连续两次冲击载荷的时间间隔，会影响产品可靠度的评估。

1.3 主要研究内容

第 1 章，绪论。主要介绍了基于性能退化数据的长寿命产品可靠性研究现状，并介绍了基于退化量分布、退化轨迹、随机过程的可靠性以及竞争失效可靠性的发展及研究现状。

第 2 章，性能退化基本理论。介绍了可靠性统计相关理论并对性能退化试验相关知识做了充分的分析，最后对失效模式进行了研究，为下面章节可靠性的研究奠定了理论基础。介绍加速性能退化的同时给出了性能退化数据的具体处理方法。本章完成了针对主流退化模型的参数估计工作，完成了相关数据处理方法的讨论与分析，并基于文献中给出的实例，验证了数据处理方法的正确性。

第 3 章，单性能参数退化的可靠性分析。通过产品的单性能参数的退化数据，建立了基于数据的在变失效阈值情况下的退化量分布方法、退化轨迹方法与随机过程方法的可靠度函数模型，对于模型中的各个参数，结合 Bootstrap 自助法并采用极大似然法与最大线性无偏估计法，最终建立了各模型的可靠度函数。通常情况下产品的失效并不仅仅是由退化失效所引起，所以本章研究了产品在突发失效与退化失效并存条件下的竞争失效可靠性问题。在产品的突发失效与退化失效两者相关的情况下，首先从退化量的角度对产品的突发失效进行评估，然后在竞争失效的可靠度分析时按照突发失效依据性能退化量建立了条件概率模型，并采用最小二乘法求解模型中的参数。

第 4 章，多性能参数退化的竞争失效分析。有时产品在工作过程中存在多种性能退化过程，因此本章建立了在变失效阈值情况下基于多元退化分布与多元 Gamma 随机过程的多参数退化模型，用这两种方法研究产品的竞争失效问题，分别考虑了在独立条件下与相关条件下的竞争失效可靠度，结合 Bootstrap 自助法进而对产品进行可靠性分析。

第 5 章，针对某一型号动力伺服刀架的振动传递路径系统进行建模，并根据此模型构建运动微分方程。选定 Miner 刚度累积损伤理论，将其引入构建的运动微分方程中，进而构建出在考虑刚度退化条件下的该动力伺服刀架振动传递路径系统的运动微分方程。然后采用随机结构特征值分析的随机有限元法和可靠性的相关理论，在之前构建的运动微分方程的基础上进行可靠性分析，得到了具有随机参数的动力伺服刀架振动传递路径系统的传递可靠度的数学模型，并进行了数据计算，得到了传递可靠度随激振频率和时间的变化云图。之后通过数字模拟 Monte Carlo 法进行可靠度计算，与之前的计算结果进行对比验证分析。

第 6 章，首先对可靠性灵敏度进行了简要介绍，并对考虑共振问题的可靠性灵敏度分析方法进行了阐述，然后在之前可靠度的基础上推导出具有随机参数的振动传递路径系统的可靠性灵敏度数学模型，随后进行数据计算，得到了在各随机参数均值处的可靠性灵敏度随激振频率和时间的变化云图，分析了各随机参数对系统可靠性的影响次序。之后对稳健优化设计的常用方法进行了大致介绍，针对动力伺服刀架振动传递路径系统的随机参数，确立了目标函数和约束条件，在时域和频域结合的基础上进行了稳健优化设计，使得振动传递路径系统更加稳定。

第 7 章研究了外界冲击载荷对性能退化过程的影响。同时研究了性能退化量对突发失效阈值的影响。在此基础上研究了竞争失效下产品的可靠度模型。最后通过算例对模型进行了验证。介绍了几种常见的突发失效模型。把外界冲击载荷进行分类，分别对突发失效阈值不变、离散变化、连续变化的条件下建立可靠度模型，并对两者的结果进行分析与讨论。

第 8 章介绍了外界冲击载荷的幅值和时间间隔对产品可靠度的影响。分别建立了考虑外界冲击载荷的时间间隔和不考虑外界冲击载荷的时间间隔下的产品的可靠度模型，最后对算例结果进行了比较和分析。

第 9 章基于退化轨迹模型与连续退化理论，在完成了变软失效阈值建模的同时，提出了一种新的硬失效评估模型。此外，本章还研究了影响失效过程的主要参量之间的相互关系，完成了软失效退化过程的多阶段表述，构建了较为完整的竞争失效可靠型模型。最后通过工程实例对模型进行了验证。基于随机过程模型与产品两阶段退化理论，考虑了产品存储阶段的退化量累积，提出了一种全寿命周期内的三阶段可靠性评估模型。此外，基于竞争失效思想，本章完善了基于随机过程模型的产品可靠度评估过程。结合产品分阶段退化的现象，完成了变硬失效阈值建模方法的构建。本章充分结合实际性能退化数据所表现出来的退化特点，在提出模型的同时，通过仿真完成了对所提模型的检验工作。

第 10 章为本书的结论与展望。

第2章

性能退化理论及试验数据处理

2.1 概述

自20世纪中叶以来，以寿命试验与数理统计为基础的理论方法已经应用于传统的可靠性评估当中。但是由于现在产品的高可靠性与耐用性，很难获得足够多的失效数据，因此给传统可靠性评估带来了一定的困难。

根据产品在其工作过程中的性能退化数据，通过研究分析能够对其寿命进行预测，所以基于性能退化数据的可靠性研究，可以解决由于产品的高可靠性带来的没有失效数据的难题。

本章首先介绍了可靠性统计当中的一些基础知识，然后阐述了关于性能退化试验与退化数据的相关知识，最后介绍了关于退化失效与突发失效的一些基础知识，为下面建立各种基于性能退化试验数据的单参数的可靠度模型与竞争失效可靠度模型奠定了理论基础。

2.2 性能退化

产品的寿命受诸多因素的影响，比如来自外部的载荷或者是自身性能的退化，通过性能退化数据研究产品的可靠性时，首先需要了解产品寿命相关的基本概念。

（1）可靠度函数[58]

假设产品的寿命是非负的随机向量 T，且 T 的分布函数记作：

$$F(t)=P\{T\leqslant t\},t\geqslant 0 \tag{2.1}$$

则产品的寿命的概率为：

$$R(t)=P\{T>t\}=1-F(t)=\bar{F}(t) \tag{2.2}$$

（2）失效率

产品的失效率[58] 是指其在运行到 t 时刻没有失效，而在下一个单位时间内发生失效的概率，记做 $\lambda(t)$。

失效率可以描述为[59]：假设在初始时刻共有 N 个样本参与试验，在 t 时刻样本发生失效的个数为 $n(t)$，则在 t 时刻后仍然有 $N-n(t)$ 个样本在试验中。此时需要考虑在 t 时刻后样本的失效状况，对剩下的 $N-n(t)$ 个样本继续观测 Δt 时间。如果在时间（$t,t+\Delta t$）内有 Δn 个样本发生失效，将 t 时刻 $N-n(t)$ 个样本继续运行作为条件，则在时间（$t,t+\Delta t$）内样本的失效频率为：

$$\frac{\Delta n}{N-n(t)}=\frac{\text{在时间}(t,t+\Delta t)\text{内失效的样本数}}{\text{在时刻 }t\text{ 仍正常工作的样本数}} \tag{2.3}$$

由式(2.3) 可以计算出单位时间内的失效频率为：

$$\frac{\Delta n/[N-n(t)]}{\Delta t}=\frac{\Delta n}{\Delta t[N-n(t)]}=\hat{\lambda}(t) \tag{2.4}$$

通过失效频率 $\hat{\lambda}(t)$，可以估计出在 t 时刻后的失效率。假设 $P(t)$ 为产品寿命 T 的概率函数，为 $R(t)$ 可靠度函数，则产品的失效率函数 $\lambda(t)$ 可以表示为：

$$\lambda(t)=\frac{f(t)}{R(t)} \tag{2.5}$$

式(2.5) 描述了失效率与产品寿命分布之间的关系，假如知道产品的寿命分布，则可以确定其失效率。

同时，如果知道产品的失效率则能够推出其寿命分布函数：

$$\lambda(t)=\frac{p(t)}{R(t)}=\frac{F'(t)}{R(t)}=\frac{(1-R(t))'}{R(t)} \tag{2.6}$$

两边对时间 t 进行积分，得：

$$\ln R(t)=-\int_0^t \lambda(\tau)\mathrm{d}\tau \tag{2.7}$$

则可进一步求得：

$$R(t)=\exp\left[-\int_0^t \lambda(t)\mathrm{d}t\right] \tag{2.8}$$

由式(2.8)可以求出 $F(t)$ 与 $p(t)$。

(3) 平均寿命

平均寿命是指同批次、同规格的产品在其工作时到发生失效（或故障）的平均连续工作的时间。假如总共有 N 个不可修复的产品在完全相同的条件下进行性能退化试验，如果测得其真实寿命数据为 $t_1, t_2, \cdots, t_N$，可以求解出不可修复产品的平均寿命（MTTF）为：

$$\mathrm{MTTF}=\frac{1}{N}\sum_{i=1}^{N}t_i \tag{2.9}$$

假如产品为可修复产品，在其工作过程中共发生了 N_0 次故障。在每次修复后产品又能够继续工作，如果在各阶段的工作时间记作 $t_1, t_2, \cdots, t_{N_0}$，那么对于可修复产品其平均寿命（MTBF）为：

$$\mathrm{MTBF}=\frac{1}{N_0}\sum_{i=1}^{N_0}t_i \tag{2.10}$$

(4) 退化量

当产品的某个性能指标与其可靠度和寿命相关时，且该指标从产品工作到其失效是可以测量的，则称其为退化量[60]。

退化量能够体现出产品的寿命特性，在工程实际中这种变量很多，比如刀具的磨损、发光二极管的亮度、金属膜的电阻值等等。当产品的退化量到达一个极限时，产品就会发生失效，这个极限就是接下来所说的失效阈值。

(5) 失效阈值

失效阈值[61]是判断产品是否失效的依据。其可能为常数，也有可能随时间发生变化，具体数值根据产品本身的特性或者工况条件而定。

当产品在 t 时刻的性能退化量是 $x(t)$ 的时候，则产品的失效寿命 T_{D_f} 为：

$$T_{D_f}=\inf\{t: x(t)=D_f; t\geqslant 0\} \tag{2.11}$$

式中，D_f 即为产品的失效阈值。

2.2.1 失效模式分析

产品的失效，通常情况下可以分为突发失效与退化失效两种。同理，根据产品失效机理的不同也可以分为过应力型失效与耗损型失效。突发失效就属于过应力型失效，比如齿轮轮齿的突然断裂、刀具的崩刃等等。耗损型失效既能够导致产品发生退化失效，也能够导致其发生突发失效。产品的性能退化过程也有不同的表现形式，比如磨损、扩散等等，在产品的失效中耗损型失效占多数。

如果是突发型失效产品，其规定的功能往往是产品的某一性能，因为是突发型失效，所以产品拥有具有某一功能或不具有某一功能两种状态。假如产品具有此功能的情况记作 1，那么相对应的其不具有此功能的情况则记作 0，因此产品的功能随时间变化的状态可以由图 2.1 表示。从图中可以看到，当时间在 $[0,T]$ 区间内产品的功能一直处于 1 状态，表明产品能够正常工作；在 T 时刻时，由于产品的功能突然处于 0 状态，因此表明产品发生了突发失效。

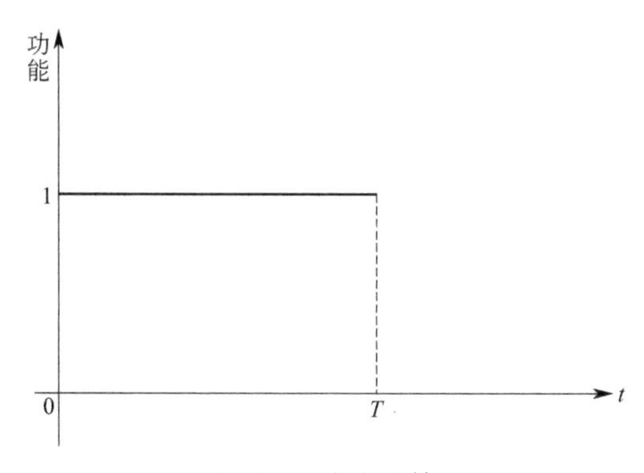

图 2.1　突发失效

对于退化型失效产品，用 0 与 1 就无法表达出产品的状态，因此需要用某个计量指标来描述，其计量值则能够反映出此产品功能的高低状态。图 2.2 表示了当失效阈值为恒定值时的退化失效示意图。从图中可以看到在 $0 \sim T_{D_f}$ 时间段内，产品的退化量在其失效阈值 D_f 之下，因此产品能够正常工作。然而当时间在 T_{D_f} 之后时，由于产品的退化量高于其失效阈值

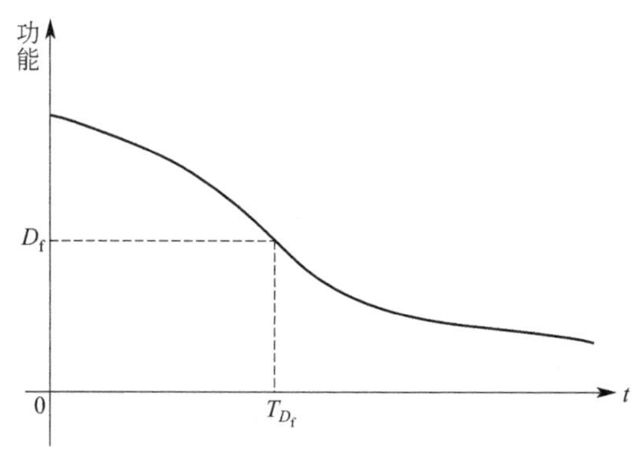

图 2.2　退化失效

D_f，产品的功能已经不能满足使用要求，此时则说明产品发生了退化失效，因此 T_{D_f} 表示产品的寿命或其发生退化失效的时间。

通过以上分析可知，对于突发型失效产品而言，在发生突发失效前其功能维持不变，而之后功能则突然完全丧失。对于退化型失效产品而言，其功能状态随着时间不断下降，并且其失效与否取决于其失效阈值。

2.2.2 退化数据

产品在性能参数测量时分为两种：第一种是非破坏性测量，即产品能否继续工作不会受到测量的影响，比如刀具在切削工件时其磨损量、金属膜电阻值的测量等等；另一种是破坏性测量，即产品在性能测试完成后由于产品已经被破坏从而不能继续工作，比如电子设备的加速恶化试验等等。针对非破坏性测量，产品在试验中能够测量多次，因此能够获得大量的退化数据，据此能够预测其剩余寿命。而破坏性测量，由于一个产品只能试验一次，因此得到的退化数据较少。

假设抽取 n 个样本进行性能退化试验，并通过试验获得退化数据。一般情况下在试验中选取几个时间点，按照时间顺序对产品进行其性能退化量测量，记录的退化数据能够表示成：

$$\{X_{at};a\in A,t\in B\} \tag{2.12}$$

式中，A 为一个集合，表示样本的序号；B 为时间，可以为连续时间 $[0,+\infty)$，也可以是离散时间点 $(t_1,t_2,\cdots)$。

前文已经提到，退化量的测量通常可以分为非破坏性测量与破坏性测量，因为这两种测量情况下获得的数据存在非常重要的差异，因此在数据模型与统计分析上都有着不同。

在非破坏性测量中，假设在按照时间顺序依次测量，对第 $i(i=1,2,\cdots,n)$ 个样本在时刻 $t_{i1}<t_{i2}<\cdots<t_{im_i}$ 总共进行了 n_i 次测量，其退化数据记作：

$$\{x_{ij};i=1,2,\cdots,n;j=1,2,\cdots,m_i\} \tag{2.13}$$

式中，x_{ij} 表示为第 i 个产品在时刻 t_j 测得的退化量。

而在破坏性测量当中，假设总共有 p 个样本，打算在时刻 $t_1<t_2<\cdots<t_q$ 进行测量，通常将 p 个样本分成 q 组，记每组样本数为 $m_1,m_2,\cdots,m_q$，在 t_1 时刻对第一组样本进行测量，其数据记作 $x_{11},x_{12},\cdots,x_{1m_1}$，对 $t_2,t_3,\cdots,t_q$ 以此类推，其退化数据记作：

$$\{x_{ij};i=1,2,\cdots,m_j;j=1,2,\cdots,q\} \tag{2.14}$$

在不做特殊说明外，本书的性能退化数据均为非破坏性试验数据。

在非破坏性试验数据的测量中，共有两种情况：一种是规则型的性能退化数据，是指针对不同样本，每个样本的测量时刻相同，即 $t_{1j}=t_{2j}=\cdots=t_{nj}$ $(j=1,2,\cdots,m)$；另外一种是不规则型的性能退化数据，是指由于种种原因导致样本之间的测量次数与测量时间点不同。

针对两个时间点 t_1 与 t_2，当 $t_1<t_2$ 时，如果用 E[·]描述期望，假设产品的性能退化量为上升趋势，则从数据上分析，表示其性能退化的条件是：

$$E[x_{at_1}]<E[x_{at_2}] \tag{2.15}$$

或者更为严格的形式：

$$x_{at_1}<x_{at_2}, \forall t_1<t_2 \in B \tag{2.16}$$

而产品性能退化量呈现下降趋势时的情况则与此相反。通常情况下，由于外界的因素影响使得严格形式的退化条件不成立，所以一般仍然使用式(2.15)。

应用产品的性能退化数据进行可靠性评估，具有以下方面的优点：

① 退化是产品本身就存在的，所以无论其是否失效，都能够对产品的性能数据进行测量并记录。

② 传统可靠性理论往往需要大量的失效数据，然而在极少数或者无失效的情况下无法获得大量的失效数据，但退化数据却提供了失效时间数据丢失的一些信息。所以，如果是无失效的产品，利用性能退化数据同样能够获得其可靠度模型。

③ 在研究产品退化与应力之间的关系时退化过程起着重要作用。

在获得产品的性能退化数据后，其退化过程就能够用退化轨迹来刻画。退化轨迹一般情况下有三种，分别是线性退化轨迹、凸形退化轨迹和凹形退化轨迹，如图 2.3 所示。

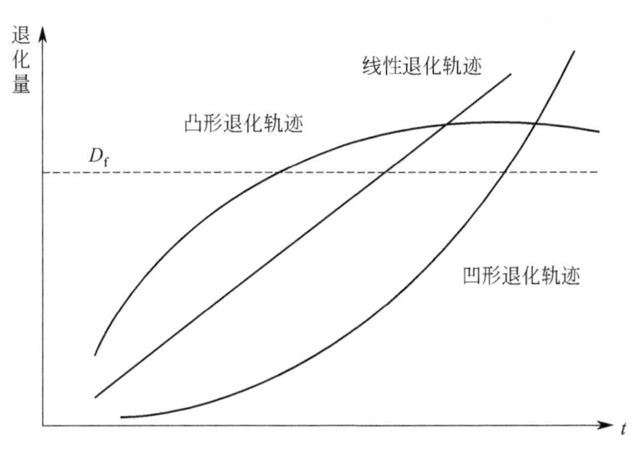

图 2.3 退化轨迹曲线

其中，对于简单的退化过程，用线性退化轨迹描述比较合适，比如刀具在切削工件过程中的磨损等等。凸形退化轨迹通常描述退化率逐渐降低的产品，比如金属裂纹等等。而凹形退化轨迹则与凸形退化轨迹相反，一般用来描述退化率逐渐升高的产品，比如电子元器件的退化。通常情况下，三种退化轨迹能够通过某种方法（比如对数变换）实现相互之间的转换。

假设共有 n 个样本参与退化试验，在时间 $t_1,t_2,\cdots,t_m$ 之间共记录 m 次，那么就能得到在进行退化试验时性能退化量的一般数据结构，见表 2.1。表中 y_{ij} 表示为第 i 个样本在时间 t_j 的性能退化量。

表 2.1　退化量数据结构

样本编号	测量时间与性能退化量			
	t_1	t_2	…	t_m
1	y_{11}	y_{12}	…	y_{1m}
2	t_{21}	y_{22}	…	y_{2m}
…	…	…	…	…
n	y_{n1}	y_{n2}	…	y_{nm}

2.2.3　退化量的统计模型

在一些工程实际中，常常由于一些因素的影响使性能退化量的实际观测值 $y(t)$ 与真实退化量值 $x(t)$ 有一定的偏差，即：

$$y(t)=x(t)+\varepsilon \tag{2.17}$$

式中，ε 为测量误差，当测量误差能够被忽略时，则有 $y(t)=x(t)$；当测量误差不能够被忽略时，假设 $\mathrm{E}(\varepsilon)=0$，$\mathrm{Var}(\varepsilon)=\sigma^2$，并且 ε 和 $x(t)$ 相互独立，则此时称：

$$\begin{cases} x_{aj}=x(t_{aj})+\varepsilon_{aj} \\ a\in A;j\in B \\ \varepsilon_{aj}\sim \mathrm{N}(0,\sigma^2) \end{cases} \tag{2.18}$$

为退化量的统计模型。

式中，σ^2 为误差的方差。对退化量进行统计分析就是为了研究产品的退化规律 $x(t)$。

通常情况下，可以将某些产品的退化过程视作一个随机过程，即 $\{x(t);t>0\}$ 为随机过程。随机过程比较复杂，如果要刻画一个完整的随机过程，则需要了解其任意维密度函数，通常比较难以实现，因此本书只描述其一维密度，则性能退化量 $x(t)$ 的一维分布为：

$$G(x;t)=P\{x(t)\leqslant x\} \tag{2.19}$$

假设其一维密度 $g(x;t)$ 存在，则：

$$g(x;t)=\frac{\partial G(x;t)}{\partial x} \tag{2.20}$$

根据数理统计的相关知识以及产品性能退化的特性，$g(x;t)$ 具有如下性质：

① 对于 $\forall t$，$\int_{-\infty}^{+\infty} g(x;t)\mathrm{d}x=1$。

② $\lim\limits_{t\to\infty} g(x;t)=0$，并且在有限的区间 $[a,b]$ 中，$\lim\limits_{t\to\infty}\int_{a}^{b} g(x;t)\mathrm{d}x=0$，但是仍然有 $\lim\limits_{t\to\infty}\int_{-\infty}^{+\infty} g(x;t)\mathrm{d}x=1$。

如果 $G(x;t)$ [或 $g(x;t)$] 的分布类型不随时间 t 变化，仅仅是其中的参数发生改变。假设在某个时刻确定了 $G(x;t)$ 的形式，那么在性能退化试验中可以根据数据分析出 $G(x;t)$ 的参数随时间变化的情况，因此就能够确定 $G(x;t)$。$G(x;t)$ 的表现形式一般为正态、对数正态、威布尔、均匀分布等。

无论选取何种形式，性能退化量 $x(t)$ 的均值 $\mathrm{E}[x(t)]$ 与方差 $\mathrm{Var}[x(t)]$ 在分析中都具有极为重要的地位。同数理统计学类似，均值 $\mathrm{E}[x(t)]$ 通常刻画了产品总体的退化规律，方差 $\mathrm{Var}[x(t)]$ 能够刻画出产品个体之间的差异。

2.2.4 退化失效模型

定义产品的失效分布函数为：

$$F(t|D_{\mathrm{f}})=P\{T(D_{\mathrm{f}})\leqslant t\} \tag{2.21}$$

式(2.21) 称为退化失效模型。

由退化失效的相关定义，能够分析出退化失效和性能退化量分布函数之间的关系，假设性能退化量随着时间呈现递增趋势，则：

$$F(t;D_{\mathrm{f}})=P\{T(D_{\mathrm{f}})\leqslant t\}=P\{x(D_{\mathrm{f}})\geqslant D_{\mathrm{f}}\}=1-G(D_{\mathrm{f}};t) \tag{2.22}$$

如果记产品的寿命分布密度函数为 $f(t;D_{\mathrm{f}})$，那么产品的寿命分布和性能退化量之间的关系就能够用图 2.4 表示。性能退化量呈现递减时的情况与此相似。通常情况下，将 $F(t;D_{\mathrm{f}})$ 和 $f(t;D_{\mathrm{f}})$ 记作 $F(t)$ 和 $f(t)$。

通过分析可知，基于性能退化数据的可靠性研究的步骤为：

① 分析产品的性能退化量及其失效阈值；

② 收集退化数据；

③ 求解退化失效模型；

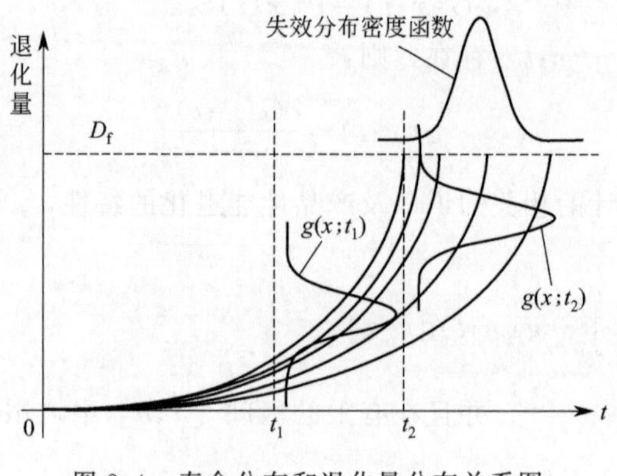

图 2.4　寿命分布和退化量分布关系图

④ 估计模型中的参数并进行可靠性分析。

2.3　性能退化试验

现今的产品普遍具有高可靠性、长寿命的特点，这就使得仅以寿命数据为分析对象的传统可靠性评估方法不能很好地满足当下产品的分析需求。所以如何有效地获得并利用好产品退化数据，成为当今可靠性工程领域内的一个热点问题。如图 2.5 所示，性能退化数据的获取有多个来源，但最直接有效的退化数据获取方法是进行性能退化试验。按照试验应力水平，性能退化试验可以分为常应力退化试验与加速退化试验两种。本章将对这两种试验方法进行详细介绍。

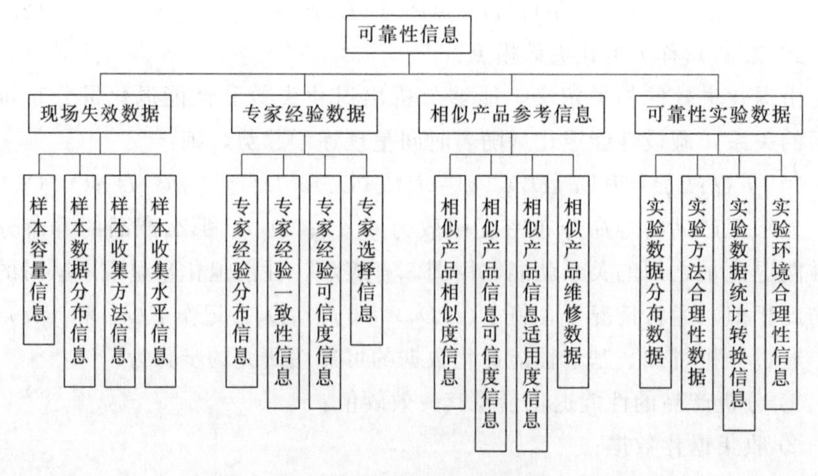

图 2.5　性能退化数据来源

在基于性能退化的可靠性评估方法中，退化数据的处理方法是否得当，是除了可靠性建模外另一个影响评估结果的关键因素，但鲜有文献能够系统地给出退化数据的处理方法。针对目前主流的产品自然退化模型，本章给出了主要参数的具体估计过程，解决了基于性能退化数据的参数估计方法选取混乱的问题。此外，本章引用了文献［56］中的产品退化数据作为分析实例，验证了本章性能退化数据处理方法的准确性与适用性。

2.3.1 退化量选取与数据结构

退化过程会引起产品性能发生衰退，随着产品服役时间的增加，产品的退化量也会不断累积，当退化量超过设定的阈值时，产品就会发生失效。产品性能参数在各个时间点的退化量，称为退化数据。为了更好地评估产品的退化失效情况，通常选定若干个影响产品性能的主要参数，再根据产品的分析重点决定最终的分析对象进行测量。选取的性能退化量需要符合如下要求：

① 具有明确的物理意义且能够满足建模需求。

② 具备明显的趋势性变化且便于测量，可以进行统计处理。

③ 对缺陷的检测灵敏度较高。

不同的产品本身所具有的性质也有一定差异，所以部分退化量的测量过程可能会造成产品的破坏，据此退化数据可以分为两类：

① 非破坏性的连续测量退化数据，如金属疲劳引起的磨损量，电阻器阻值，半导体产品输出功率，产品裂纹长度等。

② 破坏性的一次测量退化数据，如绝缘材料的击穿电压等。

假设退化试验的样本数目为 m，退化量测量时间点为 n，退化试验数据结构如表 2.2 所示。表中 y_{mn} 代表 m 号样本在 t_n 时测得的性能退化量。

表 2.2　退化试验退化量数据结构

样本编号	测量时间与性能退化量			
	t_1	t_2	…	t_n
1	y_{11}	y_{12}	…	y_{1n}
2	y_{21}	y_{22}	…	y_{2n}
…	…	…	…	…
m	y_{m1}	y_{m2}	…	y_{mn}

产品的退化是客观存在的自然属性，使用退化数据进行可靠性评估的一个优点在于：性能退化数据可以在产品的失效过程中实时测量，这一点

有助于建立退化与应力之间的具体分析模型。此外，基于退化数据的分析方法避免了传统可靠性工程依赖大量失效时间数据的缺陷，大大减少了试验成本。

2.3.2 常应力退化试验

在正常应力水平下进行的退化试验被称为常应力退化试验。该试验会首先选取一定数量的样本，将其放置于设定的应力水平下进行，每过一段时间就对试样进行一次测量，当退化量数据采集完毕或总退化量超过设定的失效阈值后，试验完成。该试验方法与传统可靠性分析中的截尾寿命试验类似，且相关的试验设计方案已经相对成熟。

2.3.3 加速退化试验

通过提高应力水平来加速产品退化，以达到相对快速获得产品退化数据的试验方法被称为加速退化试验。被试产品能否进行加速退化试验，取决于是否可以保证如下几条假设成立：

① 失效机理的一致性：在各个加速应力水平下，产品的失效模式与失效机理不变；

② 加速过程的规律性：存在有规律的加速过程，即在各应力水平下，都能找到退化量与应力之间存在的确定的函数关系；

③ 退化过程的同一性：在各应力水平下，可以保证描述退化过程的数学形式不会改变，保证目标退化量的分布规律不会随加速本身而改变。

加速退化试验可以采用以下三种类型之一：

① 恒定应力加速退化试验：简称恒加试验。将正常应力水平记为 S_0，再选一组加速应力水平 $S_1,S_2,S_3,\cdots,S_k$，一般有 $S_0<S_1<S_2<S_3<\cdots<S_k$。根据应力水平的不同，将所有样品分为 k 组，并在设定的测量时间进行退化量采集，直到试验结束。

② 步进应力加速退化试验：简称步加试验。同样选取一组加速应力 $S_1,S_2,S_3,\cdots,S_k$，将所有样本放置到水平 S_1 进行试验，到规定时间 τ_1 为止。然后提高应力到水平 S_2 进行试验直到时间 τ_2，依此规律进行试验直到结束。

③ 序进应力加速退化试验：简称序加试验。施加的应力随着时间的增加而持续连续上升，直到试验结束，由于试验控制较难，所以应用相对较少。

退化试验是在传统的寿命试验上发展而来的，两者最明显的区别在于测试量与试验终止条件的不同，具体见表 2.3。连接加速退化数据与正常水平下的数据的桥梁主要有两个：加速退化因子与加速退化方程。相关内容将在 2.3.4 小节与 2.3.5 小节进行介绍。

表 2.3　退化试验与寿命试验区别

项目	终止条件	测量值
退化试验	达到设定的退化阈值或试验时间	性能退化数据
寿命试验	达到设定的退化阈值或试验时间	失效寿命数据

2.3.4 加速退化因子

加速因子是一种参量，用来反映加速退化试验中设定的应力水平对应的加速效果。加速因子的引入，可以将各个加速应力水平下的数据折算成正常应力水平下的退化试验数据[62]。加速退化试验所记录的试验数据是在特定取样点的退化数据，这意味着数据包含了两种信息：时间和退化量。在进行加速退化数据折算时应该对这两种信息加以综合考虑。在介绍加速退化因子之前，先给出 α-退化累积时间的定义：在试验应力水平 S_i 下，用 $\{x_i(t);t\geqslant 0\}$ 表示产品特性参数退化的随机过程。式中 t 和 $x_i(t)$ 分别表示测量时间和对应的性能退化量。将 $x_i(t)$ 的均值函数记为 $h_i(t)=E(x_i(t))$，则性能退化量累积到 α 所用的时间可以表示为 $t_{\alpha,i}=h_i^{-1}(\alpha)$，称 $t_{\alpha,i}$ 为产品在应力水平 S_i 下的 α 退化累积时间。

下面给出两种加速因子的定义：

Ⅰ-型加速退化因子：在应力水平 S_i 与 S_j（$i\neq j$）下，产品的 α-退化累积时间分别记为 $t_{\alpha,i}$ 与 $t_{\alpha,j}$，则称两者比值 $k_{ji}^{-1}(\alpha)=t_{\alpha,i}/t_{\alpha,j}$ 为产品在应力水平 S_j 下对应水平 S_i 的Ⅰ-型加速退化因子函数。

Ⅱ-型加速退化因子：在给定时刻 t，应力水平 S_i 和 S_j（$i\neq j$）对应的退化量均值函数分别为 $h_i(t)=E(x_i(t))$ 和 $h_j(t)=E(x_j(t))$，则其比值 $k_{\alpha,j}^2=h_i(t)/h_j(t)$ 被称为产品在应力水平 S_j 下对应水平 S_i 的Ⅱ-型加速退化因子函数。

在两种应力水平下，Ⅰ-型加速退化因子应用于退化量到达设定阈值的时间的比较，而Ⅱ-型加速退化因子反映了同等时间长度内退化量期望的差异。

2.3.5 加速退化方程模型

除了利用加速因子来处理加速退化试验数据之外，分别处理每个应力下的试验数据，再利用加速模型综合各应力，来外推产品在正常应力水平下的可靠性信息的方法也较为常用[63]。加速退化方程模型被简称为加速模型，描述的是加速过程的规律性。在工程实际中，已经以退化物理规律和试验数据的客观特点为依据，总结了一系列加速模型，本节列举部分常用的加速模型于表 2.4。

表 2.4 中的 T 和 U 代表应力水平，温度的单位是绝对温度。式中其他模型参数需要根据得到的加速试验数据进行敲定。函数 $L(x)$ 代表产品可靠性相关参数，如平均寿命、退化方程模型参数等，也可以在不同应力水平下的数据处理过程中用作替换参数。加速模型的选取主要依据是施加应力的种类，这就导致了模型选择方式趋于固化，所以试验数据处理的关键部分仍是参数估计部分。

表 2.4 常用加速模型

加速模型类型	加速方程	应力类型
阿伦尼斯模型	$L(T)=A\exp(B/T)$	温度
艾林模型	$L(T)=AT^{-1}\exp(B/T)$	温度、湿度
逆幂律模型	$L(U)=A^{-1}U^{-n}$	非热应力
温湿度加速模型	$L(T,U)=A\exp(B/T+C/U)$	温度-湿度双应力
温度-非热加速模型	$L(T,U)=AU^{-n}\exp(B/T)$	温度-非热双应力
广义艾林模型	$L(T,U)=AT^{-1}\exp(B/T+CU+DU/T)$	温度-非热双应力

2.4 基于性能退化数据的变阈值分析方法与参数估计

2.4.1 基于性能退化数据的变阈值分析方法

产品的失效由软失效过程与硬失效过程共同决定，对应地，应设置不同的失效阈值来建立对应的判别标准。

一般情况下，硬失效阈值判别的是外界冲击载荷的大小。依据工程实际，外界冲击大小普遍被拟合成正态分布。硬失效阈值需要根据产品本身具有的特性、特定时间段内服役情况、冲击大小进行设定。随着服役过程的进行，产品抵抗外界冲击的能力势必下降，所以在建模过程中考虑硬失效阈值的时变性是有实际意义的。根据实际分析需求的不同，可以将硬失效阈值处理成线性下降、阶段性下降等形式。而冲击大小作为硬失效阈值判别对象，是决定阈值的首要因素。而冲击大小具有较高的可测性，且数据处理方法比较容易，所以相关内容在本章中不进行讨论。

软失效阈值判定的是产品的累积退化量，当总退化量超过软失效阈值时，产品就会发生失效。这就使得描述产品退化过程的数学模型需要有足够高的精度。该精度不仅取决于软失效过程的描述方法，更取决于关键参数的估计是否准确。在确定数学模型及其关键参数之后，才能得到完整的产品退化趋势，进而进行软失效阈值的选定与变软失效阈值可靠度模型的构建。所以本章余下内容将着重讨论性能退化数据的处理方法，为后续的可靠性分析做铺垫。

2.4.2 常见的待估计参数与估计方法

在对一个新的产品进行可靠度评价时，首先需要对其进行可靠性试验。在获得有效的性能退化数据后，不可避免地要对模型中涉及的参数进行估计。参数估计值的精准度，会直接对最终评估结果造成影响。

由于基于性能退化的可靠性分析方法于 21 世纪才刚刚兴起，所以出现了现有论文使用的实例模型单一、可靠性试验及产品数据落后于理论发展的情况。可获得的数据支持不足与无法找到合适分析对象的情况导致了在模型验证阶段，许多参数的选用只能依靠主观设定或相近产品参数的迁移来完成。所以模型参数的处理方法也显得格外重要。

对于基于性能退化的竞争失效可靠度模型，需要估计的参数以及其他需要确定的值大致可以分为以下三类：

① 竞争失效模式下的相关参数：产品遭受的冲击会影响整个竞争失效过程，所以首先需要对冲击到达率 λ 进行估计。此外，硬失效还涉及冲击载荷大小 W_l 和硬失效阈值 H 的估计。以 W_l 为例，在对其进行估计前应该首先确定其符合的分布类型。在本书中，通常假设冲击载荷大小服从正态分布 $W_l \sim \mathrm{N}(\mu_{W_l}, \sigma_{W_l}^2)$，此时 W_l 的估计问题就转化成了参数 μ_{W_l} 与 σ_{W_l} 的估计问题。在对 W_l 的数据进行分析处理后，可以依照产品实际情况确定其硬失效阈值 H。软失效模式下的相关参数则主要包括软失效阈值 D，第 l 次冲击 W_l 导致的激增退化量 $Y_l \sim \mathrm{N}(\mu_{Y_l}, \sigma_{Y_l}^2)$。

② 选取的退化模型涉及的相关参数：依照前文介绍，用以描述产品自然退化过程的模型包括线性退化模型与随机过程模型。选取线性退化模型时需要估计其退化率 $\beta \sim \mathrm{N}(\mu_\beta, \sigma_\beta^2)$，选取维纳过程时则需要估计其漂移参

数 μ_W、扩散参数 σ_W。选取 Gamma 过程描述时需要估计形状参数 α_G、尺度参数 σ_G。

③ 提出模型涉及的其他参数：在可靠度模型的搭建过程中所引入的某些指标往往是非常规的，如本书第 4 章中设立的有效冲击判别阈值 L，构成冲击的子载荷服从的分布等。而 delta 冲击模型下的硬失效阈值 δ、用以定义密集区间的参数 b 等参量则需要结合工程实际慎重给定。又比如第 5 章中所设定的储存期退化量 c，同样需要对产品数据进行分析估计后代入模型进行下一步分析。

基于性能退化理论的可靠性分析中涉及的参数估计方法有最大似然估计法、矩估计法、线性回归法等。

2.5 基于最大似然法的随机过程模型参数估计

性能退化数据属于离散型，分析对象为样本总体 X，假设待估计参数为 θ，则第 m 组样本 $X_{m1}, \cdots, X_{mn}$ 的联合分布率，也是事件 $\{X_{m1}=X_{m1},\cdots,X_{mn}=X_{mn}\}$ 发生的概率可表示为：

$$L_m(\theta)=L(X_{m1},\cdots,X_{mn};\theta)=\prod_{i=1}^{n} p(X_{mi};\theta) \tag{2.23}$$

L_m (θ) 为该组样本的似然函数。如果当 $\theta=\theta_0$ 时 L_m (θ) 取得了最大值，那么就将 $\theta=\theta_0$ 作为参数的估计值。这样一来，样本的参数估计问题转化成了求解最大似然函数的问题。大多数情况下，似然函数对于待估计参数的导数都是存在的，此时参数 θ 的估计值 $\hat{\theta}$ 可由式(2.24) 解得：

$$\frac{\mathrm{d}}{\mathrm{d}\theta}L_m(\theta)=0 \tag{2.24}$$

又因为函数 $L_m(\theta)$ 与 $\ln L_m(\theta)$ 在同一点取得极值，且 $L_m(\theta)$ 本质上是若干概率的乘积，所以利用式(2.25) 对估计值 $\hat{\theta}$ 进行求解：

$$\frac{\mathrm{d}}{\mathrm{d}\theta}\ln L_m(\theta)=0 \tag{2.25}$$

下文通过加下角标的方式来区分两种随机过程模型的参量。维纳过程模型和 Gamma 过程模型的相关参量分别加以下角标 W 和 G。

2.5.1 维纳过程相关参数的最大似然估计

区别于传统的线性退化模型，随机过程模型更加关注对性能退化量增量的分析讨论。通过试验数据的处理，首先得到两采样点间退化增量所服从的分布，并进一步获得产品的可靠度函数。根据维纳过程的性质可知，维纳过程概率密度函数可以表示为：

$$f(x_W(t);\mu,\sigma)=\frac{1}{\sqrt{2\pi t}\sigma}\exp\left(-\frac{(x_W(t)-\mu t)^2}{2\sigma^2 t}\right) \tag{2.26}$$

进一步可得退化量增量概率密度为：

$$f(\Delta x_W(t);\mu,\sigma)=\frac{1}{\sqrt{2\pi\Delta t}\sigma}\exp\left(-\frac{(\Delta x_W(t)-\mu\Delta t)^2}{2\sigma^2\Delta t}\right) \tag{2.27}$$

设置退化量观测时间点为 $0=t_0<t_1<t_2<\cdots<t_j<\cdots<t_n$，对应的第 i 组退化量记为 $0=x_{i0}<x_{i1}<x_{i2}<\cdots<x_{ij}<\cdots<x_{in}$。假设产品第 i 组数据在时刻 t_j 和时刻 t_{j+1} 之间产生的退化量增量服从正态分布 $\Delta x_i(t_j)\sim N(\mu_i\Delta t_j,\sigma_i^2\Delta t_j)$，其中 $i\in[1,m],i\in Z$，$j\in[1,n-1],i\in Z$。

现对式(2.27) 中的漂移参数 μ、扩散参数 σ 进行估计，具体步骤如下：

① 列出并计算似然函数：

$$\begin{aligned}L_i(\mu_i,\sigma_i)&=\prod_{j=1}^{n-1}f(\Delta x_{W_i}(t_j);\mu_i,\sigma_i)\\&=\left(\frac{1}{\sqrt{2\pi\Delta t_j}\sigma_i}\right)^{n-1}\exp\left[\sum_{j=1}^{n-1}\left(-\frac{(\Delta x_{W_i}(t_j)-\mu_i\Delta t_j)^2}{2\sigma_i^2\Delta t_j}\right)\right]\end{aligned} \tag{2.28}$$

② 为方便求解，将式(2.28) 处理为对数形式：

$$\begin{aligned}\ln L_i(\mu_i,\sigma_i)&=\ln\prod_{j=1}^{n-1}f(\Delta x_{W_i}(t_j);\mu_i,\sigma_i)\\&=-\frac{n-1}{2}\ln(2\pi\Delta t_j{\sigma_i}^2)-\sum_{j=1}^{n-1}\left(\frac{(\Delta x_{W_i}(t_j)-\mu_i\Delta t_j)^2}{2{\sigma_i}^2\Delta t_j}\right)\end{aligned} \tag{2.29}$$

③ 将式(2.29) 对目标参数 μ_i 求导并令其为 0，可得第 i 组数据的漂移参数 μ_i 的最大似然估计表达式为：

$$\hat{\mu}_i=\frac{\sum_{j=1}^{n-1}\Delta x_{W_i}(t_j)}{\sum_{j=1}^{n-1}\Delta t_j} \tag{2.30}$$

同理可知，第 i 组数据中扩散参数 σ_i 的最大似然估计值可用下式计算：

$$\frac{\mathrm{d}[\ln L_i(\mu_i,\sigma_i)]}{\mathrm{d}\sigma_i}=0 \tag{2.31}$$

进一步得到扩散参数最大似然估计值为：

$$\hat{\sigma}_i=\frac{1}{n-1}\sum_{j=1}^{n-1}\left\{\frac{[\Delta x_{\mathrm{W}_i}(t_j)]^2}{\Delta t_j}+\mu_i^2\Delta t_j-2\mu_i\Delta x_{\mathrm{W}_i}(t_j)\right\}^2 \tag{2.32}$$

分析过程需要考虑所有样本，在得到各个样本的估计参数之后，将各个样本的概率密度函数求和，并取其均值作为描述退化总体首次到达时间的概率密度函数：

$$f(t)=\frac{1}{m}\sum_{i=1}^{m}\frac{1}{\sqrt{2\pi t}\sigma_i t}\exp\left[-\frac{(D-\mu_i t)^2}{2\sigma_i^2 t}\right] \tag{2.33}$$

对应的分布函数与可靠度函数分别为：

$$F(t)=1-\frac{1}{m}\sum_{i=1}^{m}\phi\left(\frac{\hat{\mu}_i t-D}{\hat{\sigma}_i\sqrt{t}}\right)+\exp\left(-\frac{2D\hat{\mu}_i}{\hat{\sigma}_i^2}\right)\phi\left(\frac{-\hat{\mu}_i t-D}{\hat{\sigma}_i\sqrt{t}}\right) \tag{2.34}$$

$$R(t)=1-F(t)=\frac{1}{m}\sum_{i=1}^{m}\phi\left(\frac{D-\hat{\mu}_i t}{\hat{\sigma}_i\sqrt{t}}\right)-\exp\left(\frac{2D\hat{\mu}_i}{\hat{\sigma}_i^2}\right)\phi\left(\frac{-\hat{\mu}_i t-D}{\hat{\sigma}_i\sqrt{t}}\right) \tag{2.35}$$

2.5.2 伽马过程参数的最大似然估计

本节设 $\eta(t)=\alpha t$，Gamma 过程下描述性能退化过程的概率密度函数可以表示为：

$$f(X_{\mathrm{G}}(t)\mid\eta(t),\beta(t))=\frac{x^{\alpha t-1}\beta^{\alpha t}\mathrm{e}^{-\beta x}}{\Gamma(\alpha t)},x>0 \tag{2.36}$$

根据式(2.36) 容易得到退化量 $X(t)$ 的期望与方差为：

$$\begin{cases}E[X(t)]=\dfrac{\alpha t}{\beta}\\ D[X(t)]=\dfrac{\alpha t}{\beta^2}\end{cases} \tag{2.37}$$

为与 2.5.1 小节区分，本节将性能退化量的增量表示为 $\delta_{ij}=x_{\mathrm{G}_i}(t_j)-x_{\mathrm{G}_i}(t_{j-1})$，其中 $j=1,2,\cdots,n$。根据式(2.37)，可得第 i 组性能退化量增量的概率密度函数为：

$$f_{X_{\mathrm{G}_i}(t_j)-X_{\mathrm{G}_i}(t_{j-1})}(\delta_{ij})=\frac{\delta_{ij}^{\alpha(t_j-t_{j-1})-1}\beta_i^{\alpha(t_j-t_{j-1})}\mathrm{e}^{-\beta_i\delta_{ij}}}{\Gamma(\alpha_i(t_j-t_{j-1}))},x>0 \tag{2.38}$$

根据式(2.38)，容易得到性能退化量增量的似然函数为

$$
\begin{aligned}
L_i(\delta_{i1},\cdots,\delta_{in} \mid \alpha_i,\beta_i) &= \prod_{j=1}^{n} f_{X_{Gi}(t_j)-X_{Gi}(t_{j-1})}(\delta_{ij}) \\
&= \prod_{j=1}^{n} \frac{\delta_{ij}^{\alpha_i(t_j-t_{j-1})-1} \beta_i^{\alpha_i(t_j-t_{j-1})} e^{-\beta_i\delta_{ij}}}{\Gamma(\alpha_i(t_j-t_{j-1}))}
\end{aligned}
\tag{2.39}
$$

与2.5.1小节中求解步骤相同，对式(2.40)进行求解，即可得到关于Gamma过程形状参数α与尺度参数β的估计值。

$$
\begin{cases}
\sum_{j=1}^{n}(t_j-t_{j-1})\{\varphi[\hat{\alpha}_i(t_j-t_{j-1})]-\ln\delta_{ij}\}=t_n\ln(\hat{\beta}_i) \\
\hat{\beta}_i=\dfrac{\hat{\alpha}_i t_n}{x_n}
\end{cases}
\tag{2.40}
$$

其中$\varphi(a)$代表diagamma函数，可用式(2.41)进行计算：

$$
\varphi(a)=\frac{\Gamma'(a)}{\Gamma(a)}=\frac{\partial\ln\Gamma(a)}{\partial a}, a>0 \tag{2.41}
$$

假设选取样本中的第i组数据进行分析。值得注意的是，由于Gamma过程概率密度函数涉及观测点的时间间隔，所以需要注重观测点时间间隔是否单一。为简化参数估计过程，进而方便结果公式的运用，现讨论数据观测点时间间隔的两种情况。

假设样本共有n个观测点，且前z个观测点间隔为Δt_1 $(0<z<n)$，其他观测点间隔为Δt_2，则该情况下的最大似然函数可列式如下：

$$
\begin{aligned}
L_i(\delta_{11},\cdots,\delta_{1n} \mid \alpha,\beta) &= \prod_{j=1}^{n} f_{X_{Gi}(t_j)-X_{Gi}(t_{j-1})}(\delta_{ij}) \\
&= \prod_{j=1}^{z} \frac{\delta_{ij}^{\alpha_i\Delta t_1-1}\beta_i^{\alpha_i\Delta t_1} e^{-\beta_i\delta_{ij}}}{\Gamma(\alpha_i\Delta t_1)} \times \prod_{j=z+1}^{n} \frac{\delta_{ij}^{\alpha_i\Delta t_2-1}\beta_i^{\alpha_i\Delta t_2} e^{-\beta_i\delta_{ij}}}{\Gamma(\alpha_i\Delta t_2)}
\end{aligned}
\tag{2.42}
$$

将式(2.42)取对数有

$$
\begin{aligned}
\ln L_i(\delta_{i1},\cdots,\delta_{in} \mid \alpha_i,\beta_i) &= \sum_{j=1}^{z}\ln\frac{\delta_{ij}^{\alpha_i\Delta t_1-1}\beta_i^{\alpha_i\Delta t_1} e^{-\beta_i\delta_{ij}}}{\Gamma(\alpha_i\Delta t_1)} + \sum_{j=z+1}^{n}\ln\frac{\delta_{ij}^{\alpha_i\Delta t_2-1}\beta_i^{\alpha_i\Delta t_2} e^{-\beta_i\delta_{ij}}}{\Gamma(\alpha_i\Delta t_2)} \\
&= \ln\frac{\left(\prod_{j=1}^{z}\delta_{ij}\right)^{\alpha_i\Delta t_1-1}\left(\prod_{j=z+1}^{n}\delta_{ij}\right)^{\alpha_i\Delta t_2-1}\beta_i^{z\alpha_i\Delta t_1+(n-z)\alpha_i\Delta t_2} e^{-\beta_i\sum_{j=1}^{n}\delta_{ij}}}{\Gamma^{z+1}(\alpha_i\Delta t_1)\Gamma^{n-z}(\alpha_i\Delta t_2)}
\end{aligned}
\tag{2.43}
$$

依据 2.5.1 小节的求解方法，可以得到方程组：

$$\begin{cases}\dfrac{\mathrm{d}\ln L(\delta_{i1},\cdots,\delta_{in}|\alpha_i,\beta_i)}{\mathrm{d}\alpha_i}=0\\ \dfrac{\mathrm{d}\ln L(\delta_{i1},\cdots,\delta_{in}|\alpha,\beta_i)}{\mathrm{d}\beta_i}=0\end{cases}\tag{2.44}$$

求解式(2.44)，即可得到估计值 $\hat{\alpha}_i$ 与 $\hat{\beta}_i$，进而 Gamma 过程下第 i 组样本的可靠度函数可以确定为：

$$R_i(t)=P\{T_G\geqslant t\}=1-F_{T_G}(t)=1-\frac{\Gamma(\hat{\alpha}_i t,\hat{\beta}_i D)}{\Gamma(\hat{\alpha}_i t)}$$

$$=1-\frac{\int_{\hat{\beta}_i D}^{\infty}y^{\hat{\alpha}_i t-1}\mathrm{e}^{-y}\mathrm{d}y}{\int_0^{\infty}y^{\hat{\alpha}_i t-1}\mathrm{e}^{-y}\mathrm{d}y}\tag{2.45}$$

综合考虑所有样本，仍采用 2.5.1 小节的处理方法，样本总体可靠度函数为：

$$R(t)=\frac{1}{m}\sum_{i=1}^{m}R_i(t)\tag{2.46}$$

至此，本节完整地给出了随机过程模型相关参数的估计步骤。

2.6 基于矩估计法的退化轨迹模型参数估计

2.6.1 矩估计法介绍

本节采用矩估计法来完成退化轨迹模型的参数估计工作，首先给出矩估计法的基本介绍。

如果将通过试验得到的退化量数据记为 $X_1,\cdots,X_n$，样本总体记为 X，易知样本为随机变量，其分布律可以表示为：$P\{X=x\}=p(x;\theta_1,\cdots,\theta_n)$。式中 θ 为待估计参数。假设总体 X 的前 l 阶矩为：

$$\mu_l=E(X^l)=\sum x^l p(x;\theta_1,\cdots,\theta_k)\tag{2.47}$$

易知 μ_l 是与待估计量 $\theta_1,\cdots,\theta_k$ 有关的函数。根据数理统计知识，可知样本矩为：

$$A_l=\frac{1}{n}\sum_{i=1}^{n}X_i^l \tag{2.48}$$

样本矩依概率收敛于总体矩，因此可以利用样本矩作为相应总体矩的估计量。设：

$$\begin{cases}\mu_1=\mu_1(\theta_1,\cdots,\theta_k)\\ \qquad\cdots\\ \mu_k=\mu_k(\theta_1,\cdots,\theta_k)\end{cases} \tag{2.49}$$

对式(2.49) 进行联立求解得到：

$$\begin{cases}\theta_1=\theta_1(\mu_1,\cdots,\mu_k)\\ \qquad\cdots\\ \theta_k=\theta_k(\mu_1,\cdots,\mu_k)\end{cases} \tag{2.50}$$

以样本矩 A_i 代替式(2.50) 中的 μ_i，即可将结果 $\hat{\theta}_i=\theta_i(A_1,\cdots,A_k)$作为该参数的估计量。

2.6.2 退化轨迹模型参数的矩估计

竞争失效思想强调了自然退化与突发失效的并存性，这就决定了采用退化轨迹模型进行建模时，得到的结果可靠度公式中会包含无穷多项的求和，若采用极大似然估计法进行参数估计会导致计算过程十分复杂，所以在此选择矩估计来进行数据拟合。此外，为了方便公式推导，本节直接利用冲击数目期望 $E[N(t)]=\lambda t$ 来代替 $N(t)$ 进行计算。

性能退化量包含退化激增量和自然退化量两部分。假设样本 i 共经历 z 次冲击，第 l 次冲击产生的性能退化激增量为 $Y_{il}\sim \mathrm{N}(\mu_Y,\sigma_Y^2)$。综合考虑所有样本，容易得到外界冲击 Y 相关参数估计量：

$$\hat{\mu}_Y=E(Y_{il})=\bar{Y}_{il}=\frac{1}{mz}\sum_{i=1}^{m}\sum_{l=1}^{z}Y_{il} \tag{2.51}$$

$$\hat{\sigma}_Y^2=E(Y_{il}^2)-\mu_Y^2=\frac{1}{mz}\sum_{i=1}^{m}\sum_{l=1}^{z}Y_{il}^2-\mu_Y^2 \tag{2.52}$$

自然退化过程的待参数估计为退化率 $\beta\sim \mathrm{N}(\mu,\sigma^2)$。自然退化量表示为：

$$X(t)=x_0+\beta t \tag{2.53}$$

本节假设初始退化量 $x_0=0$，现在进行参数 β 的估计。用 $X_{si}(t_j)$ 代表第 i

个样本在 t_j 时刻下的总退化量。选取某观测点 t_j 下的一组总退化量数据 $X_{s1}(t_j),\cdots,X_{sm}(t_j)$ 进行总退化量期望与方差的计算，首先有一、二阶样本矩如下：

$$A_1=E(X_{si}(t_j))=\bar{X}_{si}(t_j)=\frac{1}{m}\sum_{i=1}^{m}X_{si}(t_j) \tag{2.54}$$

$$A_2=\bar{X}_{si}^2(t_j)=\frac{1}{m}\sum_{i=1}^{m}X_{si}^2(t_j) \tag{2.55}$$

根据数理统计知识，易得 t_j 时刻退化量方差可由下式计算：

$$\begin{aligned}D[X_{si}(t_j)]&=E[X_{si}^2(t_j)]-E^2[X_{si}(t_j)]\\&=\frac{1}{m}\sum_{i=1}^{m}[X_{si}(t_j)-\bar{X}_{si}(t_j)]^2=A_2-A_1^2\end{aligned} \tag{2.56}$$

在获得激增退化量的估计值与退化量的期望与方差之后，易求解出总退化量 $X_s(t)=X(t)+S(t)$ 的一阶矩：

$$\begin{aligned}E(X_s(t))&=E\left(X(t)+\sum_{l=1}^{N(t)}Y_l\right)\\&=E[(N(t))]E(Y_l)+E(X(t))=\lambda t\mu_Y+\mu t\end{aligned} \tag{2.57}$$

总退化量的二阶矩可由下式计算：

$$\begin{aligned}E[X_s^2(t)]&=E[X(t)+S(t)]^2\\&=E[X^2(t)]+E[S^2(t)]+2E[X(t)]E[S(t)]\end{aligned} \tag{2.58}$$

由式(2.53) 可知：

$$\begin{cases}E(X(t))=\mu t\\D(X(t))=\sigma^2t^2\end{cases} \tag{2.59}$$

依据数理统计知识，对式(2.59) 中各项期望求解：

$$E[X^2(t)]=D[X(t)]+E^2[X(t)]=(\sigma^2+\mu^2)t^2 \tag{2.60}$$

$$2E[X(t)]E[S(t)]=2\mu\lambda t^2\mu_Y \tag{2.61}$$

$$\begin{aligned}E[S^2(t)]&=E[(\sum_{l=1}^{N(t)}Y_l)^2]=E[N(t)Y_l{}^2+N(t)(N(t)-1)Y_l\widetilde{Y}_l]\\&=E[N(t)]E(Y_l{}^2)+E[N(t)]E[N(t)-1]E(Y_l)E(\widetilde{Y}_l)\\&=\lambda t(\mu_Y^2+\sigma_Y^2)+\lambda t(\lambda t-1)\mu_Y^2=\lambda t\sigma_Y^2+(\lambda t)^2\mu_Y^2\end{aligned} \tag{2.62}$$

式中，$\widetilde{Y}_l$ 代表不为 Y_l 的一个退化激增量。联立式(2.60)～式(2.62)，可得 t_j 时刻下样本的总退化量二阶矩为：

$$E[X_s^2(t_j)]=(\lambda t_j)\sigma_Y^2+(\lambda^2t_j^2)\mu_Y^2+2\mu\lambda t_j^2\mu_Y+(\sigma^2+\mu^2)t_j^2 \tag{2.63}$$

同样地在 t_j 时刻下，式(2.57) 可写为：

$$
\begin{aligned}
E[X_s(t_j)] &= E\left[X(t_j) + \sum_{l=1}^{N(t_j)} Y_l\right] = E[N(t_j)]E(Y_l) + E[X(t_j)] \\
&= \lambda t_j \mu_Y + \mu t_j
\end{aligned}
\tag{2.64}
$$

欲得 t_j 时刻下的退化率 β_j 的参数估计量 $\hat{\mu}_j$ 和 $\hat{\sigma}_j^2$，可将式(2.54)～式(2.56) 和式(2.63)、式(2.64) 联立进行求解：

$$
\begin{cases}
\lambda t_j \mu_Y + \hat{\mu}_j t_j = A_1 \\
(\lambda t_j)\sigma_Y^2 + 2\hat{\mu}_j \lambda t_j^2 \mu_Y + \hat{\sigma}_j^2 t_j^2 = A_2 - A_1^2
\end{cases}
\tag{2.65}
$$

综合考虑整个退化过程，将参数取均值得到两参数估计值为：

$$
\begin{cases}
\hat{\mu} = \dfrac{1}{n}\sum_{j=1}^{n} \hat{\mu}_j \\
\hat{\sigma}^2 = \dfrac{1}{n}\sum_{j=1}^{n} \hat{\sigma}_j^2
\end{cases}
\tag{2.66}
$$

基于本方法的可靠度函数可以根据下式计算：

$$
R(t) = \sum_{l=0}^{\infty} \phi\left(\frac{D - \hat{\mu} t - l\hat{\mu}_Y}{\sqrt{\hat{\sigma}^2 t^2 + l\hat{\sigma}_Y^2}}\right) \frac{(\lambda t)^l \exp(-\lambda t)}{l!}
\tag{2.67}
$$

2.7 基于最小二乘法的退化轨迹模型参数估计

在进行参数拟合之前，通常会首先进行退化轨迹的绘制，从而辨别出性能退化的大体趋势，进而更准确地选择合适的参数估计方法。线性回归法主要适用于处理线性关系较强的退化数据，其中最小二乘法应用最为广泛。本节将着重介绍基于最小二乘法的参数估计方法。与矩估计法不同，采用最小二乘法进行参数估计最终得到的是一组回归系数，能够针对各种影响因子进行综合考虑，所以更加贴合实际情况。为更好地阐述对性能退化数据采用最小二乘估计的方法，首先对传统方法进行简单介绍。

假设影响结果 Y 的自变量有 $F_0, F_1, \cdots, F_k$，对应的待估计系数为 $\theta_0, \theta_1, \cdots, \theta_k$，模型误差为 ε，在对产品进行 n 次独立试验的情况下，各参量关

系可表示为：

$$\boldsymbol{Y}=\boldsymbol{F\theta}+\boldsymbol{\varepsilon} \tag{2.68}$$

式中，$\boldsymbol{Y}=[y_1,\cdots,y_n]^{\mathrm{T}}$，$\boldsymbol{\theta}=[\theta_1,\cdots,\theta_n]^{\mathrm{T}}$，$\boldsymbol{\varepsilon}=[\varepsilon_1,\cdots,\varepsilon_n]^{\mathrm{T}}$。

$$\boldsymbol{F}=\begin{bmatrix} 1 & f_{11} & \cdots & f_{1k} \\ \cdots & \cdots & \cdots & \cdots \\ 1 & f_{n1} & \cdots & f_{nk} \end{bmatrix} \tag{2.69}$$

式中，θ 的估计值是使得残差平方和 $\mathrm{SSE}=(Y-F\theta)^{\mathrm{T}}(Y-F\theta)$ 最小的值。

估计值 θ 可依据下式求解：

$$\frac{\partial \mathrm{SSE}}{\partial \theta}=\frac{\partial(Y^{\mathrm{T}}Y-Y^{\mathrm{T}}F\theta-\theta^{\mathrm{T}}F^{\mathrm{T}}Y+\theta^{\mathrm{T}}F^{\mathrm{T}}F\theta)}{\partial \theta}=-2F^{\mathrm{T}}Y+2F^{\mathrm{T}}F\theta \tag{2.70}$$

令上式为0，可得到其最小估计值为：

$$\hat{\theta}=(F^{\mathrm{T}}F)^{-1}F^{\mathrm{T}}Y \tag{2.71}$$

可见，最小二乘法的主要思想是求解出使得所处理数据与模型在该观测点对应的函数值之差最小的 θ 值，并将其作为估计值 $\hat{\theta}$。

在处理产品的性能退化数据时，选取产品第 i 组性能退化量作为分析对象，并求取退化量 x_{ij} 与退化轨迹模型函数 $X(t)=x_0+\beta t$ 的差值，令该差值的加权平方和最小，进而求解出目标参数。退化轨迹模型下的性能退化数据的参数估计可以依据下式进行计算：

$$\begin{cases} \dfrac{\partial}{\partial \beta_i}\sum_{j=1}^{n}(x_{ij}-x_0-\beta_i t_j)^2=0 \\ \dfrac{\partial}{\partial x_0}\sum_{j=1}^{n}(x_{ij}-x_0-\beta_i t_j)^2=0 \end{cases} \tag{2.72}$$

整理可得：

$$\begin{cases} \hat{x}_0^i\sum_{j=1}^{n}t_j+\hat{\beta}_i\sum_{j=1}^{n}t_j^2=\sum_{j=1}^{n}t_j x_{ij} \\ \hat{x}_0^i n+\hat{\beta}_i\sum_{j=1}^{n}t_j=\sum_{j=1}^{n}x_{ij} \end{cases} \tag{2.73}$$

式中，$\hat{x}_0^i$ 为第 i 组数据的初始退化量估计值。对其求解，即可得到第 i 组数据利用最小二乘法得到的退化轨迹模型参数估计值。由于本方法并未将参数 β 描述成一个分布，所以可以将由式(2.72) 得到的求解结果进行分布形式拟合，代入式(2.67) 进行可靠度分析。

2.7.1 实例背景简介

为验证本章提出的性能退化数据处理方法具有正确性与实用性，本章以某型号激光二极管为分析对象，运用本节方法对性能退化数据进行处理，并对产品进行可靠度分析。首先，对该激光二极管及其数据进行简单介绍。本章选用的激光二极管的主要失效原因是核心部件 PN 结失效。PN 结的退化是随着激光器内非辐射复合中心的增加而发展的。该激光二极管性能对温度的变化比较敏感，当激光二极管遭受高温冲击时，其输出光功率会出现明显下降。该激光二极管的退化过程具有一定的代表性。下面利用文献[64] 中的退化数据来验证本章方法的合理性。

该试验设定的环境温度为 23℃±2℃。该模型经历的冲击为高温冲击，其到达率约为 $\lambda=0.05$，大于 100℃的温度冲击导致硬失效的发生。设置阈值 $D=50$，表示当激光二极管输出光功率下降到 50%时认为该元件失效。选取六个样本进行参数估计分析，为更加直观地分析其退化趋势，将最终的激光二极管输出光功率退化数据绘于图 2.6 中，对应数据列于表 2.5。文献中其他试验条件与参数汇总于表 2.6。

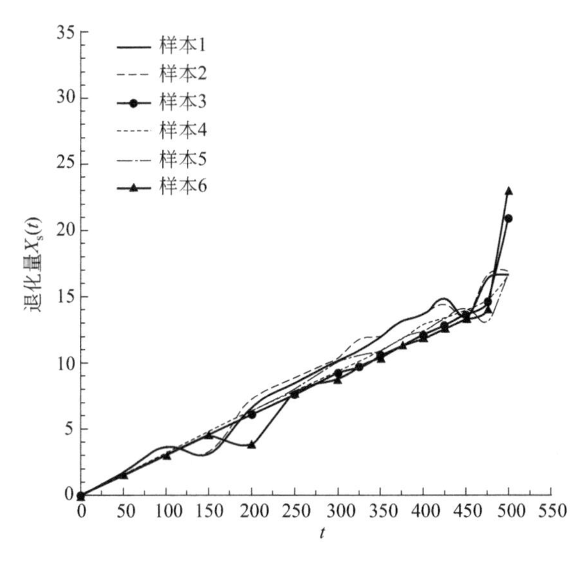

图 2.6 激光二极管输出光功率退化数据

在下面的参数估计中，样本数目、采样时间点分别以字母 m 和 n 表示。用 X_{mn} 来表示第 m 组样本的第 n 个采样时间点对应的退化量。

表 2.5 激光二极管输出光功率退化数据

项目	样本 1	样本 2	样本 3	样本 4	样本 5	样本 6
0	0.00	0.00	0.00	0.00	0.00	0.00
50	1.72	1.71	1.53	1.60	1.60	1.48
100	3.63	3.59	3.04	3.16	3.13	2.98
150	3.05	3.25	4.54	4.75	4.69	4.47
200	6.60	7.22	6.00	6.41	6.43	3.84
250	8.48	8.79	7.53	7.92	7.93	7.74
300	10.11	10.33	9.25	9.37	10.02	8.77
325	10.94	11.81	9.69	10.17	10.52	9.62
350	12.01	12.01	10.57	10.98	11.00	10.36
375	13.13	13.13	11.26	11.86	11.93	11.31
400	13.61	13.64	12.13	12.96	12.41	11.81
425	14.88	14.45	12.81	13.42	13.39	12.57
450	13.45	13.45	13.69	14.05	14.18	13.29
475	16.31	16.63	14.57	14.77	13.03	14.04
500	16.71	16.91	21.01	16.58	16.64	23.01

表 2.6 激光二极管失效模型涉及的参数

参数	取值	含义	来源
D	50	软失效退化阈值	文献[65]
H	100℃	硬失效阈值	文献[65]
Y_i	$N(10.57, 4.51^2)$	激增退化量值	文献[65]
λ	0.058	高温冲击到达率	文献[65]
τ	0.199	产品自愈阈值	文献[65]
V	55%±5%	相对湿度	文献[65]
t	500	截止时间	文献[65]

2.7.2 基于随机过程模型的可靠度仿真分析

根据表 2.5 给出的六组退化数据，结合式(2.30) 和式(2.32)，可求得基于最大似然估计法的维纳过程参数估计值如表 2.7 所示。依照前文所述，为综合考虑各样本，将表 2.7 中的数据代入式(2.35)，即可求解该产品的总体可靠度函数曲线。

表 2.7　维纳过程下各试验样本的参数估计值

样本编号	漂移参数 $\hat{\mu}_i$	扩散参数 $\hat{\sigma}_i^2$
1	0.0334	0.0026
2	0.0338	0.0013
3	0.0320	0.0011
4	0.0332	0.0011
5	0.0333	0.0035
6	0.0300	0.0010

下面进行本例下伽马过程模型的参数估计。根据本例中六个样本采样点的设定，两种时间间隔分别为：$\Delta t_1=50$，$\Delta t_2=25$，求解所需的其他参数汇于表 2.8。利用 Maple 对式(2.44) 进行求解，即可得到各个样本对应的参数估计值。估计结果汇总于表 2.9 中。

表 2.8　本例中极大似然估计时涉及的参数值

样本编号	$\prod_{j=1}^{6}\delta_{ij}$	$\prod_{j=7}^{14}\delta_{ij}$	$\sum_{j=1}^{14}\delta_{ij}$
1	22.1578	0.1189	16.71
2	23.4184	0.0452	16.91
3	14.0888	0.1762	16.01
4	14.4243	0.2369	16.58
5	20.8316	0.1135	16.64
6	9.7006	0.0936	13.01

表 2.9　伽马过程的极大似然估计参数值

样本编号	形状参数 $\hat{\alpha}$	尺度参数 $\hat{\beta}$
1	0.0227	0.0083
2	0.0263	0.0087
3	0.0246	0.0082
4	0.0252	0.0083
5	0.0253	0.0076
6	0.0295	0.0088

将表 2.9 数据代入式(2.45)、式(2.46)，即可得到该产品的可靠度分析函数。

2.7.3　基于退化轨迹模型可靠度仿真分析

本例中，产品初始损伤量为零，所以在计算中可以忽略不计。依照 2.6 节所述求解方法，将退化轨迹模型参数的矩估计结果列于表 2.10。

表 2.10　退化轨迹模型参数矩估计涉及的数据

项目	$A_1(t_j)$	$A_2(t_j)$	$\hat{\mu}_j$	$\hat{\sigma}_j^2$
$t_1=50$	1.6067	2.5890	0.0351	2.1×10^{-6}
$t_2=100$	3.2550	10.6616	0.0355	3.4×10^{-6}
$t_3=150$	4.7917	23.0360	0.0349	3.7×10^{-6}
$t_4=200$	6.4333	41.5675	0.0352	2×10^{-6}
$t_5=250$	8.0150	64.4734	0.0352	4.7×10^{-6}
$t_6=300$	9.6417	93.2656	0.0372	5.73×10^{-5}
$t_7=325$	10.4583	109.9499	0.0373	5.44×10^{-5}
$t_8=350$	11.1550	124.8492	0.0369	5.18×10^{-5}
$t_9=375$	12.1033	147.0803	0.0371	4.35×10^{-5}
$t_{10}=400$	12.7600	163.3107	0.0363	3.61×10^{-5}
$t_{11}=425$	13.5867	183.2844	0.0362	2.84×10^{-5}
$t_{12}=450$	14.3517	206.6534	0.0364	3.75×10^{-5}
$t_{13}=475$	13.2250	232.6722	0.0374	6.69×10^{-5}
$t_{14}=500$	16.3100	266.4297	0.0416	1.26×10^{-4}

将结果代入式(2.66)，可以得到估计值 $\hat{\mu}=0.0366$，$\hat{\sigma}^2=3.7022\times10^{-5}$，所以可以得到产品自然退化率为 $\beta\sim N(0.0366,\ 3.7022\times10^{-5})$。

由于退化轨迹模型的构建比较简单，所以采用该模型来描述产品退化时，必须引入外界冲击对整体退化过程的影响。此外，激光二极管本身具有较为特殊的自愈性，该特性会造成产品的非线性退化，对产品可靠度评估也有较大的影响，所以也不可忽略。基于上述考虑，式(2.67) 可改写为：

$$R(t)=\sum_{l=0}^{\infty}\phi\left(\frac{D-\hat{\mu}t-l(1-\mathrm{e}^{-\lambda\tau})\hat{\mu}_Y}{\sqrt{\hat{\sigma}^2t^2+l(1-\mathrm{e}^{-\lambda\tau})\hat{\sigma}_Y^2}}\right)\frac{(\lambda t)^l\exp(-\lambda t)}{l!}\tag{2.74}$$

下面进行基于最小二乘法的退化轨迹模型参数估计与可靠度验证。由于本例中产品初始退化量为 0，所以，式(2.73) 可改写为

$$\hat{\beta}_i=\sum_{j=1}^{n}t_jx_{ij}\Big/\sum_{j=1}^{n}t_j^2\tag{2.75}$$

计算结果如表 2.11 所示。将六组数据进行正态分布拟合，可得自然退化率为 $\beta\sim N$ $(0.0321,\ 8.2150\times10^{-4})$。将相关数据代入式(2.75)，即可

得到产品的可靠度函数。

表 2.11 基于线性回归法的参数估计结果

样本编号	$\sum_{j=1}^{n} t_j x_{ij}$	$\hat{\beta}_i$
1	55185	0.0342
2	55842	0.0342
3	49372	0.0306
4	51293	0.0318
5	51609	0.0320
6	47936	0.0298

2.7.4 仿真结果对比

基于本章所提出的参数估计方法，图 2.7 给出了对应的可靠度曲线。随机过程模型主要描述产品的软失效过程，且模型并未考虑外界冲击对失效过程的影响。而退化轨迹模型的建模过程必须考虑较多外界影响，这也使得基于该方法的可靠度分析难度相对较大。从图 2.7 中可知，各模型的仿真结果较为一致，说明 2.5 节中提出的参数估计方法具有较高的准确性与实用性，基本满足参数精度要求。本章给出的数据处理方法可以支持模型的可靠度分析需求，不需要大量数据支持，且原理直观，操作方便，节省了试验经费与时间，可以应用于各产品的可靠度评估工作中。

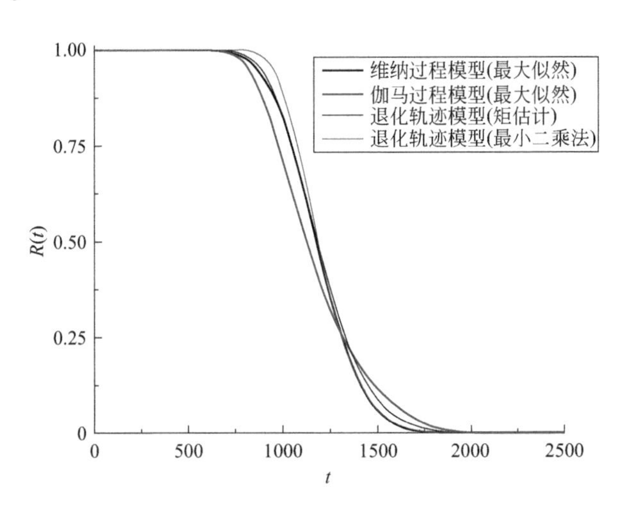

图 2.7 基于各退化模型的产品可靠度仿真结果比对

2.8 本章小结

本章首先介绍了性能退化试验的相关知识，梳理了性能退化数据获得方法与加速退化试验的理论基础。此外，根据两种主流性能退化模型的实际特点，提出了不同的参数估计方法以完成数据处理工作。针对随机过程模型和退化轨迹模型的主要参数，详细地给出了适用的估计方法，解决了由于退化模型分析侧重点不同与性能退化试验具有一定特殊性导致的数据处理方法不明晰的问题。基于性能退化模型，通过所选取实例的具体可靠度分析，对不同方法下的数据处理结果进行了分析对比，验证了本章建立的性能退化数据分析方法具有一定的实用性与准确性，能够支持可靠性分析中后续产品可靠度建模工作。

第3章

单性能参数退化的可靠性设计

3.1 概述

产品的功能是用性能参数来描述的，并且其状态受时间影响，在退化过程中受单个关键性能参数的影响是一种很常见的现象。比如，由于磨损而造成的失效，像刀具在切削工件过程中造成刀具本身的磨损、汽车轮胎由于长时间在路面行走造成的轮胎磨损；或者电子产品由于老化而造成的失效，像电阻的退化、电缆的老化等等。所以，本章将利用产品的单性能参数的退化数据，使用 Bootstrap 法扩充样本，在变失效阈值的情况下对其进行可靠性分析。

目前，根据性能退化数据进行可靠性分析的方法有很多，归根结底都是利用了产品在工作过程中的定失效阈值进行失效分析，现在大部分文献都没有分析性能退化数据与其研究假设的模型是否匹配。由于假设的模型与其研究的数据不完全合适，而又没有已知的经验公式，所以将会导致可靠度模型出现偏差，因此需要对性能退化数据进行研究，选择合适的退化模型进行分析。

本章根据单性能关键退化数据，采用基于变失效阈值的退化量分布法、退化轨迹法与随机过程法进行讨论，分别建立各个可靠性模型，并结合工程实例，通过多个试验样本测量得出的性能退化数据，利用 Bootstrap 法扩充样本，依据其可靠度模型，准确地预测产品的可靠度和剩余寿命。

3.2 基于退化量分布的可靠性建模

由于试验成本、测试周期等方面原因，往往难以投入大量样本进行长时间试验，导致试验的样本容量偏小（小子样 $n<30$），故须考虑在小子样条件下可靠度模型的预测准确性问题。

Bootstrap 法为解决小子样可靠性评估问题提供新的思路，该方法能充分利用子样本自身信息，无须事先知道总体样本分布，直接从原样本族（$x_1,x_2,\cdots,x_n$）进行有放回的重复抽样而生成自助大样本（$x_{j1}^*,x_{j2}^*,\cdots,x_{jn}^*$）（$j=1,2,\cdots,N$），其核心在于再抽样方法的构建。当重复抽样 N 足够大时，自助样本可反映出原样本的总体分布及其统计特征。

设样本观测数据 $X=(x_1,x_2,\cdots,x_n)$ 服从某未知总体分布 F，F_n 为观测数据的经验分布函数，则 Bootstrap 法自助扩充步骤为：

① 将观测的数据 $X=(x_1,x_2,\cdots,x_n)$ 按从小到大顺序排列，因此就可以得到 $X'=(x_{(1)},x_{(2)},\cdots,x_{(n)})(x_{(1)}\leqslant x_{(2)}\leqslant\cdots\leqslant x_{(n)})$，令 $k=1,2,\cdots,n-1$，则由新统计量 X' 构造原样本经验分布函数：

$$F_n(x)=\begin{cases}0,x<x_{(1)}\\ \dfrac{k}{n},x_{(k)}\leqslant x\leqslant x_{(k+1)}\\ 1,x\geqslant x_{(n)}\end{cases} \tag{3.1}$$

② 利用原样本经验分布 $F_n(x)$ 抽取 N 组样本 $X^*(j)=(x_{j1}^*,x_{j2}^*,\cdots,x_{jn}^*)(j=1,2,\cdots,N)$，抽取方法为：

a. 产生［0，1］区间上均匀分布的随机数 ξ；

b. 令 $\eta=(n-1)\xi,i=[\eta]+1$，［η］表示对 η 向下取整，$x^*=x_{(i)}+(\eta-i+1)(x_{(i+1)}-x_{(i)})$，$x^*$ 即为扩充的自主数据；

c. 重复上述步骤 n 次，得到扩充自助集 $X^*=(x_1^*,x_2^*,\cdots,x_n^*)$；

d. 循环步骤 a、b、c，可得 N 组样本 $X^*(j)$。

3.2.1 正态型退化分布模型

当产品的退化量 y 服从正态分布时，即其服从均值 $\mu(t)$（位置参数）与标准差 $\sigma(t)$（形状参数），能够描述性能退化量在时间 t 的分布情况。在有的情况下，产品的失效阈值 D_f 不为常数，而是随着产品在其工作过程中的时间而变化，因此，令 $D_f = D_f(t)$。

此时，将分为两种情况进行讨论：

① 当退化的曲线是单调下降的时候，即失效判据是 $y \leqslant D_f(t)$ 时，根据可靠性理论可以求出可靠度和性能退化量之间的表达式为：

$$R(t) = 1 - P(y \leqslant D_f(t)) = 1 - \Phi\left(\frac{D_f(t) - \mu(t)}{\sigma(t)}\right) \tag{3.2}$$

退化曲线单调下降时，其分布示意图如图 3.1 所示。

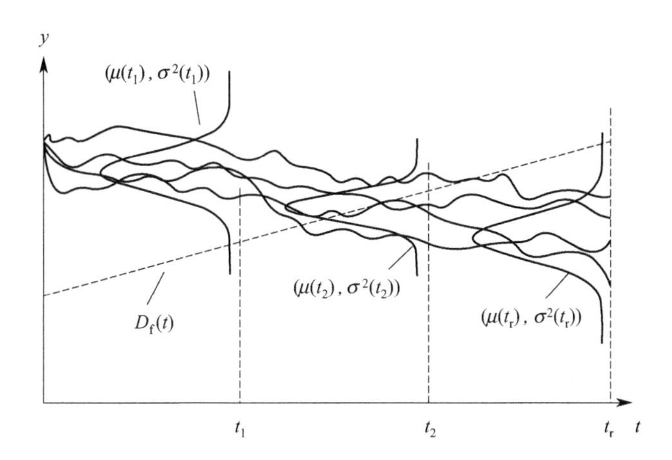

图 3.1　性能退化量单调下降时的分布示意图

② 当退化的曲线是单调上升的时候，即失效判据是 $y \geqslant D_f(t)$ 时，可以求出可靠度和其性能退化量之间的表达式为：

$$R(t) = 1 - P(y \geqslant D_f(t)) = \Phi\left(\frac{D_f(t) - \mu(t)}{\sigma(t)}\right) \tag{3.3}$$

退化曲线单调上升时，其分布示意图如图 3.2 所示。

假设总共抽取 n 个样本进行性能退化试验，在 m 个测量时刻的第 i 个产品的性能退化量记为 $y_{i1}, y_{i2}, \cdots, y_{im}$。在试验中，所有的样本都是从总体中随机抽取，并在同一条件下进行试验。因此，第 i 个样本在 t_j 时刻的退化数据记为$(t_j, y_{ij})(i=1,2,\cdots,n; j=1,2,\cdots,m)$。利用上文介绍的 Bootstrap 法扩充样本后，利用 SPSS 与 MATLAB 软件对其退化数据进行正态分布假设检验，然后进行对模型的参数估计。

运用 Bootstrap 法扩充样本后，对于时刻 t_j 进行总体的均值点估计时采用极大似然法，记为 $\hat{\mu}(t_j)$，时刻 t_j 的标准差 $\hat{\sigma}(t_j)$ 的点估计则采用最小方差无偏估计[66]。

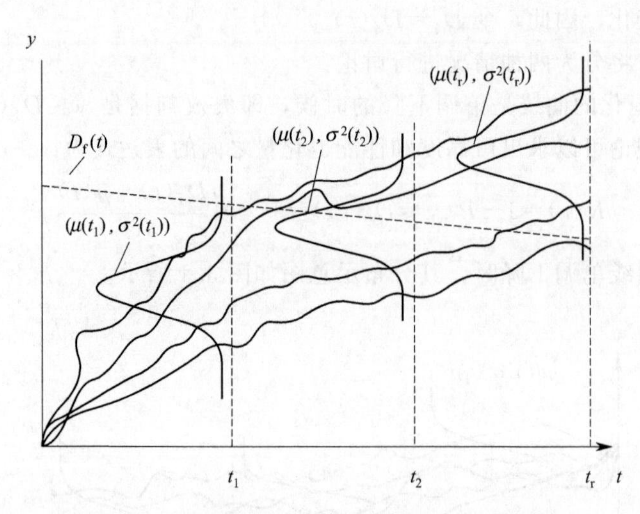

图 3.2 性能退化量单调上升时的分布示意图

时刻 t_j 的均值 $\hat{\mu}(t_j)$ 的点估计为：

$$\hat{\mu}(t_j)=\frac{1}{n}\sum_{i=1}^{n}y_{ij} \tag{3.4}$$

时刻 t_j 的标准值 $\hat{\sigma}(t_j)$ 的点估计为：

$$\hat{\sigma}(t_j)=\left[\frac{1}{n-1}\sum_{i=1}^{n}(y_{ij}-\bar{y}_{ij})^2\right]^{\frac{1}{2}} \tag{3.5}$$

式中，$\bar{y}_{ij}$ 为在 t_j 时刻所有样本的均值。

这样就可以得到 $t_1,t_2,\cdots,t_m$ 所有时刻包括 Bootstrap 法扩充样本均值的点估计值 $\hat{\mu}(t_1),\hat{\mu}(t_2),\cdots,\hat{\mu}(t_m)$ 与标准差的点估计值 $\hat{\sigma}(t_1),\hat{\sigma}(t_2),\cdots,\hat{\sigma}(t_m)$。通过对退化量均值与标准差的计算，就可以得到退化量均值与方差的数学退化模型，一般采用单调函数，如线性模型、指数模型和对数模型，代入式(3.1) 或式(3.2)，从而得到单性能退化参数在变失效阈值情况下的可靠度函数。

3.2.2 威布尔型退化分布模型

当性能退化量 y 服从威布尔分布，即其服从尺寸参数 $\eta(t)$ 与形状参数 $\beta(t)$ 时，能够描述性能退化量在时间 t 的分布情况。

类似正态分布，同样可以分为两种情况进行讨论：

① 当退化的曲线是单调下降的时候，即失效判据是 $y\leqslant D_f(t)$ 时，由于性能退化量 y 服从威布尔分布，因此根据可靠性理论可以求出可靠度和

其性能退化量之间的表达式为：

$$R(t)=1-P(y\leqslant D_{\mathrm{f}}(t))=\exp\left\{-\left[\frac{D_{\mathrm{f}}(t)}{\eta(t)}\right]^{\beta(t)}\right\} \tag{3.6}$$

② 当退化的曲线是单调上升的时候，即失效判据是 $y\geqslant D_{\mathrm{f}}(t)$ 时，可以求出可靠度和其性能退化量之间的表达式为：

$$R(t)=1-P(y\geqslant D_{\mathrm{f}}(t))=1-\exp\left\{-\left[\frac{D_{\mathrm{f}}(t)}{\eta(t)}\right]^{\beta(t)}\right\} \tag{3.7}$$

假设第 i 个样本在 t_j 时刻的退化数据为 $(t_j,y_{ij})(i=1,2,\cdots,n;j=1,2,\cdots,m)$，同样利用 Bootstrap 法扩充样本，根据 SPSS 与 MATLAB 软件对其退化数据进行威布尔分布假设检验，然后利用最佳线性无偏估计法进行对模型的参数估计。

利用最佳线性无偏估计法时，首先需要对在 t_j 时刻的性能退化数据 y_{ij} 进行升序排列，得到：$y_{(i1)}\leqslant y_{(i2)}\leqslant\cdots\leqslant y_{(in)}$，然后将数据进行取对数处理，得到与其对应的极值分布的样本数据为：$h_{(i1)}\leqslant h_{(i2)}\leqslant\cdots\leqslant h_{(in)}(h_{(ij)}=\ln y_{(ij)})$，由此，根据最佳线性无偏估计法计算极值分布的参数估计公式为：

$$\hat{a}(t_j)=\sum_{j=1}^{n}D(n,n,k)h_{(ij)}=\sum_{j=1}^{n}D(n,n,k)\ln y_{(ij)} \tag{3.8}$$

$$\hat{b}(t_j)=\sum_{j=1}^{n}C(n,n,k)h_{(ij)}=\sum_{j=1}^{n}C(n,n,k)\ln y_{(ij)} \tag{3.9}$$

式中，$D(n,n,k)$ 与 $C(n,n,k)$ 是根据完全样本 (n,n) 计算极值分布参数 a 和 b 的最佳线性无偏估计系数，其值可以根据可靠性试验用表进行选择[67]。

根据上面计算得到的点估计 $\hat{a}(t_j)$ 与 $\hat{b}(t_j)$，则可以求解出在含有 Bootstrap 法扩充样本情况下在 t_j 时刻的威布尔分布参数点估计值为：

$$\hat{\beta}(t_j)=\frac{g_{n,n}}{\hat{b}(t_j)} \tag{3.10}$$

$$\hat{\eta}(t_j)=\exp[\hat{a}(t_j)] \tag{3.11}$$

式中，$g_{n,n}$ 是完全样本所对应的修偏系数，数值可根据可靠性试验用表选择[67]。

由此，可以得到 $t_1,t_2,\cdots,t_m$ 所有时刻的尺寸参数 $\eta(t)$ 的点估计值 $\hat{\eta}(t_1),\hat{\eta}(t_2),\cdots,\hat{\eta}(t_m)$ 与形状参数 $\beta(t)$ 的点估计值 $\hat{\beta}(t_1),\hat{\beta}(t_2),\cdots,\hat{\beta}(t_m)$。通过对尺寸参数 $\eta(t)$ 与形状参数 $\beta(t)$ 的计算，就可以得到相应的数学退化模型，代入式(3.5) 或式(3.6) 中，从而得到单性能退化参数在

变失效阈值情况下的可靠度函数。

因此，根据退化量分布模型进行可靠性评估的一般步骤如下：

① 通过试验所得的退化数据结合 Bootstrap 自助法扩充样本，选择合适的分布模型。一般常用的有正态分布与威布尔分布。

② 选择合适的模型后，计算模型当中各个时刻的未知参数。

③ 将计算出的未知参数进行函数的拟合。

④ 确定产品的失效阈值 $D_f(t)$，对产品进行在变失效阈值情况下的可靠性评估。

3.3 基于退化轨迹的可靠性建模

退化轨迹建模的基本思想是假设产品的退化轨迹为某个函数族，用参数去描述退化轨迹的分布。根据数理统计的方法去估计参数，以此确定退化轨迹的分布，再选择适当的退化轨迹模型来求解失效时间的分布。因为退化轨迹模型建模过程简单，且能够适用于大部分退化型产品，因此被广泛使用。

假设从产品总体中随机抽取 n 个样本，每个样本的实际退化轨迹随时间的变化可以用 $S(t)$ 表示，通常情况下，$S(t)$ 的数值根据测量时刻 $t_1, t_2, \cdots, t_m$ 得到，则第 i 个样本在时间 t_j 所测量的退化数据为：

$$y_{ij} = S(t_{ij}, \alpha_{1j}, \alpha_{2j}, \cdots, \alpha_{kj}) + \varepsilon_{ij} \tag{3.12}$$

式中，y_{ij} 为第 i 个样本在时间 t_j 的性能退化量；$S(t_{ij}, \alpha_{1j}, \alpha_{2j}, \cdots, \alpha_{kj})$为样本退化轨迹函数；$\varepsilon_{ij}$ 为服从于 $N(0, \sigma_\varepsilon^2)$ 的测量误差。

对于大部分退化型产品而言，退化轨迹通常情况下可以通过线性函数、指数函数、幂函数、对数函数与 Lloyd-Lipow 函数进行拟合，拟合后的退化轨迹可以看作产品实际的退化轨迹。函数如下[56]：

$$y_i = a_i t + b_i \tag{3.13}$$

$$y_i = b_i e^{a_i \cdot t} \tag{3.14}$$

$$y_i = b_i t^{a_i} \tag{3.15}$$

$$y_i = a_i \ln(t) + b_i \tag{3.16}$$

$$y_i = a_i - \frac{b_i}{t} \tag{3.17}$$

式中，y_i 为性能退化参数；i 为样本序号；a_i 和 b_i 为退化模型中的未知参数，其数值可以通过退化试验的数据估计得出。试验中，因为具有 n

个试验样本，因此可以得到 n 个退化轨迹曲线。

产品的失效阈值可能受到外部工作环境的影响而随着时间发生变化，比如工作环境的温度通常会影响着失效阈值的变化。这里假设产品的失效阈值 D_f 为线性函数，即 $D_f(t)=kt+b$，那么工作环境的温度越高，就会导致其失效阈值函数的斜率就越大，这样就会导致产品在更早的时间发生失效。上面得到的退化轨迹曲线是根据退化模型拟合的，是时间的单调函数，这样就可以求解每个样本的退化轨迹函数与失效阈值函数的交点，即每个样本达到失效阈值的时间。因为这些时间是根据退化轨迹外推得到的，并不是样本实际的失效时间，而又需要根据这些时间进行可靠性的评估，因此这些时间称作伪失效寿命。

① 假设用于试验的 n 个样本的伪失效寿命服从正态分布，其退化轨迹与寿命分布关系示意图如图 3.3 所示。

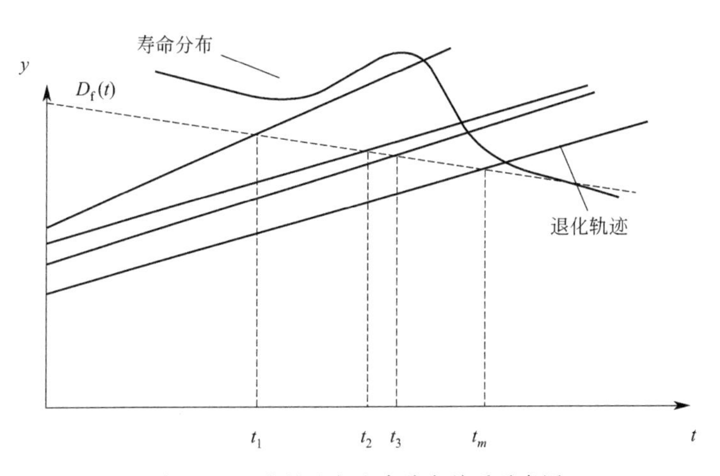

图 3.3　退化轨迹与寿命分布关系示意图

其伪失效寿命的均值为 $\hat{\mu}$，标准差为 $\hat{\sigma}$，则样本的平均寿命的估计值为：

$$E(T)=\hat{\mu} \tag{3.18}$$

样本的可靠度函数为：

$$R(t)=1-\Phi\left(\frac{t-\hat{\mu}}{\hat{\sigma}}\right) \tag{3.19}$$

对于正态分布中的参数 $\hat{\mu}$ 与 $\hat{\sigma}$，可以利用最大似然估计法得到。

② 假设用于试验的 n 个样本的伪失效寿命服从指数分布，其伪失效寿命的参数估计值为 $\hat{\lambda}$，则样本的平均寿命的估计值为：

$$E(T)=\hat{\lambda} \tag{3.20}$$

样本的可靠度函数为：

$$R(t)=\mathrm{e}^{-\frac{1}{\hat{\lambda}}} \tag{3.21}$$

对于指数分布中的参数$\hat{\lambda}$，其参数估计值为：

$$\hat{\lambda}=\frac{1}{n}\sum_{i=1}^{n}T_i \tag{3.22}$$

式中，i为样本个数；T_i为第i个样本的伪失效寿命。

③ 假设用于试验的n个样本的伪失效寿命服从威布尔分布，其伪失效寿命的形状参数估计值为$\hat{\beta}$，尺度参数估计值为$\hat{\alpha}$，则样本的平均寿命的估计值为：

$$E(T)=\hat{\alpha}\Gamma\left(\frac{1}{\hat{\beta}}+1\right) \tag{3.23}$$

样本的可靠度函数为：

$$R(t)=\mathrm{e}^{-\left(\frac{1}{\hat{\alpha}}\right)^{\hat{\beta}}} \tag{3.24}$$

对于威布尔分布中的参数$\hat{\beta}$与$\hat{\alpha}$，在本章3.2.2节已经介绍过，这里不再赘述。

因此，根据退化轨迹模型利用伪失效寿命进行可靠性评估的一般步骤如下：

① 通过性能退化试验数据绘制出各个样本的退化轨迹曲线图。

② 根据退化轨迹曲线图，选择合适的退化轨迹模型，并且计算出各个样本的退化轨迹参数。对于每个试验样本，单独拟合出退化轨迹，得到n个退化轨迹模型的参数估计值。

③ 由各个样本的退化轨迹外推出各个样本到达失效阈值的时间，即外推出各个样本的伪失效寿命，由于样本容量较小，利用Bootstrap自助法进行样本扩充。

④ 根据样本的伪失效寿命通过SPSS与MATLAB软件选择合适的寿命分布进行建模，常用的寿命分布有威布尔分布、正态分布、指数分布、对数正态分布、伽马分布等。

⑤ 根据所选的寿命分布模型，结合性能退化试验数据得到的信息，在

基于变失效阈值的情况下对产品进行可靠性的评估。

3.4 基于随机过程的可靠性建模

产品在工作过程中出现的性能退化，一方面是由于存在能量等外因的作用，另一方面则是由于材料性能和其状态本身发生了变化。产品的性能发生退化的一般过程是，其受到外界各种能量的作用，产品材料本身的状态随时间发生变化，这是一种非常复杂的物理化学反应。当其累积到某一恒定值时，就会使产品发生损伤，这种损伤反映在产品材料的某一参数上，导致其工作能力下降。随着时间进一步发展，损伤也会逐渐累积，最终由于其超过某一极限，就会导致产品失效。

因为随机过程模型能够很好地表征时间的相关性，并且由于产品材料本身内部的不均匀性以及外载的不确定性等都具有着随机性，因此，随机过程理论在国内外被广泛研究。常见的随机过程模型主要有维纳随机过程与伽马随机过程。由于维纳随机过程不要求退化过程严格单调，因此适用性广泛。有鉴于此，本节建立了在 Bootstrap 自助法条件下基于维纳随机过程的可靠度模型。

维纳随机过程由 Robert Brown 所提出，经过百余年的研究，在数学领域中已经比较完善，但在可靠性领域当中，其模型的研究还有所欠缺，因此维纳随机过程还是目前研究的重要方向之一。

假设 $X(t)$ 为一个做布朗运动的粒子在 x 轴时间 t 上的方向分量，记 x_0 为粒子在初始时刻 t_0 的初始位置，即 $X(t_0)=x_0$。则 $p(x,t|x_0)$ 可表示为在给定初始条件下 $X(t+t_0)$ 的条件概率密度，由于 $p(x,t|x_0)$ 为密度函数，因此其具有以下性质[68]：

① $p(x,t|x_0)\geqslant 0$；

② $\int_{-\infty}^{+\infty} p(x,t \mid x_0)\mathrm{d}x=1$。

假设 $p(x,t|x_0)$不受初始时刻 t_0 的影响，即 $p(x,t|x_0)$ 是平稳的，则可进一步分析出当 $X(t+t_0)\to 0$ 时，$X(t+t_0)$与 $X(t_0)=x_0$ 极为接近，即：

$$\lim_{t\to 0} p(x,t|x_0)=0, x\neq x_0 \tag{3.25}$$

由中心极限定理可知，粒子的运动服从正态分布，即：

$$p(x,t|x_0)=\frac{1}{\sqrt{2\pi t}}\exp\left[-\frac{1}{2t}(x-x_0)^2\right] \tag{3.26}$$

假设随机变量 $X(t)$ 满足以下性质：

① 随机变量 $X(t)$ 在 $t=0$ 处为连续状态；

② 互不相交的时间区间 $[t_1,t_2]$ 和 $[t_3,t_4]$，其中 $t_1 \leqslant t_2 \leqslant t_3 \leqslant t_4$，随机变量 $X(t)$ 的增量 $X(t_2)-X(t_1)$ 与 $X(t_4)-X(t_3)$ 相互独立；

③ 对于随机变量 $X(t)$，在时刻 t 到时刻 $t+\Delta t$ 具有平稳的独立增量，且增量服从正态分布，即：$X(t+\Delta t)-X(t) \sim \mathrm{N}(\mu\Delta t,\sigma^2\Delta t)$。

则可以称随机变量 $X(t)$ 服从维纳随机过程，其所对应的均值 $\mathrm{E}[X(t)]$ 与方差 $\mathrm{Var}[X(t)]$ 为：

$$\begin{cases} \mathrm{E}[X(t)]=\mu t \\ \mathrm{Var}[X(t)]=\sigma^2 t \end{cases} \tag{3.27}$$

式中，μ 为漂移参数；σ 为扩散参数。

由式(3.27) 可以看出，随机变量 $X(t)$ 的均值和方差与时间均成线性关系，因此其变异系数为：

$$\mathrm{Cov}[X(t)]=\frac{\sqrt{\mathrm{Var}[X(t)]}}{\mathrm{E}[X(t)]}=\frac{\sigma}{\mu\sqrt{t}} \tag{3.28}$$

前面已经说到，维纳过程不具有严格的单调性，因此可以对具有波动性的性能退化量进行建模。假设产品的性能退化过程服从维纳过程，并且其失效阈值仍为变失效阈值 $D_{\mathrm{f}}(t)$，则产品的寿命 T 为其退化量首次到达失效阈值的时间，即：

$$T=\inf\{t \mid X(t)=D_{\mathrm{f}}(t),t\geqslant 0\} \tag{3.29}$$

在数学模型中，维纳过程中的漂移参数 μ 可以为任意实数，但是将维纳过程应用于可靠性分析当中，由于所有产品最后都会发生失效，因此为了保证随机变量 $X(t)$ 最后一定能达到失效阈值 $D_{\mathrm{f}}(t)$，所以这里的漂移参数 $\mu>0$。

此时，产品的可靠度可以表示为：

$$R(t)=P\{\sup_{s\leqslant t} X(s)\leqslant D_{\mathrm{f}}(t)\} \tag{3.30}$$

由于维纳过程的性质，可以推导出产品的寿命 T 服从逆高斯分布。因此，产品的概率密度函数以及分布函数为：

$$f(t)=\frac{D_{\mathrm{f}}(t)}{\sqrt{2\pi\sigma^2 t^3}}\exp\left\{-\frac{[D_{\mathrm{f}}(t)-\mu t]^2}{2\sigma^2 t}\right\} \tag{3.31}$$

$$F(t)=\Phi\left[\frac{\mu t-D_{\mathrm{f}}(t)}{\sigma\sqrt{t}}\right]+\exp\left[\frac{2\mu D_{\mathrm{f}}(t)}{\sigma^2}\right]\Phi\left[-\frac{D_{\mathrm{f}}(t)+\mu t}{\sigma\sqrt{t}}\right] \tag{3.32}$$

由此可以得到产品寿命 T 的均值与方差为：

$$E(T)=\frac{D_f(t)}{\mu}, \mathrm{Var}(T)=\frac{D_f(t)\sigma^2}{\mu^3} \tag{3.33}$$

为此，可以进一步得到产品在变失效阈值情况下的可靠度函数为：

$$\begin{aligned} R(t) &= P(X(t)<D_f(t))=1-F(t) \\ &= \Phi\left[\frac{D_f(t)-\mu t}{\sigma\sqrt{t}}\right]-\exp\left[\frac{2\mu D_f(t)}{\sigma^2}\right]\cdot\Phi\left[-\frac{D_f(t)+\mu t}{\sigma\sqrt{t}}\right] \end{aligned} \tag{3.34}$$

假设一共有 n 个样本进行性能退化试验。对于每一个样本 i，初始时刻 t_0 的退化量是 $X_{i0}=0$，则在时刻 $t_1,t_2,\cdots,t_m$ 通过对产品的性能退化量的观测，能够得到其测量值为 $X_{i1},X_{i2},\cdots,X_{im}$。记 $\Delta x_{ij}=X_{ij}-X_{i(j-1)}$ 为样本 i 在时刻 t_{j-1} 与时刻 t_j 之间的性能退化量差值，根据维纳过程的性质有：

$$\Delta x_{ij}\sim \mathrm{N}(\mu\Delta t_j,\sigma^2\Delta t_j) \tag{3.35}$$

式中，$\Delta t_j=t_j-t_{j-1}$；$i=1,2,\cdots,n$；$j=1,2,\cdots,m$。

同样利用 Bootstrap 自助法进行样本的扩充，对于模型中的参数，采用最大似然估计法进行求解，根据性能退化数据可以得到似然函数为：

$$L(\mu,\sigma^2)=\prod_{i=1}^{n}\prod_{j=1}^{m}\frac{1}{2\sigma^2\pi\Delta t_j}\exp\left[-\frac{(\Delta x_{ij}-\mu\Delta t_j)^2}{2\sigma^2\pi\Delta t_j}\right] \tag{3.36}$$

通过计算，可以得到参数 μ 与 σ^2 的极大似然估计为：

$$\begin{cases} \hat{\mu}=\dfrac{\sum_{i=1}^{n}X_{im}}{nt_m} \\ \hat{\sigma}^2=\dfrac{1}{nt_m}\left[\sum_{i=1}^{n}\sum_{j=1}^{m}\dfrac{(\Delta x_{ij})^2}{\Delta t_j}-\dfrac{\left(\sum_{i=1}^{n}X_{im}\right)^2}{nt_m}\right] \end{cases} \tag{3.37}$$

3.5 算例分析

3.5.1 基于退化量分布的可靠性算例

表 3.1 为某合金钢的退化寿命试验数据[69]。在试验前每一个样本均在同一位置切有 V 形裂纹，其初始时刻裂纹长度为 0.9mm，当试验中的旋转次数达到 0.12 百万次则停止试验。根据相关工程实践分析可知，此合金钢在工作过程中的失效阈值随旋转次数的增加而逐渐下降，因此此合金钢的失效阈值为变失效阈值。失效阈值函数可以近似为：

$$D_f(t)=1.6-0.573t \tag{3.38}$$

在试验中总共抽取 12 个样本进行测量，根据测量所得的退化量数据，现在将利用本章 3.3 节内容所提出的方法计算某合金钢在使用过程中的可靠度。

表 3.1　金属疲劳裂纹尺寸的退化数据

产品编号	旋转次数/百万次					
	0.02	0.04	0.06	0.08	0.10	0.12
1	0.97	1.03	1.10	1.22	1.37	1.64
2	0.95	1.00	1.07	1.16	1.26	1.40
3	0.96	1.04	1.13	1.26	1.42	1.67
4	0.94	1.01	1.07	1.14	1.23	1.35
5	0.94	0.99	1.05	1.12	1.20	1.31
6	0.97	1.05	1.15	1.28	1.44	1.72
7	0.96	1.03	1.10	1.21	1.33	1.49
8	0.96	1.03	1.12	1.20	1.30	1.45
9	0.94	0.99	1.05	1.12	1.19	1.29
10	0.97	1.03	1.10	1.20	1.31	1.52
11	0.96	1.04	1.13	1.24	1.39	1.65
12	0.96	1.00	1.08	1.16	1.24	1.38

（1）当性能退化量在各个时刻服从正态分布时

表 3.2　不同时刻的样本均值与样本标准差

旋转次数/百万次	样本均值	样本标准差
0.02	0.8236	0.01368
0.04	0.9627	0.02169
0.06	1.1036	0.03680
0.08	1.1695	0.05274
0.10	1.2688	0.08969
0.12	1.4903	0.14857

根据表 3.1，利用 Bootstrap 自助法扩充样本后结合式(3.4) 与式(3.5) 可以计算出性能退化量在各个时刻的样本均值与样本标准差，结果列于表 3.2 中。

根据表 3.2 得到的合金钢在不同时刻的样本均值与样本标准差，可以绘制出样本均值与样本标准差随旋转次数的变化情况，见图 3.4。

从图 3.4 可以看出，此合金钢在 Bootstrap 自助法扩充样本后的均值与标准差随着旋转次数的增加基本成线性关系，因此选择线性模型对均值与标准差进行拟合，其数值随旋转次数变化的方程为：

$$\mu(t)=6.1681t+0.7046 \tag{3.39}$$

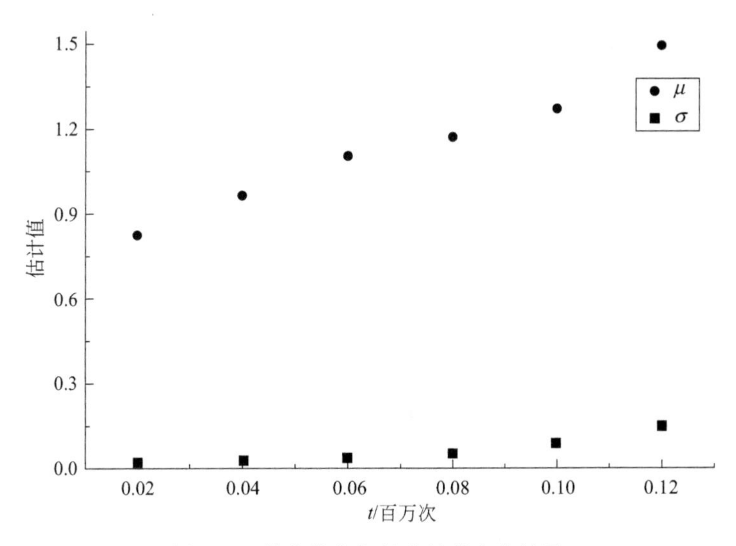

图 3.4　样本均值与标准差的变化情况

$$\sigma(t)=1.2677t+0.0095 \tag{3.40}$$

根据式(3.3) 可以计算出合金钢的性能退化量服从正态分布的可靠度为：

$$R(t)=1-P(y\geqslant D_{\mathrm{f}}(t))=\Phi\left(\frac{D_{\mathrm{f}}(t)-\mu(t)}{\sigma(t)}\right)$$
$$=\Phi\left(\frac{1.6-0.573t-(6.1681t+0.7046)}{1.2677t+0.0095}\right) \tag{3.41}$$

(2) 当性能退化量在各个时刻服从威布尔分布时

表 3.3　不同时刻的尺寸参数与形状参数

旋转次数/百万次	尺寸参数	形状参数
0.02	0.7503	9.9003
0.04	0.9012	10.0057
0.06	1.0631	10.0313
0.08	1.1892	10.0784
0.10	1.3277	10.1498
0.12	1.4738	10.2036

根据本章 3.2.2 小节的内容可以计算出 Bootstrap 自助法扩充样本后性能退化量在各个时刻的尺寸参数与形状参数，结果列于表 3.3 中。

根据表 3.3 得到的合金钢在 Bootstrap 自助法扩充样本后不同时刻的尺寸参数与形状参数，可以绘制出尺寸参数与形状参数随旋转次数的变化情况，见图 3.5。

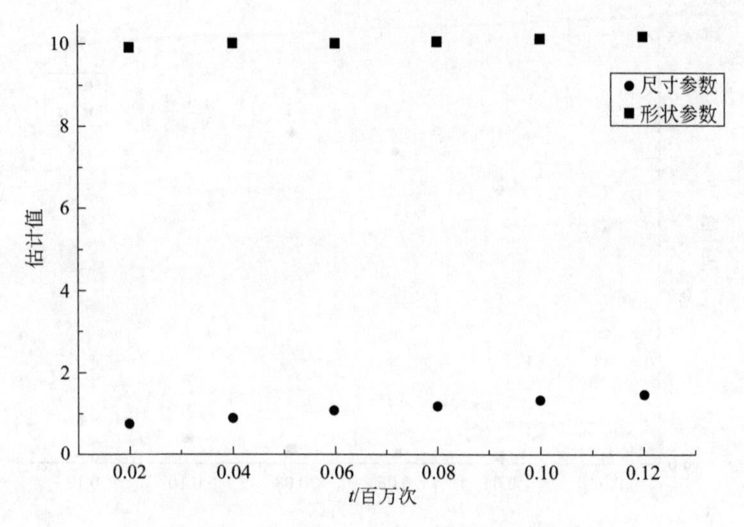

图 3.5 尺寸参数与形状参数的变化情况

从图 3.5 可以看出，此合金钢的尺寸参数与形状参数随着旋转次数的增加基本成线性关系，因此选择线性模型对尺寸参数与形状参数进行拟合，其数值随旋转次数变化的函数为：

$$\eta(t)=7.1759t+0.6152 \tag{3.42}$$

$$\beta(t)=2.8513t+9.8619 \tag{3.43}$$

根据式(3.7) 可以计算出合金钢的性能退化量服从威布尔分布的可靠度为：

$$\begin{aligned} R(t)&=1-P(y\geqslant D_{\mathrm{f}}(t))=1-\exp\left\{-\left[\frac{D_{\mathrm{f}}(t)}{\eta(t)}\right]^{\beta(t)}\right\} \\ &=1-\exp\left\{-\left[\frac{1.6-0.573t}{7.1759t+0.6152}\right]^{2.8513t+9.8619}\right\} \end{aligned} \tag{3.44}$$

根据式(3.41) 与式(3.44) 可以绘制出此合金钢在 Bootstrap 自助法扩充样本后的性能退化量在变失效阈值情况下服从正态分布时与服从威布尔分布时的可靠度曲线，如图 3.6 所示。

从图 3.6 可以看出，对于此合金钢的性能退化量，在其失效阈值随旋转次数改变时，基于退化量分布的两种方法，即正态分布模型与威布尔分布模型，得出的可靠度曲线十分接近。

3.5.2 基于退化轨迹的可靠性算例

表 3.4 为某产品的退化寿命试验数据[70]，在试验时每隔一个月对每一

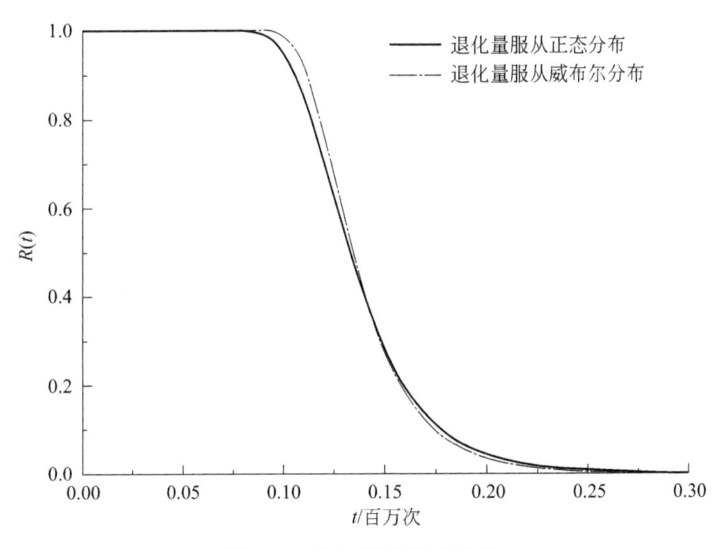

图 3.6 合金钢可靠度曲线

个样本进行退化量的测量，设定其产品的失效阈值在某工况下的函数为：

$$D_f(t)=15-0.3t \tag{3.45}$$

表 3.4 样品退化数据

产品编号	时间/月									
	1	2	3	4	5	6	7	8	9	10
1	0.34	0.64	1.14	1.57	2.35	3.20	4.08	5.22	6.32	7.54
2	0.32	0.81	1.28	1.92	3.22	3.45	4.75	5.94	7.20	8.56
3	0.16	0.61	0.95	1.51	2.02	2.73	3.47	4.03	4.70	5.59
4	0.34	0.70	1.19	2.49	3.38	4.61	5.47	6.16	7.20	8.32
5	0.44	0.89	1.39	1.84	2.51	3.07	4.17	4.84	6.22	7.74
6	0.60	0.94	1.46	2.06	2.76	3.40	4.07	5.27	6.16	7.25
7	0.26	0.76	0.96	1.42	2.00	3.23	3.57	4.56	5.79	7.23
8	0.50	0.84	1.20	1.75	2.65	3.82	4.71	5.50	5.85	6.63

根据表 3.4，可以绘制出样本的退化轨迹曲线，如图 3.7 所示。

(1) 根据样本退化轨迹选择适当的退化模型

从图 3.7 中样本实际的退化轨迹可以看出，各个样本的退化轨迹基本上为线性退化，因此选择式(3.13) 作为该样本的退化模型。

(2) 计算各样本的模型参数及伪失效寿命

根据各个样本的退化数据，在变失效阈值的情况下，利用最小二乘法对每一个样本退化模型进行参数估计，然后根据前文提到的外推法求出每一个样本的伪失效寿命。各个样本的参数值以及外推出的伪失效寿命见

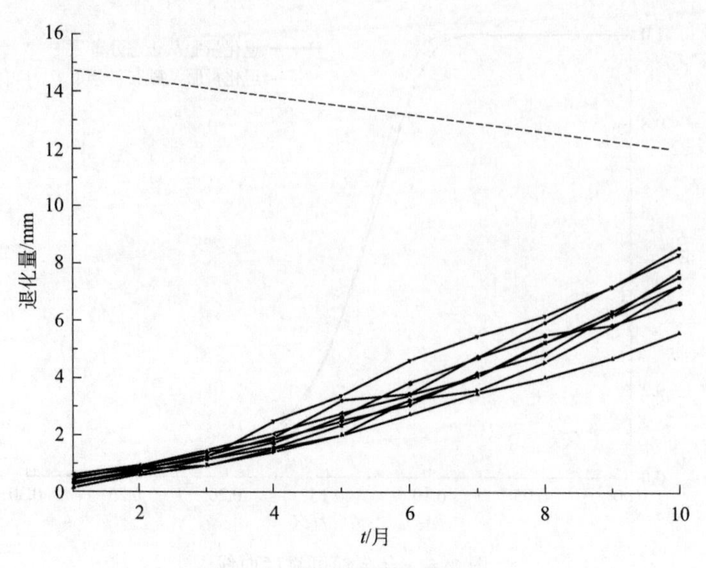

图 3.7 样本退化轨迹曲线

表 3.5。

表 3.5 样本参数值及伪失效寿命

产品编号	参数 a_i	参数 b_i	伪失效寿命/月
1	0.8081	−1.2047	14.6239
2	0.9146	−1.2853	13.4080
3	0.6030	−0.7393	17.4300
4	0.9233	−1.0920	13.1546
5	0.7746	−0.9493	14.8421
6	0.7401	−0.6733	15.0690
7	0.7492	−1.1427	15.3857
8	0.7381	−0.7147	15.1379

(3) 计算伪失效寿命进行分布假设检验

在外推出样本的伪失效寿命后，需要对其进行分布假设检验。由于产品样本数较少，因此利用 Bootstrap 自助法扩充样本，目的是让结果更加准确。由于大部分产品服从正态分布，所以首先利用 SPSS 软件对伪失效寿命进行正态分布假设，假设结果的 pp 图以及残差图见图 3.8。从图中可知伪失效寿命基本服从正态分布，为了进一步验证伪失效寿命的分布情况，将伪失效寿命数据运用 MATLAB 软件进行 K-S 假设检验，在显著性水平为 0.5 的情况下，伪失效寿命服从正态分布。

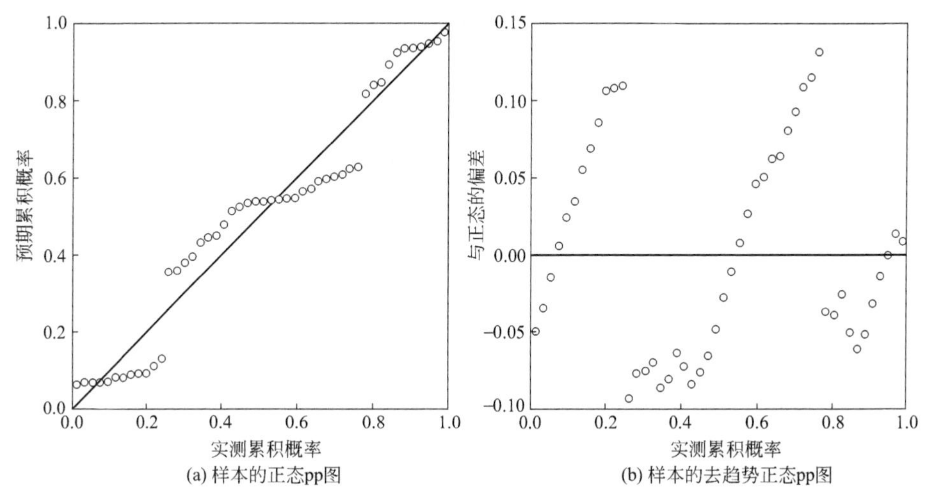

图 3.8 伪失效寿命 pp 图及残差图

(4) 根据伪失效寿命进行可靠度计算

由前文所得的样本伪失效寿命，可以计算出伪失效寿命的均值与标准差为：

$$\hat{\mu}=\frac{1}{n}\sum_{i=1}^{n}T_i=14.9941 \tag{3.46}$$

$$\hat{\sigma}=\left(\frac{1}{n-1}\sum_{i=1}^{n}(T_i-\hat{\mu})^2\right)^{1/2}=1.2017 \tag{3.47}$$

根据式(3.46) 与式(3.47) 可以计算出样本的可靠度为：

$$R(t)=1-\Phi\left(\frac{t-\hat{\mu}}{\hat{\sigma}}\right)=1-\Phi\left(\frac{t-14.9941}{1.2017}\right) \tag{3.48}$$

根据式(3.48)，基于退化轨迹模型在变失效阈值情况下的可靠度曲线如图 3.9 所示。

3.5.3 基于随机过程的可靠性算例

在基于随机过程模型的性能退化数据选择中，仍然选择表 3.4 中的数据，且同时使用 Bootstrap 自助法扩充样本。根据式(3.37) 可以求出参数 μ 与 σ^2 的极大似然估计为：

$$\hat{\mu}=0.8063,\hat{\sigma}^2=0.6186$$

因此，根据式(3.34) 可以得到样本的可靠度函数为：

$$R(t)=P(X(t)<D_f(t))=1-F(t)$$

$$=\Phi\left[\frac{D_f(t)-\mu t}{\sigma\sqrt{t}}\right]-\exp\left[\frac{2\mu D_f(t)}{\sigma^2}\right]\Phi\left[-\frac{D_f(t)+\mu t}{\sigma\sqrt{t}}\right]$$

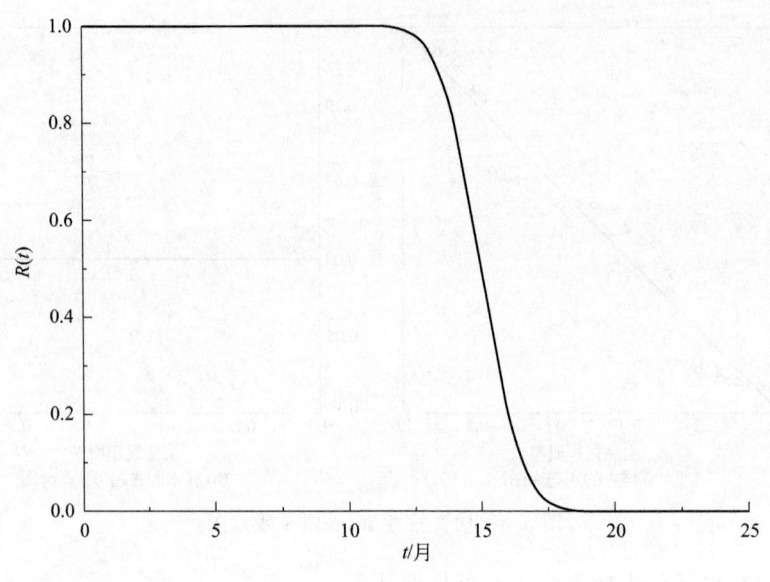

图 3.9　样本可靠度曲线

$$=\Phi\left(\frac{15-0.3t-0.8063t}{0.6186\sqrt{t}}\right)-\exp\left(\frac{2\times0.8063(15-0.3t)}{0.6186^2}\right)$$

$$\Phi\left(-\frac{15-0.3t+0.8063t}{0.6186\sqrt{t}}\right) \tag{3.49}$$

根据式(3.49)可以得到样本基于随机过程模型在变失效阈值情况下的可靠度曲线与基于退化轨迹模型的可靠度曲线对比，如图 3.10 所示。

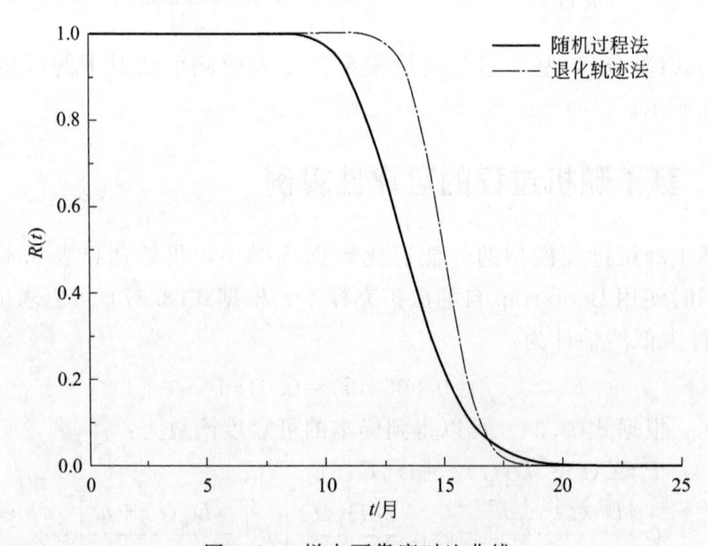

图 3.10　样本可靠度对比曲线

3.6 竞争失效可靠性分析

3.6.1 突发失效模型

产品在使用过程中，有可能在其性能退化同时在某一时间突然出现功能完全丧失的情形，这种现象称为突发失效。对于一些产品，在其性能退化过程中，如果忽略由于突发失效而产生的相关数据，将会影响到产品的可靠度估计。研究表明，威布尔分布是由最弱环节模型导出的，使用其可以拟合各种可靠性数据，另外威布尔分布可以对退化产品的寿命变化规律进行描述，不同的参数具有不同的失效规律。也正因为如此，威布尔分布被广泛应用到机械产品的可靠性分析当中。因此，在机械产品的可靠性研究中，由于威布尔分布具有良好的适应性，对于可靠性理论中“浴盆曲线”的三个失效期都具有较好的拟合性，可以拟合不同类型的分布规律。本章在建立突发失效的可靠度模型时采用威布尔分布[71]，其可靠度函数 $R_{\mathrm{h}}(t)$ 可以表示为：

$$R_{\mathrm{h}}(t)=P(T_{\mathrm{h}}>t)=\exp\left[-\left(\frac{t}{\alpha}\right)^{\beta}\right] \tag{3.50}$$

式中 T_{h}——突发失效时间；

α——尺寸参数；

β——形状参数。

3.6.2 退化失效模型

产品的性能随时间的变化从本质上看就是一个随机过程，在采用随机过程进行退化失效模型建立时，更加符合工程实际，其中逆高斯过程[72]、Gamma 过程[73]、Wiener 过程[74] 使用较多，本章在退化失效建模时，将假设其退化过程服从 Gamma 退化过程。

把产品的性能退化过程假设为$\{X(t),t\geqslant 0\}$，当满足以下三条性质时，则说明其与 Gamma 退化过程相符[75]：

① $X(0)=0$。

② 相对于任意时刻的 $t_j\geqslant 0$ 和 $\Delta t>0$，$X(t)$ 的增量均服从 Gamma 分布，即 $\Delta X(t_j)=X(t_j+\Delta t)-X(t_j)$：$\mathrm{Ga}(\eta(t_j)\Delta t,\beta(t_j))$。

③ 对于其退化过程 $X(t)$ 应具有独立增量，即任意 $0<t_0<t_1<L<$

$t_n<\infty$，都有 $X(t_0),X(t_1)-X(t_0),L,X(t_n)-X(t_{n-1})$之间相互独立，其中 $n\geqslant 1$。

因此，随机变量 $X(t)$的概率密度函数为：

$$f(x(t);\eta(t),\beta(t))=\text{Ga}(x\mid\eta(t),\beta(t))=\frac{\beta(t)^{\eta(t)}}{\Gamma(\eta(t))}x^{\eta(t)-1}\text{e}^{-\beta(t)x} \tag{3.51}$$

相关研究表明，在描述产品的性能退化问题时，若采用 Gamma 过程，其模型中的尺度参数一般情况下是不随时间变化的，即 $\beta(t)=\beta$，而变化的只是其形状参数 $\eta(t)$，故而本章所采用的形状参数与时间的关系[76] 为：$\eta(t)=kt^b$。因此，产品的退化失效可靠度函数 $R_g(t)$ 为：

$$\begin{aligned}R_g(t)&=P(T_g>t)=P[X(t)<D_f]\\&=1-F_g(t)\\&=1-\int_{D_f}^{\infty}f[x(t);\eta(t),\beta]\text{d}x\\&=1-\frac{\Gamma[\eta(t),D_f\beta]}{\Gamma[\eta(t)]}\end{aligned} \tag{3.52}$$

式中 T_g——退化失效时间；

$\Gamma(a,z)$——不完全 Gamma 函数，$\Gamma(a,z)=\int_z^{\infty}u^{a-1}\text{e}^{-u}\text{d}u$ 。

3.6.3 竞争失效模型

产品性能发生退化的过程中，退化失效以及突发失效可能独立也可能相关，所以本节将充分对这两种情况分别进行讨论。

第一种情况是在两者相互独立的情况下，则可以将突发失效与退化失效视为简单的串联系统，因此在突发失效与退化失效相互独立的条件下产品竞争失效可靠度函数 $R_i(t)$ 可以表示为：

$$\begin{aligned}R_i(t)&=P(T>t)=P(T_h>t,T_g>t)=P(T_h>t)P(T_g>t)\\&=R_h(t)R_g(t)\end{aligned} \tag{3.53}$$

第二种情况是在两者相关的情况下，则需要建立相应的突发失效关于产品性能退化量的条件概率模型[77]。对于突发失效，假设性能退化量为 X 时的失效率是$\lambda_h(t\mid X)$，则此时的突发失效的可靠度函数 $R_h(t\mid X)$为：

$$R_h(t\mid X)=P(T_h>t\mid X)=\exp\left[-\int_0^t\lambda_h(\tau\mid X)\text{d}\tau\right] \tag{3.54}$$

因为退化量的分布与时间有关系，为此本章在研究时将摆脱失效率与时间的直接关系，在分析突发失效的特征时利用产品性能退化量进行描述，则由此可以推导出突发失效关于产品性能退化量条件概率为：

超导
$$R_h(t|X)=R_h(X(t)) \tag{3.55}$$

因此，产品的竞争失效可靠度函数 $R_c(t)$ 为：

$$\begin{aligned}R_c(t)&=P(T>t)=P(T_h>t,T_g>t)\\&=\int_0^{D_f}\left\{\exp\left[-\int_0^t\lambda_h(\tau\mid X)\mathrm{d}\tau\right]f(x(t);\eta(t),\beta)\right\}\mathrm{d}x\\&=\int_0^{D_f}R_h[X(t)]f[x(t);\eta(t),\beta]\mathrm{d}x\end{aligned} \tag{3.56}$$

产品的失效分布为：

$$F(t)=1-R(t)=1-\int_0^{D_f}R_h[X(t)]f[x(t);\eta(t),\beta]\mathrm{d}x \tag{3.57}$$

产品的平均寿命为：

$$\mathrm{MTBF}=\int_0^{+\infty}R_c(t)\,\mathrm{d}t=\int_0^{+\infty}\int_0^{D_f}R_h[X(t)]f[x(t);\eta(t),\beta]\,\mathrm{d}x\,\mathrm{d}t \tag{3.58}$$

3.7 模型参数估计

假设总共抽取 $n=M+N$ 个样本进行性能退化试验，其中共有 M 个试验样本发生性能退化，有 N 个试验样本发生了突发失效。在 m 个测量时刻的第 i 个产品的性能退化量记为 $X_{i1},X_{i2},\cdots,X_{im}$。在试验中，所有的样本都是从总体中随机抽取，并在同一条件下进行试验。因此，可以得到 $m\times n$ 个退化数据。

$$\boldsymbol{X}_{ij}=\begin{bmatrix}X_{11}&X_{12}&\cdots&X_{1m}\\X_{21}&X_{22}&\cdots&X_{2m}\\\vdots&\vdots&&\vdots\\X_{n1}&X_{n2}&\cdots&X_{nm}\end{bmatrix} \tag{3.59}$$

式中，$i=1,2,\cdots,n;j=1,2,\cdots m$。

根据本章 3.6 节分析可知，产品的突发失效模型服从威布尔分布。在可靠性退化数据的统计分析当中，一般情况下对于模型的参数估计可以使用回归分析方法。线性回归分析其实是一个优化过程，目标函数是使回归估计值与测量值之间的偏离程度最小，因此本章采用最小二乘法对其进行参数估计，其回归方程为：

$$Y=aX+b \tag{3.60}$$

式中，X_i、Y_i 的数值为：

$$\begin{cases} X_i = \ln T_i \\ Y_i = \ln\left[\ln \dfrac{1}{1-F_i(T_i)}\right] \end{cases} \tag{3.61}$$

式中，$\{T_i\}$ 为 N 个产品突发失效的截尾时间的升序排列，$i=1,2,\cdots,N$；$F_i(T_i)$ 为突发失效概率，$F_i(T_i)\approx i/n$，n 为样品总数。对于每个 X_i，根据式(3.60) 可以计算出回归值：

$$\hat{Y}_i = \hat{a}X_i + \hat{b}, i=1,2,\cdots N \tag{3.62}$$

实际测量值 Y_i 与回归值 $\hat{Y}_i$ 的差值可以表示成：

$$Y_i - \hat{Y}_i = Y_i - \hat{a}X_i - \hat{b}, i=1,2,\cdots,N \tag{3.63}$$

该表达式称为损失函数，反映了回归直线与测量值之间的偏离程度，偏离程度越小，则反映出直线与测量点拟合得越好。记：

$$Q(a,b) = \sum_{i=1}^{N} (Y_i + aX_i - b)^2 \tag{3.64}$$

式(3.64) 为回归直线 $\hat{Y}_i$ 与测量值 Y_i 之间的偏离平方和，其代表了所有测量值与回归直线的偏离度。最小二乘法就是为了计算 a 与 b 的估计值 $\hat{a}$ 与 $\hat{b}$，令：

$$Q(\hat{a},\hat{b}) = \min Q(a,b) \tag{3.65}$$

对 Q 进行偏导计算，并令其为零，则有：

$$\begin{cases} \dfrac{\partial Q}{\partial a} = -2\sum\limits_{i=1}^{N}(Y_i - \hat{a}X_i - \hat{b})X_i = 0 \\ \dfrac{\partial Q}{\partial b} = -2\sum\limits_{i=1}^{N}(Y_i - \hat{a}X_i - \hat{b}) = 0 \end{cases} \tag{3.66}$$

整理可得：

$$\begin{cases} \left(\sum\limits_{i=1}^{N} X_i\right)b + \left(\sum\limits_{i=1}^{N} X_i^2\right)a = \sum\limits_{i=1}^{N} X_i Y_i \\ Nb + \left(\sum\limits_{i=1}^{N} X_i\right)a = \sum\limits_{i=1}^{N} Y_i \end{cases} \tag{3.67}$$

因此，可得：

$$\begin{cases}\hat{a}=\dfrac{l_{xy}}{l_{xx}}=\dfrac{\sum\limits_{i=1}^{N}X_iY_i-N\overline{X}\overline{Y}}{\sum\limits_{i=1}^{N}X_i^2-N\overline{X}^2}\\ \hat{b}=\overline{Y}-\hat{a}\overline{X}\end{cases}\tag{3.68}$$

式中，$\overline{X}=\dfrac{1}{N}\sum\limits_{i=1}^{N}X_i$；$\overline{Y}=\dfrac{1}{N}\sum\limits_{i=1}^{N}Y_i$。

因此，模型中的参数估计值为：

$$\begin{cases}\hat{\alpha}=\exp(-\hat{b}/\hat{a})\\ \hat{\beta}=\hat{a}\end{cases}\tag{3.69}$$

在产品的退化失效模型中，对于未知参数 k、b、β，性能退化量服从尺度参数不随时间变化的 Gamma 分布，只是形状参数与时间有关，所以在 t 时刻的刀具性能退化量的均值 $\mathrm{E}[X(t)]$与方差 $\mathrm{Var}[X(t)]$分别为：

$$\begin{cases}\mathrm{E}[X(t)]=\dfrac{\eta(t)}{\beta}=\dfrac{kt^b}{\beta}\\ \mathrm{Var}[X(t)]=\dfrac{\eta(t)}{\beta^2}=\dfrac{kt^b}{\beta^2}\end{cases}\tag{3.70}$$

由于$\dfrac{\mathrm{E}[X(t)]}{\mathrm{Var}[X(t)]}=\dfrac{\eta(t)/\beta}{\eta(t)/\beta^2}=\beta$，则可以通过试验样品在各个时刻所测量的磨损量数据，得到产品在第 j 次测量时的磨损量均值 $\hat{\mu}_j(j=1,2,\cdots,m)$ 以及方差 $\hat{\sigma}_j^2(j=1,2,\cdots,m)$，利用 $\hat{\mu}_j$ 和 $\hat{\sigma}_j^2$ 推导出 β[78]，即：

$$\hat{\beta}=\frac{1}{M}\sum_{j=1}^{m}\frac{\hat{\mu}_j}{\hat{\sigma}_j^2}\tag{3.71}$$

若令 $c=k/\beta$，则 $\mathrm{E}[X(t)]=ct^b$，因此，对此式两边取对数可得：

$$\ln(\mathrm{E}[X(t)])=\ln(c)+b\ln(t)\tag{3.72}$$

则可以根据最小二乘法结合所测量数据估算出 $\hat{k}$ 和 $\hat{b}$，从而可得到退化失效模型与其对应的可靠度函数。

在对竞争失效模型进行参数估计时，若突发失效以及退化失效二者独立，前文已经介绍过此时的可靠度计算，这里不再赘述。当突发失效以及退化失效两者具有相关性时，就不能简单地将突发失效以及退化失效视为串联系统，在对突发失效进行建模和参数估计时需要从产品的性能退化量角度去考虑。当第 $i(i=1,2,\cdots,N)$ 个试验样本发生突发失效时，将对应性能退化量记为 X_i，然后升序进行排列得到 $\{X_i\}$，改换式(3.61) 中的

$\{T_i\}$ 为 $\{X_i\}$，则根据式(3.61)、式(3.68)、式(3.69) 即可获得突发失效 $R_h(t|X)$关于退化量 X 的参数估计。对于竞争失效中退化失效的参数估计，则可根据式(3.71)、式(3.72) 得到的参数值代入到式(3.51) 中，得到 $f[x(t);\eta(t),\beta]$，再根据式(3.56) 得出突发失效和退化失效模式下两者相关的竞争失效可靠度。

表 3.6 为 VBMT090208 型刀具在某工况下的磨损试验数据[79]，刀具的进给量 $v=280\text{m/min}$，$f=0.35\text{mm/r}$，切削深度 $a_p=0.4\text{mm}$，刀具加工的产品材料为 SAE8620，失效阈值 $D_f=200\mu\text{m}$。在试验中总共抽取 9 个样本进行测量，根据测量所得的磨损量数据，现在利用本章所提出的方法计算刀具在使用过程中的可靠度。

表 3.6　外圆车刀磨损量数据　　单位：μm

产品编号	加工时间/h					
	10	20	50	90	130	190
1	111.70	121.25	133.69	150.49	170.69	193.39
2	111.49	120.84	133.08	151.68	175.88	201.08
3	111.92	123.25	133.47	152.05	169.23	188.93
4	111.32	121.66	132.88	152.47	176.64	200.81
5	111.81	126.19	126.32	—	—	—
6	111.37	123.72	134.76	156.46	169.66	188.86
7	111.86	119.21	133.45	178.05	—	—
8	111.44	122.79	135.03	152.63	169.83	189.03
9	111.61	122.96	133.20	154.80	170.00	188.21

从表 3.6 可以得到，产品 5 和 7 出现了突发失效，其余产品虽然有的发生了退化失效，但是并没有出现突发失效，只是发生了性能退化，因此 $N=2$，$M=7$。

根据表 3.6，可以绘制出刀具的竞争失效数据的退化轨迹曲线，如图 3.11 所示。

3.7.1　突发失效模型

根据表 3.6，可知$\{T_i\}=\{50,90\}$，并且可以得到产品 5 和 7 在发生突发失效时的退化量以及突发失效概率，如表 3.7 所示。

表 3.7　突发失效退化量及失效概率

产品编号	突发失效时退化量/μm	突发失效概率
5	126.32	1/9
7	178.05	2/9

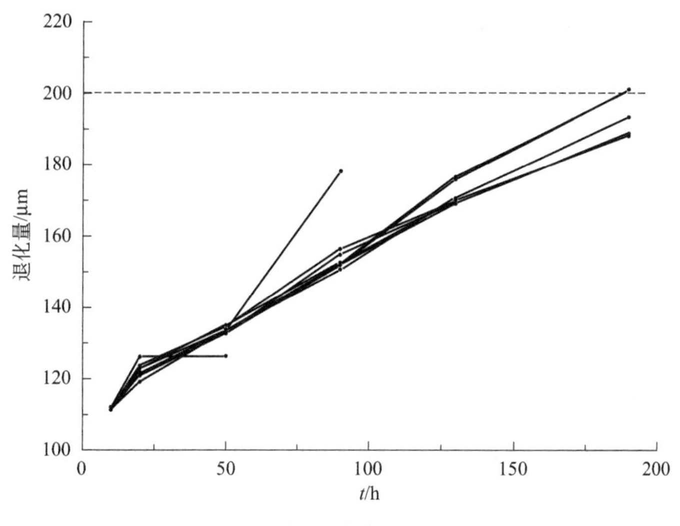

图 3.11　竞争失效数据的退化轨迹

根据式(3.61)、式(3.68)、式(3.69)，结合表 3.7，通过计算可以得到刀具突发失效模型的参数估计值 $\hat{\alpha}=262.63$，$\hat{\beta}=1.29$。因此，可以得到突发失效可靠度模型为：

$$R_{\mathrm{h}}(t)=\exp\left[-\left(\frac{t}{262.63}\right)^{1.29}\right] \tag{3.73}$$

由此，根据式（3.73）可以得到如图 3.12 所示的刀具突发失效可靠度曲线。

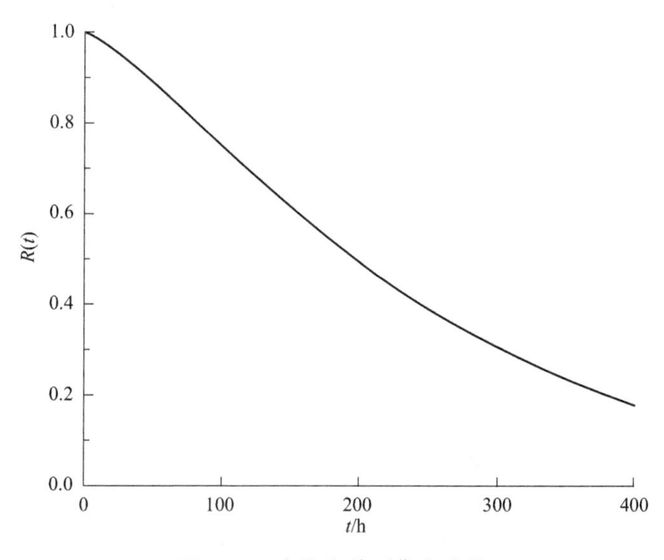

图 3.12　突发失效可靠度曲线

3.7.2 退化失效模型

根据图 3.11 可得，刀具在使用过程中的退化轨迹曲线基本呈现线性变化，且磨损量随时间单调递增，所以可以采用 Gamma 模型来描述此退化过程。

根据表 3.6 数据，可以得到各个测量时刻的 $\hat{\mu}_j$ 和 $\hat{\sigma}_j^2(j=1,2,\cdots,6)$，由式(3.71) 可估计出 $\hat{\beta}=0.728$，利用数据 $\{\ln(\mathrm{E}[X_j(t)]),\ln(t_j);j=1,2,\cdots,6\}$，根据式(3.72) 估计出参数 $\hat{c}=51.9846$，$\hat{b}=0.3764$，进而求出参数 $\hat{k}=19.567$。由前文介绍可以得到该外圆车刀的失效阈值 $D_{\mathrm{f}}=200\mu\mathrm{m}$，因此，根据式(3.52) 可以得到刀具的退化失效可靠度模型为：

$$R_{\mathrm{g}}(t)=1-\frac{\Gamma(19.567t^{0.3764},200\times 0.728)}{\Gamma(19.567t^{0.3764})} \tag{3.74}$$

由此，根据式(3.74) 可以得到如图 3.13 所示的刀具退化失效的可靠度曲线。

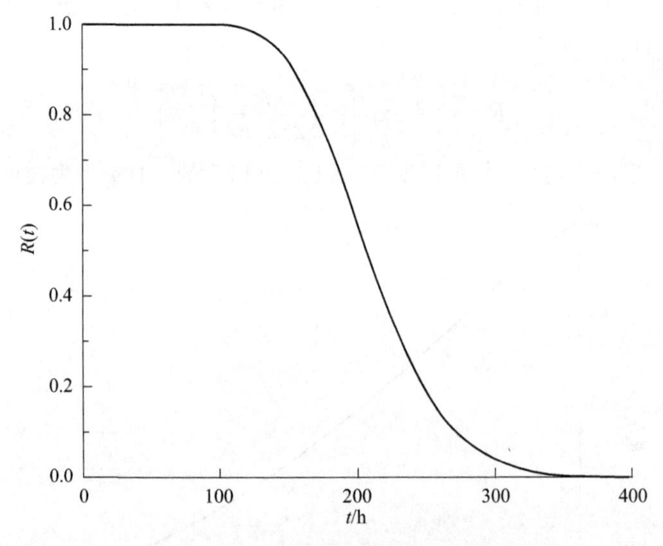

图 3.13 退化失效可靠度曲线

3.7.3 竞争失效模型

当突发失效以及退化失效两者相互独立时，根据前文计算得到的参数，可以获得刀具竞争失效可靠度模型为：

$$R_{\mathrm{i}}(t)=R_{\mathrm{h}}(t)R_{\mathrm{g}}(t)=\exp\left[-\left(\frac{t}{262.63}\right)^{1.29}\right]\left[1-\frac{\Gamma(19.567t^{0.3764},200\times 0.728)}{\Gamma(19.567t^{0.3764})}\right] \tag{3.75}$$

由此，根据式(3.75) 可以得到突发失效以及退化失效两者在独立条件下刀具竞争失效的可靠度曲线如图 3.14 所示。

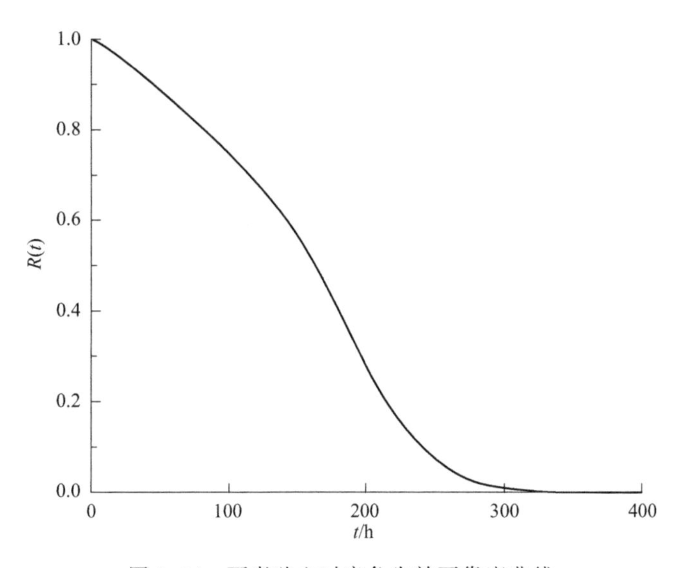

图 3.14　两者独立时竞争失效可靠度曲线

当突发失效以及退化失效两者具有相关性时，由表 3.7 可以得到 $\{X_i\}=\{126.32,178.05\}$，将 $\{X_i\}$ 改换成 $\{T_i\}$，由式(3.61)、式(3.68)、式(3.69)，可以得到 $R_{\mathrm{h}}[X(t)]$ 中的参数 $\hat{\alpha}=150.24$，$\hat{\beta}=2.25$。由式(3.51) 可得：

$$f[x(t);\eta(t),\beta]=\frac{0.728^{19.567t^{0.3764}}}{\Gamma(19.567t^{0.3764})}x^{19.567t^{0.3764}-1}\exp(-0.728x) \tag{3.76}$$

因此，可以得到相关条件下的竞争失效可靠度模型为：

$$\begin{aligned}R_{\mathrm{c}}(t)&=\int_0^{D_{\mathrm{f}}}R_{\mathrm{h}}[X(t)]f[x(t);\eta(t),\beta]\mathrm{d}x\\&=\int_0^{200}\left\{\exp\left[-\left(\frac{x}{150.24}\right)^{2.25}\right]\left[\frac{0.728^{19.567t^{0.3764}}}{\Gamma(19.567t^{0.3764})}x^{19.567t^{0.3764}-1}\exp(-0.728x)\right]\right\}\mathrm{d}x\end{aligned} \tag{3.77}$$

由此，根据式（3.77）可以得到突发失效以及退化失效两者在相关条件下刀具竞争失效的可靠度曲线，如图 3.15 所示。

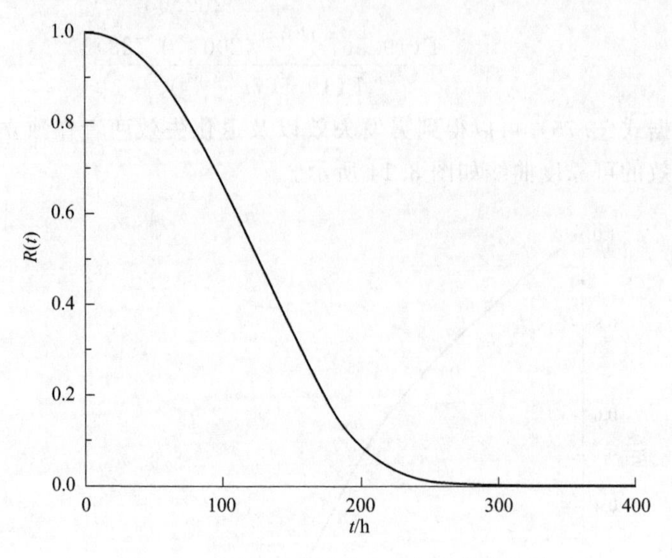

图 3.15　两者相关时竞争失效可靠度曲线

通过上述讨论，可以比较出刀具突发失效的可靠度 $R_h(t)$、退化失效的可靠度 $R_g(t)$、两者在独立条件下的竞争失效可靠度 $R_i(t)$ 与两者在相关条件下的竞争失效可靠度 $R_c(t)$，对比曲线如图 3.16 所示。

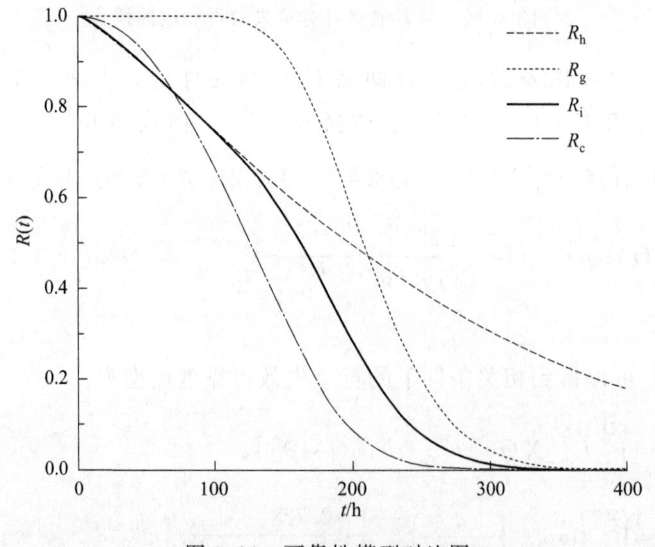

图 3.16　可靠性模型对比图

在突发失效与退化失效两者相关的条件下，刀具的竞争失效可靠度 $R_c(t)$ 在 $t<250$ 时逐渐下降，但能够看到的是在 $t<80$ 时，$R_c(t)$ 略高于

$R_h(t)$ 与 $R_i(t)$；在 $80<t<250$ 时低于 $R_h(t)$、$R_i(t)$ 与 $R_g(t)$；当 $t \geqslant 250$ 时可靠度 $R_c(t)$ 接近于 0。

通过以上分析可以发现，对于建立的突发失效与退化失效两者在相关条件下的刀具竞争失效可靠度模型变化更为平缓，但是也能够发现在 $t<80$ 时，$R_c(t)$ 略高于 $R_i(t)$，而在 $t>80$ 时，$R_c(t)$ 低于 $R_i(t)$，这主要是因为刀具在使用过程的后期，刀具的突发失效以及退化失效两者之间相关性导致系统可靠度逐渐下降，使得 $R_c(t)$ 低于 $R_i(t)$。

3.8 本章小结

在工程实际中，产品的退化过程普遍存在，本章主要研究了单性能参数退化过程在变失效阈值情况下的可靠性分析。本章的主要工作与研究成果如下：

① 在基于性能退化量的分布建立模型中，主要研究了在变失效阈值情况下的可靠度分析，分别建立了基于正态型分布和基于威布尔型分布的可靠度模型，并在实例分析中以某合金钢的退化寿命数据作为基础，利用 Bootstrap 自助法进行了样本的扩充。通过对比发现，基于变失效阈值情况下的正态型分布法与威布尔型分布法的可靠度曲线十分吻合。

② 在基于退化轨迹的模型中，首先介绍了伪失效寿命的概念，并对伪失效寿命进行寿命分布的建模，与 SPSS 和 MATLAB 软件相结合，利用 Bootstrap 自助法扩充样本对寿命分布进行 K-S 假设检验分析，求出模型中的参数，进一步建立出可靠度模型。在基于随机过程建立可靠度模型时，首先分析了维纳过程的适用场合，并推导出其寿命的分布为逆高斯分布，在此基础上建立了基于随机过程的可靠度模型。最后用一组退化试验数据在变失效阈值情况下进行了模型的验证分析，通过结果发现基于退化轨迹模型与随机过程模型的可靠度曲线比较接近。

在产品的退化过程中，突发失效与退化失效普遍存在，本章研究了突发失效与退化失效同时存在的产品竞争失效可靠性评估方法。本章的主要工作与研究成果如下：

① 在建立产品突发失效的可靠度模型时，由于威布尔分布的良好适应性，引入了威布尔分布描述产品的突发失效。在其模型的参数估计当中，采用了最小二乘法进行估计计算。

② 由于产品的性能随时间的变化从本质上看就是一个随机过程，因此

本章在建立退化失效模型时，采用了 Gamma 随机过程用来描述产品性能退化过程。在其模型的参数估计当中，同样应用了最小二乘法进行估计计算。

③ 在建立产品突发失效与退化失效同时存在的竞争失效可靠性模型时，本章从突发失效与退化失效两者独立或相关这两种情况下分别讨论。在突发失效与退化失效两者相互独立的情况下，本章建立了突发失效与退化失效的串联模型。在突发失效与退化失效两者相关的情况下，从退化量的角度对产品的突发失效进行评估，按照突发失效依据性能退化量的条件概率来建立竞争失效的可靠度模型。

④ 采用上述方法，以 VBMT090208 型外圆车刀在使用过程中的磨损退化量作为数据基础，依次建立了刀具的突发失效、退化失效可靠度模型，以及两者在独立条件下的竞争失效和两者在相关条件下的竞争失效可靠度模型，并进行了对比分析。

第4章

多性能参数退化的竞争失效分析

4.1 概述

伴随着工程技术的不断发展，产品的设计、制造以及加工都得到了改善，由此带来的失效机理也日益复杂。这时在产品中就会存在多种性能退化过程，各种参数的性能退化过程之间可能独立，也有可能相关，只要当中的一个性能参数超过（或低于）其失效阈值产品就会失效。比如，航空发动机的排气温度与燃油流量这两个典型参数影响着航空发动机的主要性能，尽管这两个参数的退化机理不同，但是其退化过程之间可能存在着某种关联，工作人员常用这两个参数判断发动机的衰退情况。因此，研究多性能参数退化在变失效阈值情况下的竞争失效可靠性具有重要意义。

在研究多性能参数退化竞争失效可靠性时，对于多元性能退化量之间的相关性一直是研究的难点与重点，如何解决退化量之间的相关性则变得至关重要。

本章主要建立了在变失效阈值情况下的基于多元退化分布与多元 Gamma 随机过程的多参数退化模型，用这两种方法结合 Bootstrap 自助法研究产品的竞争失效问题，分别考虑了在独立条件下与相关条件下的竞争失效可靠度，进而对产品进行可靠性分析。

本章的研究建立在以下的假设基础上：

① 产品具有多性能参数退化，并且最终的失效结果是由竞争导致的。

② 产品多性能参数退化之间的相关性未知，即可能有关也有可能无关。

③ 产品的性能退化量随着使用时间单调变化，退化过程不会出现逆转。

④ 产品的性能退化量为随机变量，且在 t 时刻对应为 $X(t)$。

⑤ 产品的失效阈值为变失效阈值 $D_{\mathrm{f}}(t)$，并且其在初始时刻的性能退化量为 0。

4.2 基于多元退化分布模型

在第 3 章中已经介绍过基于退化量分布建模时，比较常用的正态分布模型与威布尔分布模型。在本章中仅分析退化量服从正态的情况，服从威布尔分布的分析与服从正态分布的情况相似，这里不再赘述，因此本节将建立在变失效阈值情况下的基于多元正态分布的竞争失效可靠度模型。

假如产品的性能退化过程由 L 个退化参数组成，则其退化特征量数据可以表示为：$X_1(t)$，$X_2(t)$，…，$X_L(t)$，与其相对应的失效阈值为 $D_{\mathrm{f1}}(t)$，$D_{\mathrm{f2}}(t)$，…，$D_{\mathrm{f}L}(t)$。从 4.1 节已经知道，只要当中的一个性能参数退化量 $X_l(t)$ 超过（或低于）其失效阈值 $D_{\mathrm{f}l}(t)$，产品就会失效，产品性能发生退化的过程中，由于多种退化过程之间可能独立也可能相关，所以本章将充分对这两种情况分别进行讨论。

第一种情况是在相互独立的情况下，则可以将多种退化过程视为简单的串联系统，由于在第 3 章已经建立了基于正态型退化量分布的单性能参数的可靠性分析，设性能退化量 $\boldsymbol{X}(t)$ 服从均值 $\boldsymbol{\mu}(t)=[\mu_1(t),\mu_2(t),\cdots,\mu_L(t)]$，标准差 $\boldsymbol{\sigma}(t)=[\sigma_1(t),\sigma_2(t),\cdots,\sigma_L(t)]$，因此在多种退化过程相互独立与变失效阈值的条件下产品竞争失效可靠度函数 $R_{\mathrm{i}}(t)$可以表示为：

① 当退化的曲线是单调上升时，可靠度函数为：

$$\begin{aligned}R_{\mathrm{i}}(t)&=P(X_1(t)\leqslant D_{\mathrm{f1}}(t),X_2(t)\leqslant D_{\mathrm{f2}}(t),\cdots,X_L(t)\leqslant D_{\mathrm{f}L}(t))\\&=P(X_1(t)\leqslant D_{\mathrm{f1}}(t))P(X_2(t)\leqslant D_{\mathrm{f2}}(t))\cdots P(X_L(t)\leqslant D_{\mathrm{f}L}(t))\\&=\Phi\left(\frac{D_{\mathrm{f1}}(t)-\mu_1(t)}{\sigma_1(t)}\right)\Phi\left(\frac{D_{\mathrm{f2}}(t)-\mu_2(t)}{\sigma_2(t)}\right)\cdots\Phi\left(\frac{D_{\mathrm{f}L}(t)-\mu_L(t)}{\sigma_L(t)}\right)\end{aligned}\tag{4.1}$$

② 当退化的曲线是单调下降时，可靠度函数为：

$$\begin{aligned}R_{\mathrm{i}}(t)&=P(X_1(t)\geqslant D_{\mathrm{f1}}(t),X_2(t)\geqslant D_{\mathrm{f2}}(t),\cdots,X_L(t)\geqslant D_{\mathrm{f}L}(t))\\&=P(X_1(t)\geqslant D_{\mathrm{f1}}(t))P(X_2(t)\geqslant D_{\mathrm{f2}}(t))\cdots P(X_L(t)\geqslant D_{\mathrm{f}L}(t))\\&=\left[1-\Phi\left(\frac{D_{\mathrm{f1}}(t)-\mu_1(t)}{\sigma_1(t)}\right)\right]\left[1-\Phi\left(\frac{D_{\mathrm{f2}}(t)-\mu_2(t)}{\sigma_2(t)}\right)\right]\end{aligned}$$

$$\cdots\left[1-\Phi\left(\frac{D_{fL}(t)-\mu_L(t)}{\sigma_L(t)}\right)\right] \tag{4.2}$$

其参数估计的具体方法见第 3 章。

第二种情况是在多性能参数退化相关的情况下，则需要充分考虑各个性能参数之间的相关性。因此在多种退化过程相关的条件下产品竞争失效可靠度函数 R_c （t） 可以表示为：

① 当退化的曲线是单调上升时，可靠度函数为：

$$R_c(t)=P(X_1(t)\leqslant D_{f1}(t),X_2(t)\leqslant D_{f2}(t),\cdots,X_L(t)\leqslant D_{fL}(t)) \tag{4.3}$$

② 当退化的曲线是单调下降时，可靠度函数为：

$$R_c(t)=P(X_1(t)\geqslant D_{f1}(t),X_2(t)\geqslant D_{f2}(t),\cdots,X_L(t)\geqslant D_{fL}(t)) \tag{4.4}$$

对于其相关性，则引出了协方差矩阵$\Sigma(t)$，通过协方差矩阵判断 L 个退化变量在 t 时刻相互独立与否，协方差矩阵$\Sigma(t)$的表达式为：

$$\Sigma(t)=\begin{bmatrix} \mathrm{Var}[X_1(t)] & \mathrm{Cov}[X_1(t),X_2(t)] & \cdots\mathrm{Cov}[X_1(t),X_L(t)] \\ \mathrm{Cov}[X_2(t),X_1(t)] & \mathrm{Var}[X_2(t)] & \cdots\mathrm{Cov}[X_2(t),X_L(t)] \\ \vdots & \vdots & \vdots \\ \mathrm{Cov}[X_L(t),X_1(t)] & \mathrm{Cov}[X_L(t),X_2(t)]\cdots & \mathrm{Var}[X_L(t)] \end{bmatrix} \tag{4.5}$$

式中，$\mathrm{Cov}[X_i(t),X_j(t)]=\mathrm{E}\{[X_i(t)-\mu_i(t)][X_j(t)-\mu_j(t)]\},i=1,2,\cdots,L,j=1,2,\cdots,L$。

当 $\mathrm{Cov}[X_i(t),X_j(t)]\neq 0$ 时，则表明在 t 时刻第 i 个退化量与第 j 个退化量是相关的。据此能够推导出基于多元正态分布的多参数退化模型的概率密度函数为 $f(\boldsymbol{x}(t))$为：

$$f[\boldsymbol{x}(t)]=(2\pi)^{-\frac{L}{2}}\left|\Sigma(t)\right|^{-\frac{1}{2}}\exp\left\{-\frac{1}{2}[\boldsymbol{x}(t)-\boldsymbol{\mu}(t)]^{\mathrm{T}}\Sigma(t)^{-1}[\boldsymbol{x}(t)-\boldsymbol{\mu}(t)]\right\} \tag{4.6}$$

因此在多种退化过程相关与变失效阈值的条件下产品竞争失效可靠度函数 $R_c(t)$可以表示为：

① 当退化的曲线是单调上升时：

$$\begin{aligned} R_c(t)&=P[X_1(t)\leqslant D_{f1}(t),X_2(t)\leqslant D_{f2}(t),\cdots,X_L(t)\leqslant D_{fL}(t)] \\ &=\int_0^{D_{f1}(t)}\int_0^{D_{f2}(t)}\cdots\int_0^{D_L(t)} f(\boldsymbol{x}(t))\mathrm{d}\boldsymbol{x} \end{aligned} \tag{4.7}$$

② 当退化的曲线是单调下降时：

$$R_c(t)=P[X_1(t)\geqslant D_{f1}(t),X_2(t)\geqslant D_{f2}(t),\cdots,X_L(t)\geqslant D_{fL}(t)]$$
$$=\int_{D_{f1}(t)}^{\infty}\int_{D_{f2}(t)}^{\infty}\cdots\int_{D_{fL}(t)}^{\infty}f(\boldsymbol{x}(t))\mathrm{d}\boldsymbol{x} \tag{4.8}$$

利用 Bootstrap 自助法进行样本容量的扩充，由此对模型中的参数进行估计，设第 k 个样本的第 i 个性能退化参数在时刻 t_m 的退化量为 $X_{ki}(t_m)$，则能够推导出均值与协方差的点估计值分别为：

$$\hat{\mu}_i(t_m)=\frac{1}{n}\sum_{k=1}^{n}X_{ki}(t_m) \tag{4.9}$$

$$\mathrm{Cov}(X_i(t_m),X_j(t_m))=\frac{1}{n}\sum_{k=1}^{n}[(X_{ki}(t)-\hat{\mu}_i(t))(X_{kj}(t)-\hat{\mu}_j(t))] \tag{4.10}$$

由于在试验时，无法得到后面时刻的退化数据，因此会使试验数据不足，因此可以根据估计值$(t_m,\hat{\mu}_i(t_m))$，$(t_m,\hat{\mathrm{Cov}}(X_i(t_m),X_j(t_m)))$，拟合出均值与协方差的函数曲线（通常情况下为单调函数），对模型中的参数进行估计。然后将数值代入到式（4.2）中，即可对产品的可靠度进行分析。

特别情况下，有可能各个性能退化参数之间的相关性不随时间变化，即$\Sigma(\mathrm{t})=\Sigma$，这个时候就可以对可靠度模型进一步简化，且若只有两种退化参数，则可以将式（4.5）简化为：

$$f(x_1,x_2|t)=\frac{1}{2\pi\sigma_1\sigma_2\sqrt{1-\rho^2}}\exp\left\{-\frac{1}{2(1-\rho^2)}\left[\begin{array}{c}\frac{[x_1(t)-\mu_1(t)]^2}{\sigma_1^2}+\frac{[x_2(t)-\mu_2(t)]^2}{\sigma_2^2}\\-\frac{2\rho[x_1(t)-\mu_1(t)][x_2(t)-\mu_2(t)]}{\sigma_1\sigma_2}\end{array}\right]\right\} \tag{4.11}$$

式中，ρ 为$x_1(t)$和 $x_2(t)$的相关系数；σ_1 和 σ_2 为与其相对应的标准差，恒为常数。

因此，根据多元正态分布在变失效阈值条件下的多参数退化模型进行相关条件下的竞争失效可靠性评估的一般步骤如下：

① 通过多元性能退化试验数据，确定每一个性能退化参数的失效阈值函数，并对试验数据利用 Bootstrap 自助法扩充样本容量，然后做正态分布的假设检验。

② 根据性能退化数据估计各个时刻的均值以及协方差。

③ 外推后面时刻的均值以及协方差。

④ 利用模型计算出各个时刻的竞争失效可靠度。

⑤ 根据各个时刻的竞争失效可靠度拟合出产品的可靠度曲线。

4.3 基于多元 Gamma 随机过程模型

当产品第 l 个性能参数的退化过程服从形状参数 η_l、尺度参数 β_l 的 Gamma 随机过程时，其中 $l=1,2,\cdots\cdots,L$，假设共有 n 个样本参与性能退化试验，对每一个样本共进行了 m 次测量，并且认为第 i 个样本的第 l 个性能参数在第 j 次的退化量为 $X_{il}(t_j),i=1,2,\cdots,n,j=1,2,\cdots,m$，其初始退化量 $X_{il}(t_0)=0$。

对于任意一个性能参数 l，记：

$$\Delta X_{il}(t_j)=X_{il}(t_j)-X_{il}(t_{j-1}) \tag{4.12}$$

由本书 3.6.2 节可知：

$$\Delta X_{il}(t_j)\sim \mathrm{Ga}(\eta_l\Delta t_j,\beta_l) \tag{4.13}$$

式中，$\Delta t_j=t_j-t_{j-1}$。

则根据 Gamma 随机过程相关性质可知，$\Delta X_{il}(t_j)$的概率密度函数为：

$$f_l[\Delta X_{il}(t_j)]=\frac{1}{\Gamma(\eta_l\Delta t_j)\beta_l^{\eta_l\Delta t_j}}[\Delta X_{il}(t_j)]^{\eta_l\Delta t_j-1}\exp\left[-\frac{\Delta X_{il}(t_j)}{\beta_l}\right] \tag{4.14}$$

与其相对应的均值与方差为：

$$\begin{cases}\mathrm{E}[\Delta X_{il}(t_j)]=\eta_l\beta_l\Delta t_j\\ \mathrm{Var}[\Delta X_{il}(t_j)]=\eta_l\beta_l^2\Delta t_j\end{cases} \tag{4.15}$$

由于多种退化过程之间可能独立也可能相关，所以本书将充分对这两种情况分别进行讨论，并且本节是在假设退化曲线是单调上升的情况下进行讨论，退化曲线是单调下降的情况与此类似。

第一种情况是在相互独立的情况下，则可以将多种退化过程视为简单的串联系统，结合本章内容可以得到多种退化过程在相互独立与变失效阈值情况下的竞争失效可靠度函数 $R_{\mathrm{i}}(t)$为：

$$\begin{aligned}R_{\mathrm{i}}(t)&=P(X_1(t)\leqslant D_{\mathrm{f1}}(t),X_2(t)\leqslant D_{\mathrm{f2}}(t),\cdots,X_L(t)\leqslant D_{\mathrm{f}L}(t))\\&=P(X_1(t)\leqslant D_{\mathrm{f1}}(t))P(X_2(t)\leqslant D_{\mathrm{f2}}(t))\cdots P(X_L(t)\leqslant D_{\mathrm{f}L}(t))\\&=\left[1-\frac{\Gamma(\eta_1,D_{\mathrm{f1}}(t)\beta_1)}{\Gamma(\eta_1)}\right]\left[1-\frac{\Gamma(\eta_2,D_{\mathrm{f2}}(t)\beta_2)}{\Gamma(\eta_2)}\right]\cdots\left[1-\frac{\Gamma(\eta_L,D_{\mathrm{f1}}(t)\beta_L)}{\Gamma(\eta_L)}\right]\end{aligned} \tag{4.16}$$

第二种情况是在多性能参数退化相关的情况下，由于 $\Delta X_{il}(t_j)$与 $\Delta X_{il'}(t_j)$是相关的，设两者间的相关系数为 $\rho_{ll'},-1<\rho_{ll'}<1$。本节中，设在性

能退化试验过程中，测量时间间隔相同，即 $\Delta t_j=\Delta t$，为常数，则退化增量 $\Delta X_{il}(t_j)$可以正态化为[80]：

$$U_{ij}^{(l)}=\frac{\Delta X_{il}(t_j)-\eta_l\beta_l\Delta t}{\sqrt{\eta_l\Delta t}\beta_l} \tag{4.17}$$

易知，$(U_{ij}^{(1)},\cdots,U_{ij}^{(L)})$是独立同分布的随机向量，且：

$$\mathrm{E}(U_{ij}^{(l)})=0,\mathrm{Var}(U_{ij}^{(l)})=1 \tag{4.18}$$

因此，$U_{ij}^{(l)}$ 与 $U_{ij}^{(l')}$ 的相关系数为：

$$\mathrm{corr}(U_{ij}^{(l)},U_{ij}^{(l')})=\mathrm{corr}(\Delta X_{il}(t_j),\Delta X_{il'}(t_j))=\rho_{ll'} \tag{4.19}$$

标准多维正态分布可以逼近向量 $\left(\frac{1}{\sqrt{m}}\sum_{j=1}^{m}U_{ij}^{(1)},\cdots,\frac{1}{\sqrt{m}}\sum_{j=1}^{m}U_{ij}^{(L)}\right)$ 的联合分布，因此性能退化数据的似然函数可以表示为：

$$L=\prod_{i=1}^{n}\left\{\Phi_L\left[\frac{1}{\sqrt{m}}\sum_{j=1}^{m}U_{ij}^{(1)},\cdots,\frac{1}{\sqrt{m}}\sum_{j=1}^{m}U_{ij}^{(L)};\mathbf{0},\sum\right]\right\}\prod_{j=1}^{m}\prod_{l=1}^{L}f_l[\Delta X_{il}(t_j)] \tag{4.20}$$

两边同时取对数，得：

$$\ln L=\sum_{i=1}^{n}\ln\Phi_L\left[\frac{1}{\sqrt{m}}\sum_{j=1}^{m}U_{ij}^{(1)},\cdots,\frac{1}{\sqrt{m}}\sum_{j=1}^{m}U_{ij}^{(L)};\mathbf{0},\sum\right]+\sum_{i=1}^{n}\sum_{j=1}^{m}\sum_{l=1}^{L}\ln f_l[\Delta X_{il}(t_j)] \tag{4.21}$$

模型中的 $\sum$，可以根据性能退化增量 $\Delta X_i(t_j)=(\Delta X_{i1}(t_j),\cdots,\Delta X_{iL}(t_j))$求解，表达式为：

$$\hat{\sum}=\frac{1}{m}\sum_{j=1}^{m}[\Delta X_i(t_j)-\Delta\bar{X}_i][\Delta X_i(t_j)-\Delta\bar{X}_i]^{\mathrm{T}} \tag{4.22}$$

式中，$\Delta\bar{\boldsymbol{X}}_i=(\Delta\bar{X}_{i1},\cdots,\Delta\bar{X}_{iL}),\Delta\bar{X}_{il}=\frac{1}{m}\sum_{j=1}^{m}\Delta X_{il}(t_j)$。

根据以上分析，可以得知任何一个性能退化量超过其失效阈值，产品即失效。因此，利用 Bootstrap 自助法，基于 Gamma 随机过程，产品在多种退化过程相关与变失效阈值情况下的竞争失效可靠度函数 $R_{\mathrm{c}}(t)$为：

$$\begin{aligned}R_{\mathrm{c}}(t)&=P(T_1>t,T_2>t,\cdots,T_L>t)\\&=P(X_1<D_{\mathrm{f1}}(t),X_2<D_{\mathrm{f2}}(t),\cdots,X_L<D_{\mathrm{fL}}(t))\\&=\Phi_L\left(\frac{D_{\mathrm{f1}}(t)-\eta_1\beta_1 t}{\sqrt{\eta_1 t}\beta_1},\frac{D_{\mathrm{f2}}(t)-\eta_2\beta_2 t}{\sqrt{\eta_2 t}\beta_2},\cdots,\frac{D_{\mathrm{fL}}(t)-\eta_L\beta_L t}{\sqrt{\eta_L t}\beta_L};\mathbf{0},\sum\nolimits_{(1,2,\cdots,L)}\right)\\&=1-\sum_{l=1}^{L}\Phi_1\left(\frac{1}{a_l}\left(\sqrt{\frac{t}{b_l}}-\sqrt{\frac{b_l}{t}}\right)\right)\end{aligned} \tag{4.23}$$

$$+\sum_{l_1=1}^{L-1}\sum_{l_2=l_1+1}^{L}\Phi_2\left(\frac{1}{a_{l_1}}\left(\sqrt{\frac{t}{b_{l_1}}}-\sqrt{\frac{b_{l_1}}{t}}\right),\frac{1}{a_{l_2}}\left(\sqrt{\frac{t}{b_{l_2}}}-\sqrt{\frac{b_{l_2}}{t}}\right);\mathbf{0},\sum\nolimits_{(l_1,l_2)}\right)$$

$$+\cdots+(-1)^L\Phi_L\left(\frac{1}{a_1}\left(\sqrt{\frac{t}{b_1}}-\sqrt{\frac{b_1}{t}}\right),\cdots,\frac{1}{a_L}\left(\sqrt{\frac{t}{b_L}}-\sqrt{\frac{b_L}{t}}\right);\mathbf{0},\sum\nolimits_{(1,2,\cdots,L)}\right)$$

式中，T_l 为第 l 个性能退化量达到失效阈值 $D_{fl}(t)$ 的时间，$l=1,2,\cdots,L$；$a_l=\sqrt{\dfrac{\beta_l}{D_{fl}(t)}}$，$b_l=\dfrac{D_{fl}(t)}{\eta_l\beta_l}$；$\sum_{(l_1,\cdots,l_k)}=\begin{bmatrix}1 & \rho_{l_1l_2} & \cdots & \rho_{l_1l_k}\\ \rho_{l_1l_2} & 1 & \cdots & \rho_{l_2l_k}\\ \cdots & \cdots & \cdots & \cdots\\ \rho_{l_1l_k} & \rho_{l_2l_k} & \cdots & 1\end{bmatrix}$；

$\Phi_L\left(\frac{1}{a_1}\left(\sqrt{\frac{t}{b_1}}-\sqrt{\frac{b_1}{t}}\right),\cdots,\frac{1}{a_L}\left(\sqrt{\frac{t}{b_L}}-\sqrt{\frac{b_L}{t}}\right);\mathbf{0},\sum_{(1,2,\cdots,L)}\right)$ 为 L 维泊松分布。

特殊情况下，当某产品只有两个性能退化参数时，式（4.23）可以简化为：

$$R_c(t)=1-\Phi_1[U_1(t)]-\Phi_1[U_2(t)]+\Phi_2[U_1(t),U_2(t);\rho] \tag{4.24}$$

式中，$U_1(t)=\dfrac{1}{a_1}\left(\sqrt{\dfrac{t}{b_1}}-\sqrt{\dfrac{b_1}{t}}\right)$，$U_2(t)=\dfrac{1}{a_2}\left(\sqrt{\dfrac{t}{b_2}}-\sqrt{\dfrac{b_2}{t}}\right)$。

4.4 算例分析

在本章算例分析中，选取的产品具有两个性能退化参数，分别为 X_1、X_2，假设其失效阈值函数分别为：$D_{f1}(t)=4-0.03t$，$D_{f2}(t)=10-0.05t$。总共有 10 个样本参与性能退化试验，对于每一个样本，每隔 0.5h 进行一次测量，共测量 6 次，具体性能退化数据[81] 详见表 4.1。

现在根据测量所得的性能退化数据，利用本章所介绍的内容，结合 Bootstrap 自助法对该产品进行竞争失效的可靠性分析。

表 4.1　性能退化测量数据

产品编号		测量时刻/h					
		0.5	1	1.5	2	2.5	3
1	X_1	0.14203	0.49362	0.54161	0.56754	1.0974	1.4818
	X_2	0.25312	1.2971	1.8996	1.9806	3.2952	3.5974
2	X_1	0.20192	0.43872	1.0122	2.1748	2.6331	2.7171
	X_2	0.94587	1.9597	3.5296	5.113	6.2328	6.9684

续表

产品编号		测量时刻/h					
		0.5	1	1.5	2	2.5	3
3	X_1	0.083984	1.0877	1.4683	1.7725	2.3347	3.0003
	X_2	0.93632	2.5081	2.9798	3.7845	4.7901	6.3613
4	X_1	0.67206	1.1092	2.0953	2.4875	3.0992	3.7152
	X_2	1.6522	2.5407	4.4142	5.3589	6.085	6.0867
5	X_1	0.56121	0.72997	1.2221	1.8746	2.5675	2.9947
	X_2	1.2945	2.0241	2.8878	3.447	4.2133	5.0545
6	X_1	0.79885	1.3422	1.8723	2.6237	3.0659	3.3646
	X_2	1.4738	2.9655	4.3171	5.2078	5.9177	7.2536
7	X_1	0.22241	0.63003	0.64583	1.0416	1.1527	1.1685
	X_2	0.9275	2.2001	2.7901	3.5368	3.6098	4.2389
8	X_1	0.50581	0.69196	1.0666	1.4306	1.9957	2.29
	X_2	1.1363	1.4776	2.424	3.3667	4.649	5.8764
9	X_1	0.89484	1.2662	1.7249	2.3627	3.2601	3.71
	X_2	0.84995	1.5493	2.8323	3.6903	5.8409	7.0189
10	X_1	0.9784	1.211	2.0232	2.3831	2.5871	2.9174
	X_2	1.8716	3.512	4.7146	5.9675	6.32	7.2344

4.4.1 基于多元正态分布模型的实例分析

(1) 假设性能退化参数 X_1 与 X_2 之间相互独立

根据第3章内容，利用 Bootstrap 自助法扩充样本后可以计算出各个性能退化量在各个时刻的样本均值与样本标准差，结果列于表4.2中。

表 4.2　不同时刻的样本均值与样本标准差

测量时间/h	X_1 样本均值	X_1 样本标准差	X_2 样本均值	X_2 样本标准差
0.5	0.53126	0.33106	1.15475	0.48473
1	0.92849	0.38401	2.21033	0.65472
1.5	1.38462	0.54306	3.34102	0.88463
2	1.88430	0.65127	4.21364	1.16420
2.5	2.39431	0.72016	5.10036	1.08476
3	2.75610	0.80147	5.98469	1.23103

根据表4.2得到的样本，利用 Bootstrap 自助法在不同时刻的样本均值与样本标准差，可以绘制出样本均值与样本标准差随时间的变化情况，见图4.1。

从图4.1可以看出，此样本关于性能退化参数 X_1 与 X_2 的样本均值和样本标准差随着时间的增加基本成线性关系，因此选择线性模型对均值与标准差进行拟合，其数值随时间变化的方程为：

$$\mu_1(t)=0.9155t+0.0444, \mu_2(t)=1.9253t+0.2982 \tag{4.25}$$

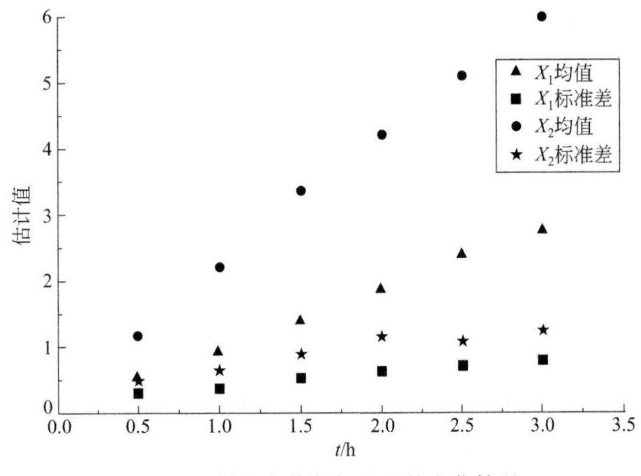

图 4.1　样本均值与标准差的变化情况

$$\sigma_1(t)=0.1982t+0.2250, \sigma_2(t)=0.3029t+0.3872 \tag{4.26}$$

因此，将式（4.25）与式（4.26）代入到式（4.1）中，可以得到在结合 Bootstrap 自助法扩充样本情况下，性能退化参数在独立条件与变失效阈值情况下基于多元正态分布模型的竞争失效可靠度函数为：

$$\begin{aligned} R_{\mathrm{i}}(t)&=\Phi\left(\frac{D_{\mathrm{f1}}(t)-\mu_1(t)}{\sigma_1(t)}\right)\Phi\left(\frac{D_{\mathrm{f2}}(t)-\mu_2(t)}{\sigma_2(t)}\right) \\ &=\Phi\left(\frac{(4-0.03t)-(0.9155t+0.0444)}{0.1982t+0.2250}\right)\Phi\left(\frac{(10-0.05t)-(1.9253t+0.2982)}{0.3029t+0.3872}\right) \end{aligned} \tag{4.27}$$

独立条件与变失效阈值条件下的竞争失效可靠度曲线如图 4.2 所示。

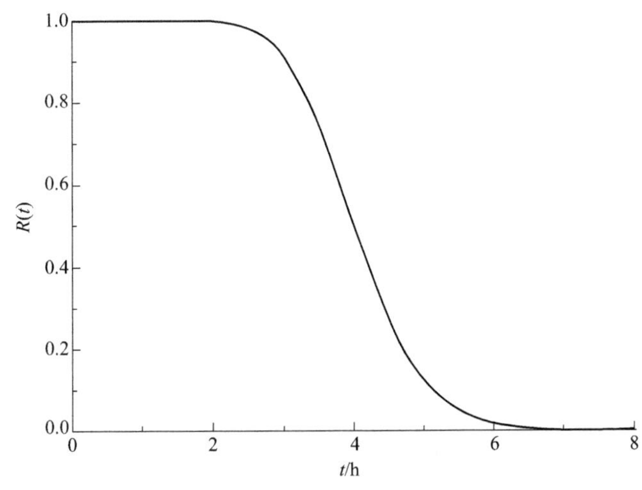

图 4.2　独立条件下可靠度曲线

(2) 假设性能退化参数 X_1 与 X_2 之间相关

运用 MATLAB 软件对性能退化数据进行处理，可以求得两参数在各个时刻之间的协方差矩阵，其值为：

$$\Sigma(0.5)=\begin{pmatrix}0.0983 & 0.0961\\0.0961 & 0.2007\end{pmatrix},\Sigma(1.0)=\begin{pmatrix}0.0963 & 0.1264\\0.1264 & 0.4668\end{pmatrix},$$

$$\Sigma(1.5)=\begin{pmatrix}0.2963 & 0.3972\\0.3972 & 0.8120\end{pmatrix},\Sigma(2.0)=\begin{pmatrix}0.4683 & 0.6874\\0.6874 & 1.3856\end{pmatrix},$$

$$\Sigma(2.5)=\begin{pmatrix}0.5719 & 0.6803\\0.6803 & 1.2035\end{pmatrix},\Sigma(3.0)=\begin{pmatrix}0.7024 & 0.7903\\0.7903 & 1.5179\end{pmatrix}。$$

据此，可以估计出在 3h 以后各参数的性能退化量之间的协方差矩阵，其各时刻的协方差矩阵估计值为：

$$\Sigma(4.0)=\begin{pmatrix}0.7580 & 0.8177\\0.8177 & 1.6365\end{pmatrix},\Sigma(5.0)=\begin{pmatrix}0.8691 & 0.8502\\0.8502 & 1.8691\end{pmatrix},$$

$$\Sigma(6.0)=\begin{pmatrix}0.9237 & 0.8976\\0.8976 & 2.4021\end{pmatrix},\Sigma(7.0)=\begin{pmatrix}1.2300 & 0.9436\\0.9436 & 2.6713\end{pmatrix},$$

$$\Sigma(8.0)=\begin{pmatrix}1.3102 & 0.9719\\0.9719 & 2.9436\end{pmatrix}。$$

根据式 (4.25)，可以估计出在 3h 以后各参数的性能退化量均值，其值见表 4.3。

表 4.3 样本均值的估计值

时间/h	X_1 样本均值	X_2 样本均值
4	3.7064	7.9994
5	4.6219	9.9247
6	5.5374	11.8500
7	6.4529	13.7753
8	7.3684	15.7006

将这些数据代入式 (4.6) 中，则能够求解出各个时刻的概率密度函数，再将这些概率密度函数代入到式 (4.7) 中，则可以求出样本在各个时刻性能退化参数在相关条件与变失效阈值情况下基于多元正态分布模型的竞争失效可靠度，其值见表 4.4。

表 4.4 样本各个时刻可靠度

时间/h	可靠度	时间/h	可靠度
0.5	0.9975	4	0.6120
1	0.9969	5	0.2119
1.5	0.9947	6	0.0236
2	0.9866	7	0.00063781
2.5	0.9457	8	0.000001305
3	0.8513		

根据表 4.4，则可以绘制出各个时刻的可靠度，如图 4.3 所示。

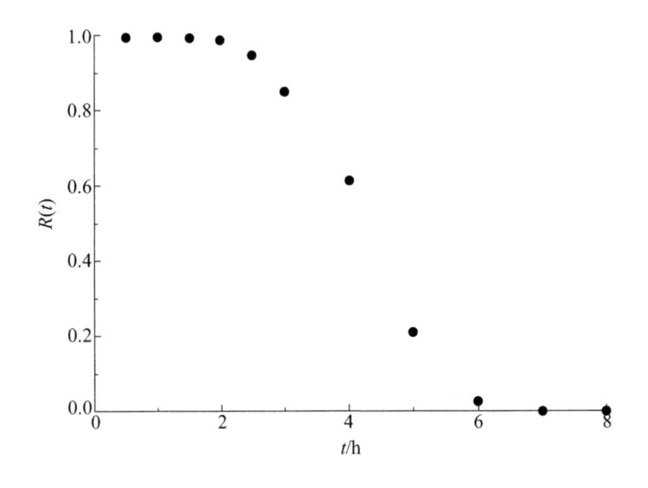

图 4.3 各时刻可靠度

根据表 4.4 与图 4.3，则可以拟合出样本性能退化参数在相关条件与变失效阈值条件下基于多元正态分布模型的竞争失效可靠度曲线，如图 4.4 所示。

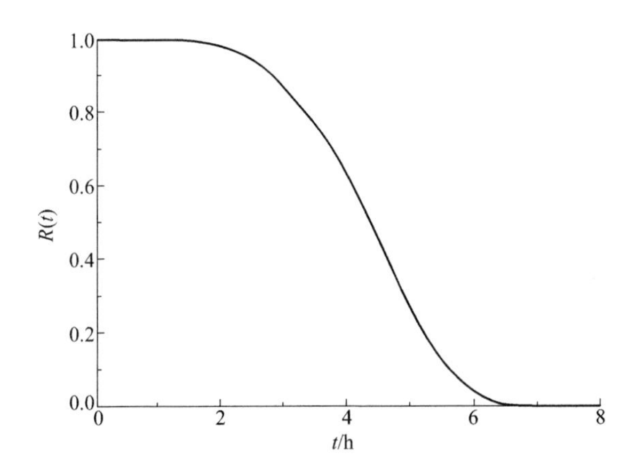

图 4.4 相关条件下可靠度曲线

通过上述讨论，可以比较出样本在独立条件下的竞争失效可靠度 $R_i(t)$ 与在相关条件下的竞争失效可靠度 $R_c(t)$，对比曲线如图 4.5 所示。

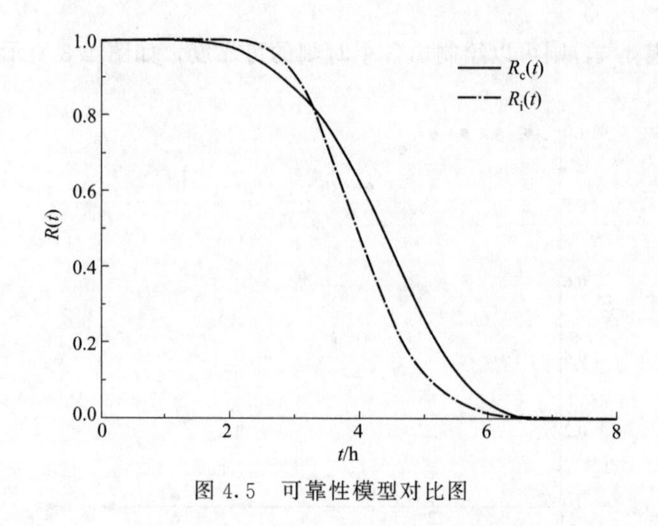

图 4.5　可靠性模型对比图

4.4.2　基于多元 Gamma 随机过程模型的实例分析

通过表 4.1 中的性能退化试验数据可以发现，两个参数的退化量都是严格单调的，因此可以基于 Bootstrap 自助法利用多元 Gamma 随机过程模型分析其可靠性。

根据前文介绍的相关参数估计方法，可以估计出竞争失效模型中的参数值，其数值为：

$$(\eta_1,\beta_1,\eta_2,\beta_2,\rho)=(3.392,0.315,4.207,0.638,0.619) \tag{4.28}$$

将式 (4.28) 代入到式 (4.27) 中，即可求出样本基于 Gamma 随机过程在相关与变失效阈值情况下的竞争失效可靠度函数 $R_c(t)$ 为：

$$\begin{aligned}R_c(t)&=1-\Phi_1[U_1(t)]-\Phi_1[U_2(t)]+\Phi_2[U_1(t),U_2(t);\rho]\\&=1-\Phi_1\left[\sqrt{\frac{4-0.03t}{0.315}}\left(\sqrt{\frac{0.315\times3.392t}{4-0.03t}}-\sqrt{\frac{4-0.03t}{0.315\times3.392t}}\right)\right]\\&\quad-\Phi_1\left[\sqrt{\frac{10-0.05t}{0.638}}\left(\sqrt{\frac{0.638\times4.207t}{10-0.05t}}-\sqrt{\frac{10-0.05t}{0.638\times4.207t}}\right)\right]\\&\quad+\Phi_2\left[\begin{array}{l}\sqrt{\frac{4-0.03t}{0.315}}\left(\sqrt{\frac{0.315\times3.392t}{4-0.03t}}-\sqrt{\frac{4-0.03t}{0.315\times3.392t}}\right),\\\sqrt{\frac{10-0.05t}{0.638}}\left(\sqrt{\frac{0.638\times4.207t}{10-0.05t}}-\sqrt{\frac{10-0.05t}{0.638\times4.207t}}\right);0.619\end{array}\right]\end{aligned} \tag{4.29}$$

根据式 (4.29)，即可绘制出样本基于 Gamma 随机过程在相关与变失效阈值情况下的竞争失效可靠度函数曲线，如图 4.6 所示。

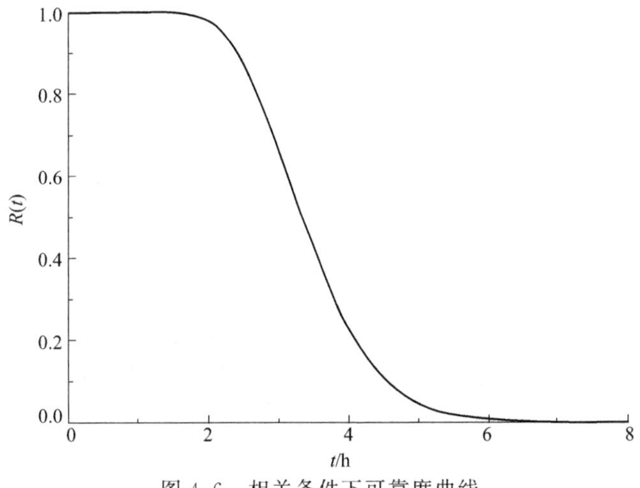

图 4.6　相关条件下可靠度曲线

4.5 本章小结

对于复杂系统，其失效大多是多性能退化失效之间竞争的结果，因此本章研究了基于多元退化数据在变失效阈值情况下的竞争失效可靠性问题，从而实现了基于退化数据的可靠性分析。

本章的主要工作与研究成果如下：

① 首先研究了基于多元正态分布的多参数退化模型在相关条件下的竞争失效可靠性评估，分别研究了在独立条件下与在相关条件下在变失效阈值情况下的竞争失效可靠度模型。对于独立条件下的情况，利用串联模型进行竞争失效的建模；在相关的情况下，引出了协方差矩阵的定义，建立了各个退化参数在各个时刻退化量之间的相关系数，用协方差矩阵来描述各个退化参数之间的相关性，进而建立相关情况下的竞争失效可靠度模型。

② 其次本章介绍了另外一种模型用于多性能参数退化的竞争失效分析，即基于多元 Gamma 随机过程在变失效阈值情况下的竞争失效可靠度模型。同基于多元正态分布的多参数退化模型一样，首先利用串联模型建立了独立情况下的竞争失效可靠度模型，然后建立了在相关条件下的竞争失效可靠度模型。

③ 在本章的最后，以二元性能退化试验数据为基础，利用 Bootstrap 自助法对这两种方法进行了实例分析。通过对比分析，发现基于多元正态分布的多参数退化竞争失效可靠度曲线与基于多元 Gamma 随机过程在变失效阈值情况下的竞争失效可靠度曲线比较接近。

第5章

基于刚度退化的刀架振动传递路径系统可靠性

5.1 动力伺服刀架振动传递路径系统模型建立

近年来，工程机械设备的复杂程度日益提高，并且使用性能的苛刻要求也逐渐增多，具体体现在高速、高精、重载或者轻巧的极端动作性能需求。这就使得对于机械结构系统的振动分析及其控制技术变得至关重要，与此同时也极大地拓展了其所涉及的研究领域。重点研究之一就是从振动传递方面对系统进行阻振、隔振的设计，并借此对机械结构进行动态设计，而振动传递路径系统的概念就此应运而生。振动传递路径系统主要由振源、振动传递路径和接受体构成，传递路径就是振动传递过程中经过的物理媒介。当前对其分析主要采用实验法和能量传递法。

为了从振动特性的传递环节出发，实现动力伺服刀架系统的隔振设计和结构的优化设计，本章采用振动传递路径理论进行可靠性分析。

5.1.1 振动传递路径理论和基础

其系统示意图如图 5.1 所示。

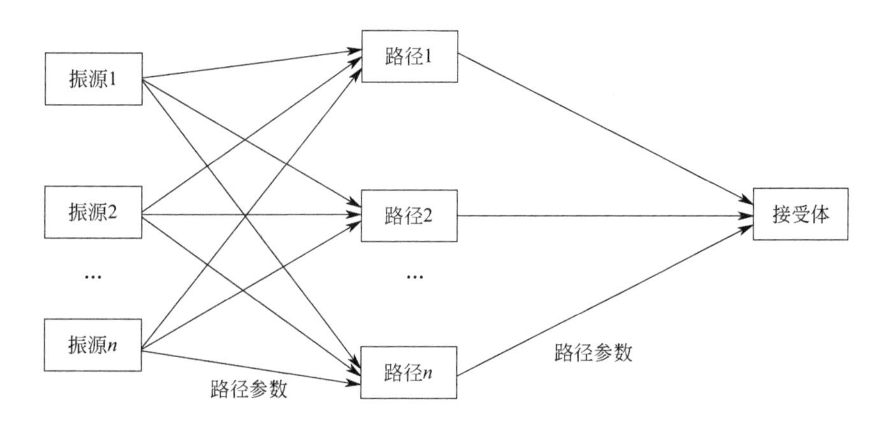

图 5.1　振动传递路径系统示意图

5.1.2　动力伺服刀架振动传递路径模型建立

动力伺服刀架主要分为齿盘、动力刀、液压锁紧系统和转位系统。其振动一般是由电机主轴引起的，在动力伺服刀架结构中构建振动传递路径模型，首先应当明确激振体即振源和振动接受体。对动力伺服刀架进行稳健优化设计旨在提高刀架系统的可靠性和稳定性，最终都表现在动力刀的加工稳定性，以此提高数控机床的整体性能。因此将动力刀确定为振动接受体，将电机主轴的振动当作振源，从而可以构建从电机主轴到动力刀的振动传递路径系统，如图 5.2 所示。

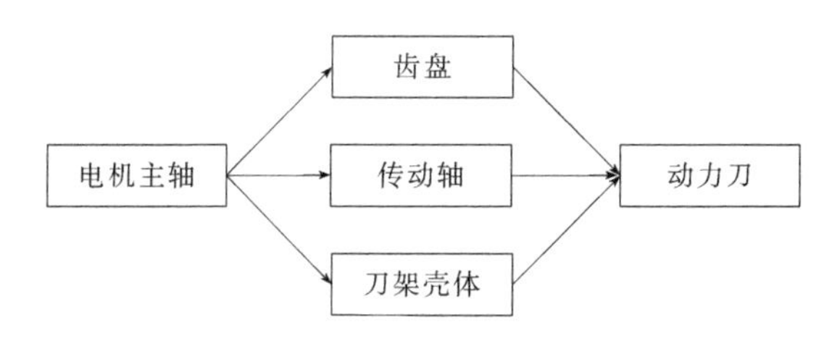

图 5.2　动力伺服刀架振动传递简化图

实际情况下，振动传递路径系统不可能是完全对称的结构，因而会存在力矩作用。该动力伺服刀架振动传递系统，其振动形式除了直线振动，还存在着旋摆振动。因此在考虑传递路径的相关参数时，除了刚度、质量、阻尼外，还要考虑路径的位置和形状等几何参数。因为实际结构的阻尼量级都较小，此处忽略阻尼对结构可靠性分析的影响。在动力伺服刀架的振动传递路径系统中，主轴电机为整个系统产生振动的源头，因而电机主轴可以被看作振源，刀具的稳定性是加工精度的核心要求，因此接受体为刀头，而振动的传递过程便可以划分为几条传递路径。通过对动力伺服刀架振动传递路径进行简化构建出具有直线与旋摆耦合的振动路径模型，如图5.3所示。

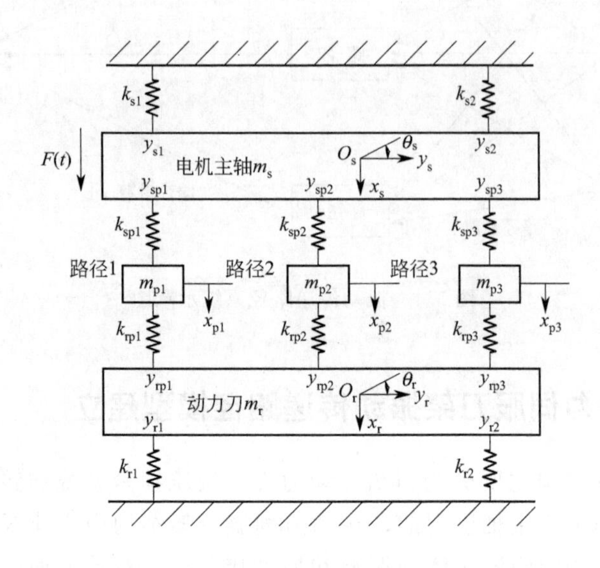

图 5.3 动力伺服刀架振动传递路径模型

电机主轴与刀头都可以看作刚性结构，其质量别为 m_s、m_r，电机和刀头绕质心的转动惯量表示为 I_s、I_r。电机主轴两个固定连接处的初始刚度为 k_{s1}、k_{s2}，刀头固定连接处初始刚度为 k_{r1}、k_{r2}。电机主轴固连处相对于质心的位置表示为 y_{s1}、y_{s2}。刀头固定连接处相对于质心的位置表示为 y_{r1}、y_{r2}。电机主轴连接各传递路径的位置分别表示为 y_{sp1}、y_{sp2}、y_{sp3}。刀头与各传递路径连接位置表示为 y_{rp1}、y_{rp2}、y_{rp3}。三条传递路径的质量分别表示为 m_{p1}、m_{p2}、m_{p3}。路径中存在集中质量的问题，所以各路径的刚度都可以分成两部分，紧邻电机主轴的一侧表示为 k_{sp1}、k_{sp2}、k_{sp3}，紧邻刀头的一侧刚度表示为 k_{rp1}、k_{rp2}、k_{rp3}。激振频率表示为 Q，激励幅值为 F_0，转矩为 M_0。建立具有直线与转动耦合运动的振动系统的运动微分方程[82] 为

$$\boldsymbol{M}\ddot{\boldsymbol{x}}+\boldsymbol{K}\boldsymbol{x}=\boldsymbol{F}(t) \tag{5.1}$$

式中：

$$\boldsymbol{M}=\mathrm{diag}(m_s \quad I_s \quad m_{p1} \quad m_{p2} \quad m_{p3} \quad m_r \quad I_r)$$

$$
\boldsymbol{K}(t)=\begin{bmatrix}
\sum k_{sn} & -\sum k_{sn}y_{sn} & -k_{sp1} & -k_{sp2} & -k_{sp3} & 0 & 0 \\
-\sum k_{sn}y_{sn} & \sum k_{sn}y_{sn}^2 & k_{sp1}y_{sp1} & k_{sp2}y_{sp2} & k_{sp3}y_{sp3} & 0 & 0 \\
-k_{sp1} & k_{sp1}y_{sp1} & k_{sp1}+k_{rp1} & 0 & 0 & -k_{rp1} & k_{rp1}y_{rp1} \\
-k_{sp2} & k_{sp2}y_{sp2} & 0 & k_{sp2}+k_{rp2} & 0 & -k_{rp2} & k_{rp2}y_{rp2} \\
-k_{sp3} & k_{sp3}y_{sp3} & 0 & 0 & k_{sp3}+k_{rp3} & -k_{rp3} & k_{rp3}y_{rp3} \\
0 & 0 & -k_{rp1} & -k_{rp2} & -k_{rp3} & \sum k_{rn} & -\sum k_{rn}y_{rn} \\
0 & 0 & k_{rp1}y_{rp1} & k_{rp2}y_{rp2} & k_{rp3}y_{rp3} & -\sum k_{rn}y_{rn} & \sum k_{rn}y_{rn}^2
\end{bmatrix}
$$

矩阵中，$n=1,2,\mathrm{p1},\mathrm{p2},\mathrm{p3}$。

$$\boldsymbol{x}=[x_{s} \quad \theta_{s} \quad x_{p1} \quad x_{p2} \quad x_{p3} \quad x_{r} \quad \theta_{r}]^{T}$$

$$\boldsymbol{F}(t)=[F_{0}\sin(Qt) \quad M_{0}\sin(Qt) \quad 0 \quad 0 \quad 0 \quad 0 \quad 0]^{T}$$

通过构造一个随机向量，可以表示出该振动系统中的所有参数，即

$$\boldsymbol{b}=(m_{p1} \quad m_{p2} \quad m_{p3} \quad k_{sp1} \quad k_{sp2} \quad k_{sp3} \quad k_{rp1} \quad k_{rp2} \\ k_{rp3} \quad y_{sp1} \quad y_{sp2} \quad y_{sp3} \quad y_{rp1} \quad y_{rp2} \quad y_{rp3})^{T}$$

此处已知随机向量各元素的概率统计特性。根据上述内容，可以整理得到具有随机参数的动力伺服刀架振动传递路径系统的运动微分方程为

$$\boldsymbol{M}(\boldsymbol{b})\ddot{\boldsymbol{x}}(\boldsymbol{b},t)+\boldsymbol{K}(\boldsymbol{b},t)\boldsymbol{x}(\boldsymbol{b},t)=\boldsymbol{F}(t) \tag{5.2}$$

5.2 刚度退化理论与退化模型的建立

本章主要研究在考虑刚度退化条件下的动力伺服刀架系统的可靠性问题，重点分析刚度退化对结构系统的可靠度和对设计参数的灵敏度的影响，目的是在更贴合动力伺服刀架实际工况的条件下进行可靠性分析，对此刚度退化模型的建立就显得尤为重要，它是构建可靠性模型的关键。

5.2.1 刚度累积损伤理论与基础

疲劳积累损伤是绝大多数材料的失效原因，它是研究材料在循环载荷下损伤的程度量值以及损伤累积规律，并且研究疲劳累积达到的使得材料发生疲劳断裂失效的程度的一种理论方法。实际工程中，经常采用损伤指数来衡量结构的损伤程度，损伤指数 $D=0$ 表示材料为初始阶段，结构并没有损伤，当损伤指数 $D=1$ 时表示材料失效断裂，在宏观的受力分析中，材料的损伤指数 D 通常以能量的损耗或者塑性变形位移量作为损伤累积指标[83]。

关于损伤指数的模型已经有很多，现如今在实际工程中应用的主要有

以下几种表征方式：基于线性损伤累积变量的损伤模型、基于延性变量的损伤模型、基于割线刚度变化变量的损伤模型、以塑性滞回能量损耗为变量的损伤模型以及结合延性变量和能量损耗的损伤模型[84]。其中基于线性损伤累积变量的损伤累积模型的具体思想就是将结构材料在循环载荷作用下的疲劳损伤累加看作为线性的，且将每个应力看作是相互独立的，因此各不影响。在循环载荷持续作用下，结构材料的损伤累积到一定程度时就会因此发生疲劳时效，进而断裂。在众多的基于线性累积损伤的理论中，应用最为广泛和最为大众熟知的是 Palmgren-Miner（简称 Miner）理论[85]。Miner 理论基于线性分析定义了疲劳损伤比，将同等的 n_i 个应力应变循环与在相同条件下使得材料发生疲劳断裂失效时经历的应力应变循环次数 n_j 的比值称为损伤比。不管应力应变循环载荷级数多还是少，只要当材料的总损伤量 $D=1$ 时，就预示材料发生了疲劳破坏，结构失效。当前在 Miner 理论的基础上结合损伤力学的相关知识，有学者提出了通用的强度和刚度的退化模型。如段忠东推导出的新的疲劳损伤模型借用了连续介质损伤力学的方法[86]。而赵维涛等人在段忠东的工作基础上应用 Miner 理论提出了材料弹性模量缩减公式[87]，虽然这两种方法都有较高的精度，但两种模型中的待定系数都比较多，这就导致不同材料试件的对应系数需进行大量的相关疲劳试验才可以获得，实际应用起来存在诸多弊端。

5.2.2 退化模型的建立

由于外部激励的循环反复作用，动力伺服刀架振动传递路径系统中的路径刚度会随着时间而逐渐退化，在该系统中主要表现为电机主轴产生的振动激励。电机主轴的振动可以看作振动传递路径系统的振源，因此可以将其看作基于线性累积损伤的退化模型中循环往复的外部激励。

实际工程中一般采用损伤指数 D 对模型刚度退化程度进行描述，并且当损伤指数 $D=0$ 时表示结构刚度还未发生退化，一般为结构初始阶段。损伤指数 $D=1$ 则表示刚度退化为零，结构发生断裂失效[88]。本书选定其中刚度累积损伤理论应用最多的 Miner 理论作为动力伺服刀架振动传递路径刚度退化的模型基础。构建其关于损伤指数的具体表达式为：

$$D=A\gamma_t^B N \tag{5.3}$$

由此可以得到动力伺服刀架振动传递路径基于线性累积损伤的刚度退化的幂指数模型为：

$$\frac{S}{C}=1-D \tag{5.4}$$

式中　S——剩余刚度；

C——材料初始的无损伤刚度；

A，B——与材料相关的常数；

γ_t——循环应变幅；

N——循环次数，在连续无间断振动过程中可表示为 Qt，Q 为激振频率。

整理可得任意时刻、任意激振频率下的刚度表达式为：

$$S=(1-A\gamma_t^B Qt)C \tag{5.5}$$

由上式可知当初始刚度和应变幅给定时，时变刚度为激振频率与时间的函数。

5.3　考虑刚度退化的振动传递路径系统模型建立

在得到的振动传递路径系统运动微分方程的基础上，将 Miner 理论引入其中，构造出刚度退化条件下该动力伺服刀架振动传递路径系统的运动微分方程。因此运动微分方程中的刚度不再是恒定不变的，而是随时间发生退化，这也更接近于实际。

通过整合简化，得到包含变刚度的具有直线与转动耦合运动的振动系统的运动微分方程为：

$$\boldsymbol{M}\ddot{\boldsymbol{x}}+\boldsymbol{K}(Q,t)\boldsymbol{x}=\boldsymbol{F}(t) \tag{5.6}$$

式中：

$$\boldsymbol{M}=\mathrm{diag}(m_s \quad I_s \quad m_{p1} \quad m_{p2} \quad m_{p3} \quad m_r \quad I_r)$$

$\boldsymbol{K}$（Q，t）

$$=\begin{bmatrix} \sum D_S k_{sn} & -\sum D_S k_{sn} y_{sn} & -D_S k_{sp1} & -D_S k_{sp2} & -D_S k_{sp3} & 0 & 0 \\ -\sum D_S k_{sn} y_{sn} & \sum D_S k_{sn} y_{sn}^2 & D_S k_{sp1} y_{sp1} & D_S k_{sp2} y_{sp2} & D_S k_{sp3} y_{sp3} & 0 & 0 \\ -D_S k_{sp1} & D_S k_{sp1} y_{sp1} & D_S (k_{sp1}+k_{r1}) & 0 & 0 & -D_S k_{rp1} & D_S k_{rp1} y_{rp1} \\ -D_S k_{sp2} & D_S k_{sp2} y_{sp2} & 0 & D_S (k_{sp2}+k_{rp2}) & 0 & -D_S k_{rp2} & D_S k_{rp2} y_{rp2} \\ -D_S k_{sp3} & D_S k_{sp3} y_{sp3} & 0 & 0 & D_S (k_{sp3}+k_{rp3}) & -D_S k_{rp3} & D_S k_{rp3} y_{rp3} \\ 0 & 0 & -D_S k_{rp1} & -D_S k_{rp2} & -D_S k_{rp3} & \sum D_S k_{rn} & -\sum D_S k_{rn} y_{rn} \\ 0 & 0 & D_S k_{rp1} y_{rp1} & D_S k_{rp2} y_{rp2} & D_S k_{rp3} y_{rp3} & -\sum D_S k_{rn} y_{rn} & \sum D_S k_{rn} y_{rn}^2 \end{bmatrix}$$

矩阵中 $D_S=1-A\gamma_t^B Qt$，$n=1,2,\mathrm{p1},\mathrm{p2},\mathrm{p3}$。

$$\boldsymbol{x}=[x_{s} \quad \theta_{s} \quad x_{p1} \quad x_{p2} \quad x_{p3} \quad x_{r} \quad \theta_{r}]^{T}$$

$$\boldsymbol{F}(t)=[F_{0}\sin(Qt) \quad M_{0}\sin(Qt) \quad 0 \quad 0 \quad 0 \quad 0 \quad 0]^{T}$$

相对应的，构造的随机向量中的刚度也随频率和时间开始变化，该振动系统中的所有参数可以表示为：

$$\boldsymbol{b}=(m_{p1} \quad m_{p2} \quad m_{p3} \quad D_{S}k_{sp1} \quad D_{S}k_{sp2} \quad D_{S}k_{sp3} \quad D_{S}k_{rp1} \quad D_{S}k_{rp2} \quad D_{S}k_{rp3} \quad y_{sp1} \quad y_{sp2} \quad y_{sp3} \quad y_{rp1} \quad y_{rp2} \quad y_{rp3})^{T}$$

此处已知随机向量内各元素的概率统计特性。根据上述内容，最后经过简化整理可以得到包含变刚度的具有随机参数的动力伺服刀架振动传递路径系统的运动微分方程为：

$$\boldsymbol{M}(\boldsymbol{b})\ddot{\boldsymbol{x}}(\boldsymbol{b},t)+\boldsymbol{K}(\boldsymbol{b},Q,t)\boldsymbol{x}(\boldsymbol{b},t)=\boldsymbol{F}(t) \tag{5.7}$$

5.4 随机有限元法求解系统传递可靠度

通常对于振动传递路径系统的可靠性问题的分析主要从两个方面出发：一方面是基于结构系统响应的可靠性研究，这类分析需要在系统的随机响应分析的基础上进行，把传递路径中的传递率、传递力等指标是否超过一定值作为标准；另一方面也可以把共振引起的结构失效作为标准，因为共振时动应力非常大，所以该情形比前者更加危险[89]。

5.4.1 随机结构特征值分析的随机有限元法

结合随机结构特征值分析的随机有限元法和可靠性的基本理论，以具有随机结构参数的振动传递路径系统的固有频率与激振频率差的绝对值不超过规定值的关系准则求解系统的传递可靠度。

由于 $\boldsymbol{b}_{s}(s=1,2,\cdots,m)$ 为随机向量，及质量、刚度位置参数均为随机变量，其中刚度还随时间和激振频率改变，所以该振动传递路径系统的特征值和特征向量同为随机变量，同时受时间和激振频率的影响。因而可以通过随机参数系统的特征值与结构固有频率的关系，对振动传递路径系统的特征方程进行泰勒（Taylor）级数展开，推导出固有频率对随机参数的一阶灵敏度，为之后的可靠度计算做好准备。对于该系统的随机特征值问题可以定义为：

$$\boldsymbol{K}\boldsymbol{u}_{i}=\omega^{2}\boldsymbol{M}\boldsymbol{u}_{i} \tag{5.8}$$

将上式在随机参数取均值 $\bar{\boldsymbol{b}}$ 处进行二阶泰勒展开，并比较 db 的相同次幂，展开到一阶后可得到以下递推方程：

$$\boldsymbol{K}(\bar{\boldsymbol{b}})\boldsymbol{u}_i(\bar{\boldsymbol{b}})=\omega_i^2(\bar{\boldsymbol{b}})\boldsymbol{M}(\bar{\boldsymbol{b}})\boldsymbol{u}_i(\bar{\boldsymbol{b}}) \tag{5.9}$$

$$\left[\frac{\partial \boldsymbol{K}}{\partial \boldsymbol{b}^{\mathrm{T}}}\bigg|_{b=\bar{b}}-\omega_i^2(\bar{\boldsymbol{b}})\frac{\partial \boldsymbol{M}}{\partial \boldsymbol{b}^{\mathrm{T}}}\bigg|_{b=\bar{b}}-\frac{\partial \omega_i^2}{\partial \boldsymbol{b}^{\mathrm{T}}}\Big|_{b=\bar{b}}\boldsymbol{M}(\bar{\boldsymbol{b}})\right]$$

$$\times\boldsymbol{u}_i(\bar{\boldsymbol{b}})+[\boldsymbol{K}(\bar{\boldsymbol{b}})-\omega_i^2(\bar{\boldsymbol{b}})\boldsymbol{M}(\bar{\boldsymbol{b}})]\frac{\partial \boldsymbol{u}_i}{\partial \boldsymbol{b}^{\mathrm{T}}}\bigg|_{b=\bar{b}}=0 \tag{5.10}$$

其中可以通过常规求解特征值的方法，求得式（5.9）在随机参数取均值 $\bar{\boldsymbol{b}}$ 时的以时间和激振频率为变量的固有频率 $\bar{\omega}_i$（Q，t）和特征向量 $\bar{\boldsymbol{u}}$（Q，t）的表达式，通过式（5.10）可以求出特征值的一阶灵敏度，进而得到结构固有频率对随机参数均值 $\bar{\boldsymbol{b}}$ 的一阶灵敏度。用 $\bar{\boldsymbol{u}}_i^T$ 左乘式（5.10），又由于 $\boldsymbol{K}$、$\boldsymbol{M}$ 为实对称矩阵，可推导得：

$$\frac{\partial \bar{\omega}_i^2}{\partial \boldsymbol{b}^{\mathrm{T}}}\bar{\boldsymbol{u}}_i^{\mathrm{T}}\bar{\boldsymbol{M}}\bar{\boldsymbol{u}}_i=\bar{\boldsymbol{u}}_i^{\mathrm{T}}\left(\frac{\partial \bar{\boldsymbol{K}}}{\partial \boldsymbol{b}^{\mathrm{T}}}-\bar{\omega}_i^2\frac{\partial \bar{\boldsymbol{M}}}{\partial \boldsymbol{b}^{\mathrm{T}}}\right)\bar{\boldsymbol{u}}_i \tag{5.11}$$

式中，带有“—”符号的变量均代表随机参数取均值时所对应的值，应用特征向量的正则化条件，即：

$$\boldsymbol{u}_i^{\mathrm{T}}\boldsymbol{M}\boldsymbol{u}_i=1 \tag{5.12}$$

由上式可得到正则化后新的特征向量，将式（5.12）代入式（5.11）经过化简后再进一步推导，代入式（5.9）求解得到固有频率和新的特征向量，就可以得到固有频率对随机参数均值 $\bar{\boldsymbol{b}}$ 处的一阶灵敏度为：

$$\frac{\partial \bar{\omega}_i}{\partial \boldsymbol{b}^{\mathrm{T}}}=\frac{1}{2\bar{\omega}_i(Q,t)}\times\left[\bar{\boldsymbol{u}}_i^{\mathrm{T}}(Q,t)\left(\frac{\partial \bar{\boldsymbol{K}}}{\partial \boldsymbol{b}^{\mathrm{T}}}-\bar{\omega}_i^2(Q,t)\frac{\partial \bar{\boldsymbol{M}}}{\partial \boldsymbol{b}^{\mathrm{T}}}\right)\bar{\boldsymbol{u}}_i(Q,t)\right] \tag{5.13}$$

式中，$\bar{\boldsymbol{u}}_i(Q,t)$为正则化后的特征向量，式（5.13）的矩阵形式为

$$\left[\frac{\partial \bar{\omega}_i}{\partial \boldsymbol{b}^{\mathrm{T}}}\right]=\begin{bmatrix}\frac{\partial \bar{\omega}_1}{\partial b_1} & \frac{\partial \bar{\omega}_1}{\partial b_2} & \cdots & \frac{\partial \bar{\omega}_1}{\partial b_m}\\ \frac{\partial \bar{\omega}_2}{\partial b_1} & \frac{\partial \bar{\omega}_2}{\partial b_2} & \cdots & \frac{\partial \bar{\omega}_2}{\partial b_m}\\ \cdots & \cdots & \cdots & \cdots\\ \frac{\partial \bar{\omega}_n}{\partial b_1} & \frac{\partial \bar{\omega}_n}{\partial b_2} & \cdots & \frac{\partial \bar{\omega}_n}{\partial b_m}\end{bmatrix}$$

矩阵中每个元素的表达式为：

$$\frac{\partial \bar{\omega}_i}{\partial b_s}=\frac{1}{2\bar{\omega}_i(Q,t)}\times\left[\bar{\boldsymbol{u}}_i^{\mathrm{T}}(Q,t)\left(\frac{\partial \bar{\boldsymbol{K}}}{\partial b_s}-\bar{\omega}_i^2(Q,t)\frac{\partial \bar{\boldsymbol{M}}}{\partial b_s}\right)\bar{\boldsymbol{u}}_i(Q,t)\right] \tag{5.14}$$

该随机系统固有频率的期望和方差可以根据二阶矩法[90] 求得，其表达式为：

$$E(\omega_i)=\overline{\omega}_i \tag{5.15}$$

$$\mathrm{Var}(\omega_i)=E[\omega_i-E(\omega_i)]^2=\left(\frac{\partial\overline{\omega}_i}{\partial \boldsymbol{b}^{\mathrm{T}}}\right)^{[2]}\mathrm{Var}(\boldsymbol{b}) \tag{5.16}$$

方差的矩阵形式可以表示为：

$$\mathrm{Var}(\omega_i)=\left[\frac{\partial\overline{\omega}_i}{\partial \boldsymbol{b}^{\mathrm{T}}}\right]\mathrm{Var}(\boldsymbol{b})\left[\frac{\partial\overline{\omega}_i}{\partial \boldsymbol{b}^{\mathrm{T}}}\right]^{\mathrm{T}}$$

$$=\left[\frac{\partial\overline{\omega}_i}{\partial \boldsymbol{b}^{\mathrm{T}}}\right]\begin{bmatrix}\mathrm{Var}(b_1) & 0 & \cdots & 0\\ 0 & \mathrm{Var}(b_2) & \cdots & 0\\ \cdots & \cdots & \cdots & \cdots\\ 0 & 0 & \cdots & \mathrm{Var}(b_m)\end{bmatrix}\left[\frac{\partial\overline{\omega}_i}{\partial \boldsymbol{b}^{\mathrm{T}}}\right]^{\mathrm{T}} \tag{5.17}$$

式中，Var（$\boldsymbol{b}$）是随机参数的方差矩阵，当各随机参数之间是相互独立的时候，两个随机参数之间的协方差为零。

5.4.2 系统可靠性分析

振动传递路径系统用来进行失效分析的状态函数可以依据可靠性中的干涉理论[91] 定义为：

$$g_{ij}(q_j,\omega_i)=|q_j-\omega_i|(i=1,2,\cdots,a;j=1,2,\cdots,b) \tag{5.18}$$

式中，q_j 为系统第 j 个激振频率；ω_i 为振动传递路径系统中第 i 阶固有频率。根据激振频率与固有频率的关系准则，可知该随机结构系统的两种状态为：

$$\begin{cases}g_{ij}(q_j,\omega_i)=|q_j-\omega_i|>\gamma \text{ 安全}\\ g_{ij}(q_j,\omega_i)=|q_j-\omega_i|\leqslant\gamma \text{ 失效}\end{cases} \tag{5.19}$$

式中，γ 是一段规定的可能发生共振的区间，在可靠性分析中，γ 常取固有频率均值的 5%～15%。

令 $g_{ij}=q_j-\omega_i$，则函数 g_{ij} 的均值和方差分别为：

$$\mu_{g_{ij}}=E(g_{ij})=\mu_{q_j}-\mu_{\omega_i} \tag{5.20}$$

$$\sigma_{g_{ij}}^2=\mathrm{Var}(g_{ij})=\sigma_{q_j}^2+\sigma_{\omega_i}^2 \tag{5.21}$$

为了避免对随机参数系统的可靠性分析过于复杂，通常可以认为系统的随机参数都是服从正态分布的。而当激振频率和固有频率相互独立地服从正态分布时，准失效概率就可以表示为：

$$P_{\mathrm{f}}^{ij}=\Phi\left(\frac{\gamma-\mu_{g_{ij}}}{\sigma_{g_{ij}}}\right)-\Phi\left(\frac{-\gamma-\mu_{g_{ij}}}{\sigma_{g_{ij}}}\right) \tag{5.22}$$

式中，$\Phi()$为标准正态分布函数。由式（5.21）可知，当任意一个激振频率与某阶固有频率接近时，整个系统就会处于共振状态。因此可知，在此状态函数下的可靠性分析系统应为串联系统，由此整个系统的准失效概率就可以表示为：

$$P_f = 1 - \prod_{i=1}^{a}\prod_{j=1}^{b}(1 - P_f^{ij}) \tag{5.23}$$

系统的传递可靠度为：

$$R = 1 - P_f = \prod_{i=1}^{a}\prod_{j=1}^{b}(1 - P_f^{ij}) \tag{5.24}$$

5.4.3 可靠度数值计算

设定动力伺服刀架振动传递路径的各设计参数如表 5.1 所示。

表 5.1 动力伺服刀架振动传递路径的各设计参数

参数符号	均值	方差	单位
m_s	0.7724	0.05	kg
m_r	1.0556	0.05	kg
m_{p1}	0.4	0.05	kg
m_{p2}	0.5	0.05	kg
m_{p3}	0.6	0.05	kg
k_{s1}	500	0.05	N/m
k_{s2}	500	0.05	N/m
k_{r1}	1000	0.05	N/m
k_{r2}	1000	0.05	N/m
k_{sp1}	800	0.05	N/m
k_{rp1}	800	0.05	N/m
k_{sp2}	600	0.05	N/m
k_{rp2}	600	0.05	N/m
k_{sp3}	400	0.05	N/m
k_{rp3}	400	0.05	N/m
y_{s1}	−0.1	0.005	m
y_{s2}	0.1	0.005	m
y_{r1}	−0.15	0.005	m
y_{r2}	0.15	0.005	m
y_{sp1}	−0.09	0.005	m
y_{sp2}	0.03	0.005	m
y_{sp3}	0.1	0.005	m
y_{rp1}	−0.1	0.005	m
y_{rp2}	0.02	0.005	m
y_{rp3}	0.09	0.005	m
I_s	2.5799×10^{-3}	0.05	$kg \cdot m^2$
I_r	7.8772×10^{-3}	0.05	$kg \cdot m^2$

为了便于可靠度的计算，传递路径中的刚度和质量以及外部激振频率都独立地服从正态分布，且方差系数均为 0.05。位置参数也独立地服从正态分布，方差系数为 0.005。其中：

$$A=9.06\times10^{-5}, \gamma_t=0.0015\text{m}, B=2.06, \gamma=0.05$$

利用 MATLAB 进行编程计算，根据式（5.24）计算得到该动力伺服刀架系统随时间和激振频率变化的可靠度，如图 5.4 所示。

按照常规求解特征值的方法，通过式（5.9）可以求得在随机参数取均值 $\bar{\boldsymbol{b}}$ 时的以时间和激振频率为变量的固有频率 ϖ_i，代入上述具体数值，就可以得到零时刻系统在随机参数均值处的各阶固有频率，见表 5.2。

表 5.2　零时刻系统在随机参数均值处的各阶固有频率值

各阶符号	ϖ_1	ϖ_2	ϖ_3	ϖ_4	ϖ_5	ϖ_6	ϖ_7
固有频率值	25.5760	36.1058	48.4086	59.8445	73.0287	86.2780	98.0629

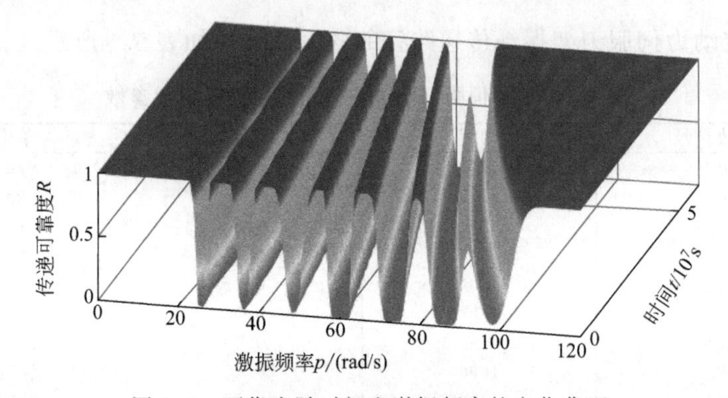

图 5.4　可靠度随时间和激振频率的变化曲面

从图 5.4 可以看出，在系统零时刻传递可靠度为零的激振频率值与求得的各阶固有频率相对应。在零时刻，当激振频率接近系统各阶固有频率时，传递可靠度逐渐下降为 0，系统此时会发生共振，将处于失效或者准失效状态中。当激振频率与各阶固有频率远离时，可靠度逐渐上升接近于 1。随着时间的增加，刚度退化导致系统各阶固有频率和固有频率的方差发生改变，因而使得共振区域发生偏移，如图 5.4 中波谷随时间增加逐渐聚拢，激振频率引起在频域方向的共振总体区间逐渐变小，通过这一分析结果可以有效地避开随时间变化的共振频率带。

5.5　蒙特卡洛法验证分析

为了验证随机有限元法所得结果的有效性和准确性，对该动力伺服刀架振动传递路径系统模型应用可靠性分析的数字模拟法，即可靠性分析的蒙特卡洛（Monte Carlo）法进行理论验证。通过采用蒙特卡洛试验方法进行抽样，结合可靠性的基本理论就可以获得传递可靠度随激振频率和时间变化的曲面图，通过与随机结构特征值分析的随机有限元法得到的可靠度曲面图进行对比，最终可以验证该理论的有效性和准确性。蒙特卡洛法的基本步骤如图 5.5 所示。

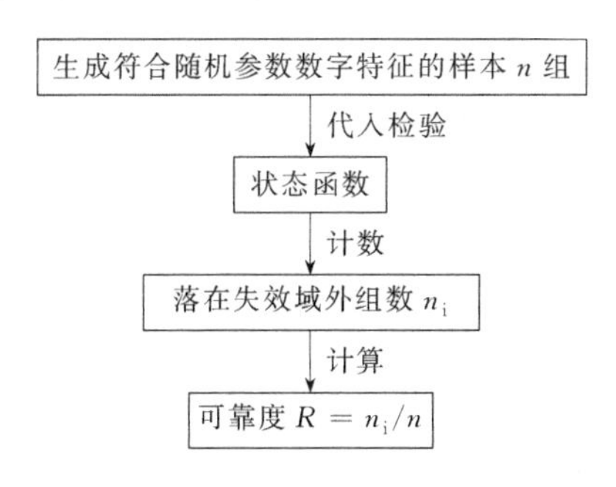

图 5.5　蒙特卡洛法基本步骤

5.5.1　蒙特卡洛法可靠度数值计算

采用蒙特卡洛试验方法需要大量的样本，首先设定在任一时刻和任一激振频率下的各随机参数的总样本数 $n=10000$，随机参数向量：

$$\boldsymbol{b}=(m_{\mathrm{p1}}\ m_{\mathrm{p2}}\ m_{\mathrm{p3}}\ D_{\mathrm{S}}k_{\mathrm{sp1}}\ D_{\mathrm{S}}k_{\mathrm{sp2}}\ D_{\mathrm{S}}k_{\mathrm{sp3}}\ D_{\mathrm{S}}k_{\mathrm{rp1}}\ D_{\mathrm{S}}k_{\mathrm{rp2}}\ D_{\mathrm{S}}k_{\mathrm{rp3}}\ y_{\mathrm{sp1}}\ y_{\mathrm{sp2}}\ y_{\mathrm{sp3}}\ y_{\mathrm{rp1}}\ y_{\mathrm{rp2}}\ y_{\mathrm{rp3}})^{\mathrm{T}}$$

根据此随机参数向量中的各个随机参数的数字特征随机产生 n 个样本点。将每个随机产生的样本点代入特征方程及式（5.9），采用常规方法求解特征方程的特征值，通过求解可以得到 10000 组特征值，也就可以得到 10000 组符合随机参数数字特征的随机系统固有频率值，将其代入状态函数中。

$$g_{ij}(q_j,\omega_i)=|q_j-\omega_i|\ (i=1,2,\cdots,a;j=1,2,\cdots,b)$$

其中统计落入失效域 $g_{ij}(q_j,\omega_i)=|q_j-\omega_i|\leqslant\gamma$ 范围内的样本点个数 n_{f}，求得 n_{f} 与 n 之比，即为该动力伺服刀架振动传递路径系统在该时刻和该激振频率下共振的失效概率，借助 MATLAB 软件编程，最终得到了动力伺服刀架振动传递路径系统的可靠度曲面图，如图 5.6 所示。

5.5.2　对比验证分析

采用随机结构特征值分析的随机有限元法求解得到的动力伺服刀架振动传递路径系统传递可靠度的准确性可以利用蒙特卡洛数字模拟的方法进行验证。Monte Carlo 法具有非常高的计算精度，因而被普遍认为是一种相

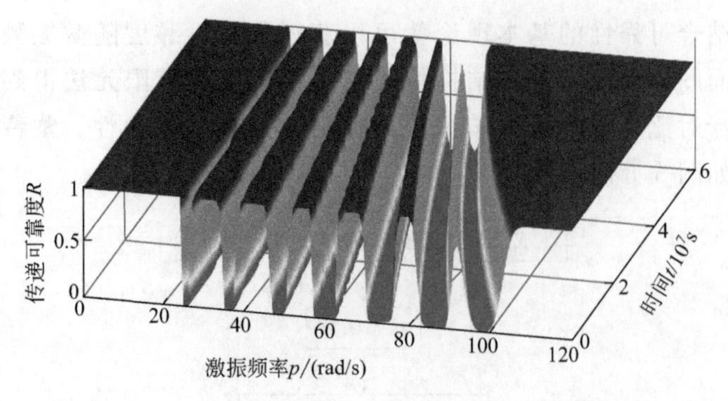

图 5.6 可靠度随时间和激振频率的变化曲面

对精确的方法，也因此可以更有效地校核其他近似分析方法的计算结果。图 5.7 为两种方法得到的系统传递可靠度随时间和频率变化的曲面图，可以更直观地验证结果的准确性。

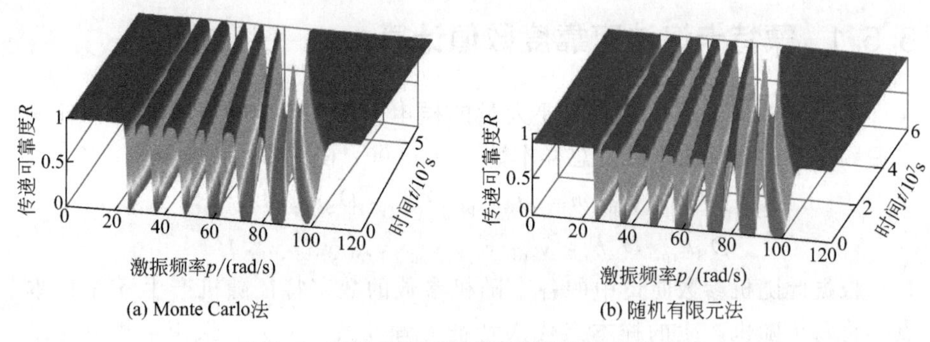

图 5.7 可靠度随时间和激振频率的变化曲面

通过对比由蒙特卡洛法得到的传递可靠度曲面与随机有限元法推导计算得到的可靠度曲面，可以发现两种方法所得的可靠度曲面几乎相同，因此可以认为随机结构特征值分析的随机有限元法具有一定的准确性，也进一步证明了该理论的有效性，因而可以确定该方法求得的在考虑刚度退化条件下，动力伺服刀架振动传递路径系统的传递可靠度可以在一定程度上真实反映系统传递可靠度随时间和激振频率的变化规律。可见该方法是解决刚度退化条件下共振失效的实用性方法。

5.6 本章小结

本章主要工作是求解动力伺服刀架振动传递路径系统的传递可靠度。

首先采用随机结构特征值分析的随机有限元法求解了系统的传递可靠度，然后为了对其准确性和有效性加以验证，运用蒙特卡洛数字模拟的方法求解了系统的传递可靠度，最后进行结果对比分析，并最终得以验证。具体工作分为以下几部分：

① 对可靠性的主要分析方法进行了简要介绍，并针对定量分析中的几种典型分析方法进行了相对细致的介绍说明。

② 采用随机结构特征值分析的随机有限元法求解动力伺服刀架振动传递系统的传递可靠度，对随机结构特征值的随机有限元法进行了详细的介绍，并应用可靠性的干涉理论推导出传递可靠度的数学表达式，最后代入具体数值运用 MATLAB 进行编程计算，得到了系统传递可靠度随时间和激振频率变化的曲面图。在此基础上，在时域方向和频域方向上对其进行了分析，最终明确了刚度退化对动力伺服刀架振动传递路径系统的传递可靠度的影响。

③ 为了验证随机有限元法求得的在考虑刚度退化条件下系统传递可靠度的准确性和有效性，采用蒙特卡洛数字模拟的方法求解系统的传递可靠度对上述结果进行对比验证，结果表明上述两种方法求得的系统传递可靠度曲面图基本相同，可以认为随机有限元法可以有效地求解刚度退化条件下的传递路径系统的传递可靠度，是解决刚度退化条件下共振失效的实用性方法。

第6章

刀架振动传递路径系统的稳健优化设计

6.1 可靠性灵敏度概述

如果说可靠性分析是研究不确定性从输入到输出的传递过程，那么灵敏度分析就是研究输出的不确定性如何分配到设计参数的问题，即分析研究输出不确定性的来源[92]。通过灵敏度分析可以获得设计参数对系统不确定性的贡献。各设计参数的重要性排序对于结构系统的分析十分重要，是减小输出不确定性的重要手段，在实际工程中可以有效地减少时间代价和经济成本，可以有效地提高结构系统的稳健性以及减小其失效概率。为了计算的简便，可以忽略不重要参数的不确定性以减少分析维度，也可以避免结构系统不确定性优化过程中的过参数问题。因此灵敏度分析与可靠性分析是相辅相成的，它受到各个学科研究人员越来越多的青睐。

灵敏度是一个比较广泛的概念，不同的领域有不同的理解。对系统进行可靠性分析之后，在此基础上进行灵敏度分析，可以以此判定各随机参数的变化对系统可靠性的影响次序。在数学中可理解为可导函数对某些自变量 b_i 的变化梯度，一阶灵敏度 S 可表示为：

$$S=\frac{\partial Y(\boldsymbol{b})}{\partial b_i} \tag{6.1}$$

或者也可以表示为：

$$S=\frac{\Delta Y(\boldsymbol{b})}{\Delta b_i} \tag{6.2}$$

其中，式(6.1) 为连续系统的一阶微分灵敏度，式(6.2) 可以表示为离散系统一阶差分灵敏度。通过上式可以知道，灵敏度反映了各个设计参数对系统各种性能的影响程度。

在结构系统中，灵敏度分析是研究结构的各个性能函数 f_i 对设计参数 b_j 变化的敏感度，可以表示为：

$$S=\frac{\partial f_i}{\partial b_j} \tag{6.3}$$

综上所述，可靠性灵敏度分析就是研究一个系统的可靠度对系统各设计参数的敏感度。将可靠度对各随机参数的偏导数定义为可靠性灵敏度。通过可靠性灵敏度分析可以定量地明确各设计参数对系统可靠度的影响次序，为后期的稳健优化提供更多的参考。

对随机结构系统的可靠性灵敏度分析，是建立在可靠性分析的基础上进行的。可靠性灵敏度定义为可靠度对各个随机参数的偏导数，数值大小则代表了随机参数的微小变化对结构系统可靠度的影响程度，也可以理解为系统对各随机参数的敏感度。采用可靠性灵敏度设计，可以确定设计参数中对结构系统可靠度影响比较大的一些参数，之后通过再分析、设计对其进行优化，就可以在一定程度上使产品对随机不确定因素的改变变得不再敏感；而对于那些对系统可靠度影响不大的参数，优化设计时可以被看作是常量，就降低了计算维度，优化设计目标的同时也大大提高工作效率。

结构系统的灵敏度数值会随着设计参数的微小变化而改变，灵敏度的数值增大会使得系统变得更为敏感；当其数值降低时，说明结构系统受该参数变化的影响变小，即更稳定。与此同时，灵敏度数值的正负也对结构系统的可靠性有着完全相反的影响。当其数值为正时，表明结构系统的稳定性正比于该参数值，即参数值增加可以使得可靠性增大；相反的，数值减小会使得结构系统可靠性降低。因此，对于动力伺服刀架的可靠性灵敏度分析变得尤为重要。

6.2 可靠性灵敏度分析常用方法

通常将灵敏度的分析方法归为两种类型，即局部灵敏度和全局灵敏度。另外在某些文献中，全局灵敏度分析[93] 也被叫作重要性测度分析。重要性测度的有关研究开始出现是在 20 世纪 60 年代，当时的学者们依据不同的判别规则提出了多种测度方法。重要性测度通常也被简称为重要度。在结构系统可靠性的范畴内，重要度评估一般可以分为两类，它们分别是单元重要性测度评估和变量重要性测度评估。本书研究的是输入随机参数的变量重要性测度，所以是在不确定分析的前提下进行的。

依据目前全局灵敏度分析研究的发展情况，一般可将其计算方法分为三类：

① 非参数方法；

② 基于方差的方法（最常用蒙特卡洛数字模拟法）；

③ 矩独立方法。

而结构系统的可靠性灵敏度分析可以归为全局灵敏度分析的范畴，因此可靠性灵敏度的分析方法也是在此基础上建立的。通过多年的研究发展，可靠性灵敏度分析方法已经逐渐成熟，在此基础上衍生了更适用于可靠性灵敏度分析领域的研究方法，对于结构系统的可靠性灵敏度分析提供了坚实的基础。

基于二阶矩技术的方法以及基于 Monte Carlo 数值模拟方法的灵敏度研究是目前可靠性灵敏度分析的主要方法。

6.2.1 基于二阶矩技术的可靠性灵敏度分析

通常将可靠度 R 对各随机参数的偏导数定义为可靠性灵敏度，因此，当各随机参数都服从正态分布时，利用复合函数求导的相关法则，然后通过可靠度 R 与可靠性指标 β 之间的函数关系，可靠性指标 β 与状态函数 G_{ij} 之间的函数关系，以及状态函数 G_{ij} 与各随机参数 $\boldsymbol{b}=(b_1, b_2, \cdots, b_s)^{\mathrm{T}}$ 之间的函数关系，就可以进一步推导出可靠度对随机参数向量均值 $\bar{\boldsymbol{b}}$ 与方差 $\mathrm{Var}(\boldsymbol{b})$ 的灵敏度的数学表达式。

当状态函数 $G(\boldsymbol{b})$ 的均值与方差分别为 μ_G 和 σ_G 时，结构系统的传递可靠度对随机参数的均值 $\bar{b}$ 的可靠性灵敏度通过上述方法进行推导后，就可以得到具体的数学表达式为：

$$\frac{\mathrm{D}R}{\mathrm{D}\bar{\boldsymbol{b}}^{\mathrm{T}}}=\frac{\partial R}{\partial \beta}\left(\frac{\partial \beta}{\partial \mu_G}\times\frac{\partial \mu_G}{\partial \bar{\boldsymbol{b}}^{\mathrm{T}}}+\frac{\partial \beta}{\partial \sigma_G}\times\frac{\partial \sigma_G}{\partial \bar{\boldsymbol{b}}^{\mathrm{T}}}\right) \tag{6.4}$$

经过推导后，得到的系统传递可靠度对随机参数方差 $\mathrm{Var}(\boldsymbol{b})$ 的可靠性灵敏度如以下数学表达式[94] 所示：

$$\frac{\mathrm{D}R}{\mathrm{DVar}(\boldsymbol{b})}=\frac{\partial R}{\partial \beta}\left(\frac{\partial \beta}{\partial \mu_G}\times\frac{\partial \mu_G}{\partial \mathrm{Var}(\boldsymbol{b})}+\frac{\partial \beta}{\partial \sigma_G}\times\frac{\partial \sigma_G}{\partial \mathrm{Var}(\boldsymbol{b})}\right) \tag{6.5}$$

式中

$$\frac{\partial R}{\partial \beta}=\varphi(\beta)=\frac{1}{\sqrt{2\pi}}\mathrm{e}^{-\frac{\beta^2}{2}} \tag{6.6}$$

$$\frac{\partial \beta}{\partial \mu_G}=\frac{1}{\sigma_G} \tag{6.7}$$

$$\frac{\partial \mu_G}{\partial \bar{\boldsymbol{b}}^{\mathrm{T}}}=\left[\frac{\partial \mu_G}{\partial b_1}\frac{\partial \mu_G}{\partial b_2}\cdots\frac{\partial \mu_G}{\partial b_s}\right]^{\mathrm{T}} \tag{6.8}$$

$$\frac{\partial \beta}{\partial \sigma_G}=-\frac{\mu_G}{\sigma_G^2} \tag{6.9}$$

$$\frac{\partial \mu_G}{\partial \mathrm{Var}(\boldsymbol{b})}=0 \tag{6.10}$$

$$\frac{\partial \sigma_G}{\partial \mathrm{Var}(\boldsymbol{b})}=\frac{1}{2\sigma_G}\left[\frac{\partial \mu_G}{\partial \boldsymbol{b}^{\mathrm{T}}}\right]^{[2]} \tag{6.11}$$

$$\begin{aligned}\frac{\partial \sigma_G}{\partial \bar{\boldsymbol{b}}^{\mathrm{T}}}&=\frac{1}{2\sigma_G}\times\frac{\partial\left(\left[\frac{\partial \mu_G}{\partial \boldsymbol{b}^{\mathrm{T}}}\right]^{[2]}\mathrm{Var}(\boldsymbol{b})\right)}{\partial \bar{\boldsymbol{b}}^{\mathrm{T}}}\\&=\frac{1}{2\sigma_G}\left[\frac{\partial^2 \mu_G}{\partial(\bar{\boldsymbol{b}}^{\mathrm{T}})^2}\otimes\frac{\partial \mu_G}{\partial \bar{\boldsymbol{b}}^{\mathrm{T}}}+\left(\frac{\partial^2 \mu_G}{\partial(\bar{\boldsymbol{b}}^{\mathrm{T}})^2}\otimes\frac{\partial \mu_G}{\partial \bar{\boldsymbol{b}}^{\mathrm{T}}}\right)(\boldsymbol{I}_m\otimes\boldsymbol{U}_{m\times m})\right](\boldsymbol{I}_m\otimes\mathrm{Var}(\boldsymbol{b}))\end{aligned} \tag{6.12}$$

式(6.12)中，$\boldsymbol{I}_m$ 为 $m\times m$ 维单位矩阵，$\boldsymbol{U}_{m\times m}$ 为 $m^2\times m^2$ 维单位矩阵。

根据可靠性灵敏度的定义，经过进一步的推导，可以得到动力伺服刀架振动传递路径系统的传递可靠度 R 对随机参数 $\boldsymbol{b}=(b_1,\ b_2,\ \cdots,\ b_s)^{\mathrm{T}}$ 均值的可靠性灵敏度数学表达式为

$$\begin{aligned}\frac{\mathrm{D}R}{\mathrm{D}\bar{\boldsymbol{b}}^{\mathrm{T}}}=&\sum_{v=1}^{a}\sum_{w=1}^{b}\left(\prod_{i=1}^{a}\prod_{j=1}^{b}\frac{1-P_{\mathrm{f}}^{ij}}{1-P_{\mathrm{f}}^{vw}}\right)\times\left[-\frac{\partial P_{\mathrm{f}}^{vw}}{\partial\beta_1^{vw}}\left(\frac{\partial\beta_1^{vw}}{\partial\mu_{G_{vw}}}\left(\frac{\partial\mu_{G_{vw}}}{\partial\mu_{\omega_v}}\times\frac{\partial\mu_{\omega_v}}{\partial\bar{\boldsymbol{b}}^{\mathrm{T}}}+\frac{\partial\mu_{G_{vw}}}{\partial\mu_{p_w}}\right.\right.\right.\\&\left.\times\frac{\partial\mu_{p_w}}{\partial\bar{\boldsymbol{b}}^{\mathrm{T}}}\right)+\frac{\partial\beta_1^{vw}}{\partial\gamma}\times\left(\frac{\partial\gamma}{\partial\mu_{\omega_v}}\times\frac{\partial\mu_{\omega_v}}{\partial\bar{\boldsymbol{b}}^{\mathrm{T}}}+\frac{\partial\gamma}{\partial\mu_{p_w}}\times\frac{\partial\mu_{p_w}}{\partial\bar{\boldsymbol{b}}^{\mathrm{T}}}\right)+\frac{\partial\beta_1^{vw}}{\partial\sigma_{G_{vw}}}\left(\frac{\partial\sigma_{G_{vw}}}{\partial\sigma_{\omega_v}}\times\frac{\partial\sigma_{\omega_v}}{\partial\bar{\boldsymbol{b}}^{\mathrm{T}}}+\frac{\partial\sigma_{G_{vw}}}{\partial\sigma_{p_w}}\right.\\&\left.\left.\times\frac{\partial\sigma_{p_w}}{\partial\bar{\boldsymbol{b}}^{\mathrm{T}}}\right)\right)-\frac{\partial P_{\mathrm{f}}^{vw}}{\partial\beta_2^{vw}}\left(\frac{\partial\beta_2^{vw}}{\partial\mu_{G_{vw}}}\times\left(\frac{\partial\mu_{G_{vw}}}{\partial\mu_{\omega_v}}\times\frac{\partial\mu_{\omega_v}}{\partial\bar{\boldsymbol{b}}^{\mathrm{T}}}+\frac{\partial\mu_{G_{vw}}}{\partial\mu_{p_w}}\times\frac{\partial\mu_{p_w}}{\partial\bar{\boldsymbol{b}}^{\mathrm{T}}}\right)+\frac{\partial\beta_2^{vw}}{\partial\gamma}\right.\\&\left.\left.\left(\frac{\partial\gamma}{\partial\mu_{\omega_v}}\times\frac{\partial\mu_{\omega_v}}{\partial\bar{\boldsymbol{b}}^{\mathrm{T}}}+\frac{\partial\gamma}{\partial\mu_{p_w}}\times\frac{\partial\mu_{p_w}}{\partial\bar{\boldsymbol{b}}^{\mathrm{T}}}\right)+\frac{\partial\beta_2^{vw}}{\partial\sigma_{G_{vw}}}\left(\frac{\partial\sigma_{G_{vw}}}{\partial\sigma_{\omega_v}}\times\frac{\partial\sigma_{\omega_v}}{\partial\bar{\boldsymbol{b}}^{\mathrm{T}}}+\frac{\partial\sigma_{G_{vw}}}{\partial\sigma_{p_w}}\times\frac{\partial\sigma_{p_w}}{\partial\bar{\boldsymbol{b}}^{\mathrm{T}}}\right)\right)\right]\end{aligned} \tag{6.13}$$

式中

$$\frac{\partial P_{\mathrm{f}}^{vw}}{\partial \beta_1^{vw}}=\varphi(\beta_1^{vw})=\frac{1}{\sqrt{2\pi}}\mathrm{e}^{-\frac{(\beta_1^{vw})^2}{2}} \tag{6.14}$$

$$\frac{\partial P_{\mathrm{f}}^{vw}}{\partial \beta_2^{vw}}=-\varphi(\beta_2^{vw})=-\frac{1}{\sqrt{2\pi}}\mathrm{e}^{-\frac{(\beta_2^{vw})^2}{2}} \tag{6.15}$$

$$\beta_1^{vw}=\frac{\mathrm{E}(\gamma-G_{vw})}{\sqrt{\mathrm{Var}(\gamma-G_{vw})}}=\frac{\mathrm{E}(\gamma-G_{vw})}{\sigma_{G_{vw}}} \tag{6.16}$$

$$\beta_2^{vw}=\frac{\mathrm{E}(-\gamma-G_{vw})}{\sqrt{\mathrm{Var}(-\gamma-G_{vw})}}=\frac{\mathrm{E}(-\gamma-G_{vw})}{\sigma_{G_{vw}}} \tag{6.17}$$

$$\frac{\partial \beta_1^{vw}}{\partial \mu_{G_{vw}}}=\frac{\partial \beta_2^{vw}}{\partial \mu_{G_{vw}}}=\frac{-1}{\sigma_{G_{vw}}} \tag{6.18}$$

$$\frac{\partial \beta_1^{vw}}{\partial \sigma_{G_{vw}}}=-\frac{\gamma-\mu_{G_{vw}}}{\sigma_{G_{vw}}^2} \tag{6.19}$$

$$\frac{\partial \beta_2^{vw}}{\partial \sigma_{G_{vw}}}=-\frac{-\gamma-\mu_{G_{vw}}}{\sigma^2{}_{G_{vw}}} \tag{6.20}$$

$$\frac{\partial \beta_1^{vw}}{\partial \gamma}=\frac{1}{\sigma_{G_{vw}}} \tag{6.21}$$

$$\frac{\partial \mu_{G_{vw}}}{\partial \mu_{\omega_v}}=-1 \tag{6.22}$$

$$\frac{\partial \mu_{G_{vw}}}{\partial \mu_{p_w}}=1 \tag{6.23}$$

$$\frac{\partial \sigma_{G_{vw}}}{\partial \sigma_{\omega_v}}=\frac{\sigma_{\omega_v}}{\sqrt{\sigma_{\omega_v}+\sigma_{p_w}}} \tag{6.24}$$

$$\frac{\partial \sigma_{G_{vw}}}{\partial \sigma_{p_w}}=\frac{\sigma_{p_w}}{\sqrt{\sigma_{\omega_v}+\sigma_{p_w}}} \tag{6.25}$$

$$\frac{\partial \beta_2^{vw}}{\partial \gamma}=-\frac{1}{\sigma_{G_{vw}}} \tag{6.26}$$

$$\frac{\partial \gamma}{\partial \boldsymbol{u}_{\omega_v}}=0.05\sim0.15 \tag{6.27}$$

$$\frac{\partial \gamma}{\partial \boldsymbol{u}_{p_w}}=0 \tag{6.28}$$

$$\frac{\partial \sigma_{p_w}}{\partial \bar{\boldsymbol{b}}^{\mathrm{T}}}=\frac{\partial \mu_{p_w}}{\partial \bar{\boldsymbol{b}}^{\mathrm{T}}}=0 \tag{6.29}$$

$$\frac{\partial \mu_{\omega_v}}{\partial \bar{\boldsymbol{b}}^{\mathrm{T}}}=\left[\frac{\partial \bar{\omega}_v}{\partial b_1}\frac{\partial \bar{\omega}_v}{\partial b_2}\cdots\frac{\partial \bar{\omega}_v}{\partial b_m}\right]^{\mathrm{T}} \tag{6.30}$$

$$\frac{\partial \sigma_{\omega_v}}{\partial \bar{\boldsymbol{b}}^{\mathrm{T}}}=\frac{1}{2\sigma_{G_{vw}}}\left[\frac{\partial^2 \mu_{\omega_v}}{\partial(\bar{\boldsymbol{b}}^{\mathrm{T}})^2}\otimes\frac{\partial \mu_{\omega_v}}{\partial \bar{\boldsymbol{b}}^{\mathrm{T}}}+\left(\frac{\partial^2 \mu_{\omega_v}}{\partial(\bar{\boldsymbol{b}}^{\mathrm{T}})^2}\otimes\frac{\partial \mu_{\omega_v}}{\partial \bar{\boldsymbol{b}}^{\mathrm{T}}}\right)(\boldsymbol{I}_m\otimes\boldsymbol{U}_{m\times m})\right](\boldsymbol{I}_m\otimes\mathrm{Var}(\bar{\boldsymbol{b}})) \tag{6.31}$$

将已知条件和式(6.14)～式(6.31)以及求得的可靠度结果代入式(6.13)中，就可以获得基于二阶矩技术的随时间和频率变化的传递可靠度对随机参数均值的可靠性灵敏度$\frac{\mathrm{D}R}{\mathrm{D}\bar{\boldsymbol{b}}^{\mathrm{T}}}$的数值矩阵解。

动力伺服刀架振动传递路径系统的传递可靠度R对随机参数$\boldsymbol{b}=(b_1,b_2,\cdots,b_s)^{\mathrm{T}}$方差的可靠性灵敏度数学表达式为：

$$\frac{\mathrm{D}R}{\mathrm{D}\mathrm{Var}(\boldsymbol{b})}=\sum_{v=1}^{a}\sum_{w=1}^{b}\left(\prod_{i=1}^{a}\prod_{j=1}^{b}\frac{1-P_{\mathrm{f}}^{ij}}{1-P_{\mathrm{f}}^{vw}}\right)\times\left[-\frac{\partial P_{\mathrm{f}}^{vw}}{\partial \beta_1^{vw}}\times\frac{\partial \beta_1^{vw}}{\partial \sigma_{G_{vw}}}\left(\frac{\partial \sigma_{G_{vw}}}{\partial \sigma_{\omega_v}}\times\frac{\partial \mu_{\omega_v}}{\partial \mathrm{Var}(\boldsymbol{b})}+\frac{\partial \sigma_{G_{vw}}}{\partial \sigma_{p_w}}\times\frac{\partial \sigma_{p_w}}{\partial \mathrm{Var}(\boldsymbol{b})}\right)-\frac{\partial P_{\mathrm{f}}^{vw}}{\partial \beta_2^{vw}}\times\frac{\partial \beta_2^{vw}}{\partial \sigma_{G_{vw}}}\left(\frac{\partial \sigma_{G_{vw}}}{\partial \sigma_{\omega_v}}\times\frac{\partial \sigma_{\omega_v}}{\partial \mathrm{Var}(\boldsymbol{b})}+\frac{\partial \sigma_{G_{vw}}}{\partial \sigma_{p_w}}\times\frac{\partial \sigma_{p_w}}{\partial \mathrm{Var}(\boldsymbol{b})}\right)\right] \tag{6.32}$$

式中

$$\frac{\partial \sigma_{p_w}}{\partial \mathrm{Var}(\boldsymbol{b})}=0 \tag{6.33}$$

$$\frac{\partial \sigma_{\omega_v}}{\partial \mathrm{Var}(\boldsymbol{b})}=\frac{1}{2\sigma_{\omega_v}}\left[\frac{\partial \mu_{\omega_v}}{\partial \boldsymbol{b}^{\mathrm{T}}}\right]^{[2]} \tag{6.34}$$

将已知条件和式(6.14)～式(6.20)、式(6.24)、式(6.25)、式(6.33)、式(6.34)以及之前求得的动力伺服刀架振动传递路径系统的传递可靠度结果代入式(6.32)中，就可以获得基于二阶矩技术的随时间和频率变化的传递可靠度对随机参数方差的可靠性灵敏度$\frac{\mathrm{D}R}{\mathrm{D}\mathrm{Var}(\boldsymbol{b})}$的数值矩阵解。

6.2.2 基于Monte Carlo法的可靠性灵敏度分析

基于Monte Carlo法的可靠性灵敏度分析作为一种常用的灵敏度分析方法同样是在可靠度分析的基础上进行的，其具体过程如下。

假设结构系统的状态函数是$G(\boldsymbol{b})$，根据对随机参数的联合概率密度函

数进行积分的方式可以推导出计算可靠度的一般表达式

$$R=P\left[G(\boldsymbol{b})\geqslant 0\right]=\int_{G(\boldsymbol{b})\geqslant 0} f(\boldsymbol{b})\mathrm{d}b \tag{6.35}$$

式中，$f(\boldsymbol{b})$为随机参数$b_s(s=1,2,\cdots,m)$的联合概率密度函数。

根据可靠性灵敏度的定义，求解可靠度对随机参数均值的偏导数，推导出可靠度对随机参数均值灵敏度的一般表达式：

$$\frac{\mathrm{d}R}{\mathrm{d}\bar{b}_i}=\frac{\mathrm{d}\left[\int_{G(\boldsymbol{b})\geqslant 0} f(\boldsymbol{b})\mathrm{d}b\right]}{\mathrm{d}\bar{b}_i} \tag{6.36}$$

因为$f(\boldsymbol{b})$是关于随机参数向量的函数，通过进一步整理式(6.36)，可以得到如下等式：

$$\frac{\mathrm{d}R}{\mathrm{d}\bar{b}_i}=\frac{\mathrm{d}\left[\int_{G(\boldsymbol{b})\geqslant 0} f(\boldsymbol{b})\mathrm{d}b\right]}{\mathrm{d}\bar{b}_i}=\int_{G(\boldsymbol{b})\geqslant 0} f(\boldsymbol{b})\frac{\mathrm{d}\left[\ln f_i(b_i)\right]}{\mathrm{d}\bar{b}_i}\mathrm{d}b \tag{6.37}$$

式中　$f_i(b_i)$——第i个随机参数的边缘概率密度函数；

$\bar{b}_i$——第i个随机参数的均值。

同理，可以以此推导出可靠度对随机参数方差的灵敏度的数学表达式，其具体数学表达式如下所示：

$$\frac{\mathrm{d}R}{\mathrm{d}\sigma_i}=\frac{\mathrm{d}\left[\int_{G(\boldsymbol{b})\geqslant 0} f(\boldsymbol{b})\mathrm{d}b\right]}{\mathrm{d}\sigma_i}=\int_{G(\boldsymbol{b})\geqslant 0} f(\boldsymbol{b})\frac{\mathrm{d}\left[\ln f_i(b_i)\right]}{\mathrm{d}\sigma_i}\mathrm{d}b \tag{6.38}$$

式中，σ_i为第i个随机参数的方差。

为了便于统计落入失效域内的样本点数量，定义如下函数

$$I(\boldsymbol{b})=\begin{cases}0, G(\boldsymbol{b})<0\\1, G(\boldsymbol{b})\geqslant 0\end{cases} \tag{6.39}$$

利用计算机生成n组随机参数向量，并将其依次代入状态函数中，以式(6.39)进行计数，依据对结构系统的失效定义，可以通过式(6.39)的均值替代系统的可靠度估计量，即

$$\hat{R}=\mathrm{E}\left[I(\boldsymbol{b})\right]=\frac{1}{N}\sum_k I(b^k) \tag{6.40}$$

式中　N——样本总数；

b^k——第k组样本。

根据可靠性灵敏度定义，可以进一步推导出可靠度对随机参数均值和

方差偏导估计量的一般表达式为：

$$\frac{\mathrm{d}\hat{R}}{\mathrm{d}\bar{b}_i}=\mathrm{E}\left\{I(\boldsymbol{b})\frac{\mathrm{d}[\ln f_i(b_i)]}{\mathrm{d}\bar{b}_i}\right\} \tag{6.41}$$

$$\frac{\mathrm{d}\hat{R}}{\mathrm{d}\sigma_i}=\mathrm{E}\left\{I(\boldsymbol{b})\frac{\mathrm{d}[\ln f_i(b_i)]}{\mathrm{d}\sigma_i}\right\} \tag{6.42}$$

如果随机参数均服从正态分布，则有以下等式成立：

$$f(\boldsymbol{b})=\frac{1}{\sqrt{2\pi}}\exp\left[-\frac{(\boldsymbol{b}-\bar{\boldsymbol{b}})}{2\sigma^2}\right] \tag{6.43}$$

$$\frac{\mathrm{d}\ln[f(\boldsymbol{b})]}{\mathrm{d}\bar{\boldsymbol{b}}}=\frac{\boldsymbol{b}-\bar{\boldsymbol{b}}}{\sigma^2} \tag{6.44}$$

$$\frac{\mathrm{d}\ln[f(\boldsymbol{b})]}{\mathrm{d}\sigma}=\frac{(\boldsymbol{b}-\bar{\boldsymbol{b}})^2-\sigma^2}{\sigma^3} \tag{6.45}$$

将式(6.44) 代入式(6.41)，式(6.45) 代入式(6.42)，最终就可以得到如下两个灵敏度表达式：

$$\frac{\mathrm{d}\hat{R}}{\mathrm{d}\bar{b}_i}=\mathrm{E}\left\{I(\boldsymbol{b})\frac{b_i-\bar{b}_i}{\sigma_i^2}\right\} \tag{6.46}$$

$$\frac{\mathrm{d}\hat{R}}{\mathrm{d}\sigma_i}=\mathrm{E}\left\{I(\boldsymbol{b})\frac{(b_i-\bar{b}_i)^2-\sigma_i^2}{\sigma_i^3}\right\} \tag{6.47}$$

6.3 系统可靠性灵敏度分析

本节采用基于二阶矩技术的可靠性灵敏度计算方法求解可靠度对各随机参数均值的灵敏度。因为灵敏度是由系统传递可靠度对各随机参数进行求偏导得到的，因此进行可靠度的相关验证就可以有效反映灵敏度的准确性。为了避免复杂的验证过程，本节只对传递可靠度进行了数字模拟，对可靠性灵敏度将不再进行蒙特卡洛数字模拟验证。

由式(6.13) 可以得到该动力伺服刀架系统的传递可靠度对路径中各随机参数包括变刚度等均值的可靠性灵敏度，将各随机参数的均值和数字特征代入式(6.13) 中，采用 MATLAB 进行编程计算，可以得到其可靠性灵敏度随时间和频率变化的曲面图，如图 6.1 所示。

从图 6.1 可以看到可靠度对不同路径质量均值的灵敏度数值的量级相同，灵敏度随频率变化波动的同时在时域方向上也会发生波动，这与结构

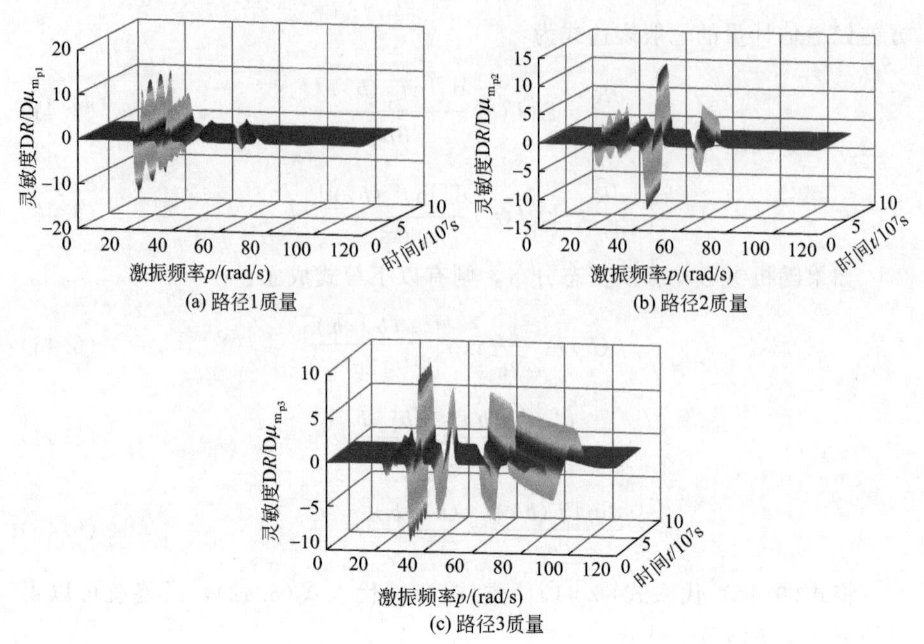

图 6.1　可靠度对路径质量均值的灵敏度变化曲面

系统性能随时间变化有关。从图中可以看出随着激振频率的变化，可靠度对质量均值的灵敏度也发生变化，这就说明外界激振频率对系统的灵敏度有较大的影响，激振频率的不同，直接导致了系统可靠度对随机参数均值的灵敏度的改变，所以激振频率的控制尤为重要。并且三条路径灵敏度变化各不相同，其中系统传递可靠度对第三条路径质量均值的灵敏度波动最不稳定，峰值最大的是第一条路径。

从可靠度对三条路径不同的刚度均值的灵敏度变化曲面图 6.2 可以看出，可靠度对各刚度均值灵敏度的数值量级相同，这是因为各刚度的均值相近。其量级相对于可靠度对各路径质量灵敏度的量级来说明显较小，这是各刚度均值远大于各质量均值引起的。这就意味着当质量与刚度变化相同的数值时，系统的传递可靠度对质量的改变更加敏感，所以质量的变动对动力伺服刀架振动传递路径系统的影响要大于刚度变动对其影响。因此后期的稳健优化设计更应当重视对振动传递路径系统中各路径质量参数的优化。

从图 6.3 可以很明显看出，系统传递可靠度对于位置参数均值的灵敏度数值要大于其对质量参数均值的灵敏度，更是远远大于其对路径刚度参数均值的灵敏度，这就表明动力伺服刀架振动传递路径系统对于路径中的位置参数最为敏感，位置参数的改变最能影响结构系统的性能。

从图 6.4 中可以看出对位置参数最敏感的是第一条振动传递路径，其灵

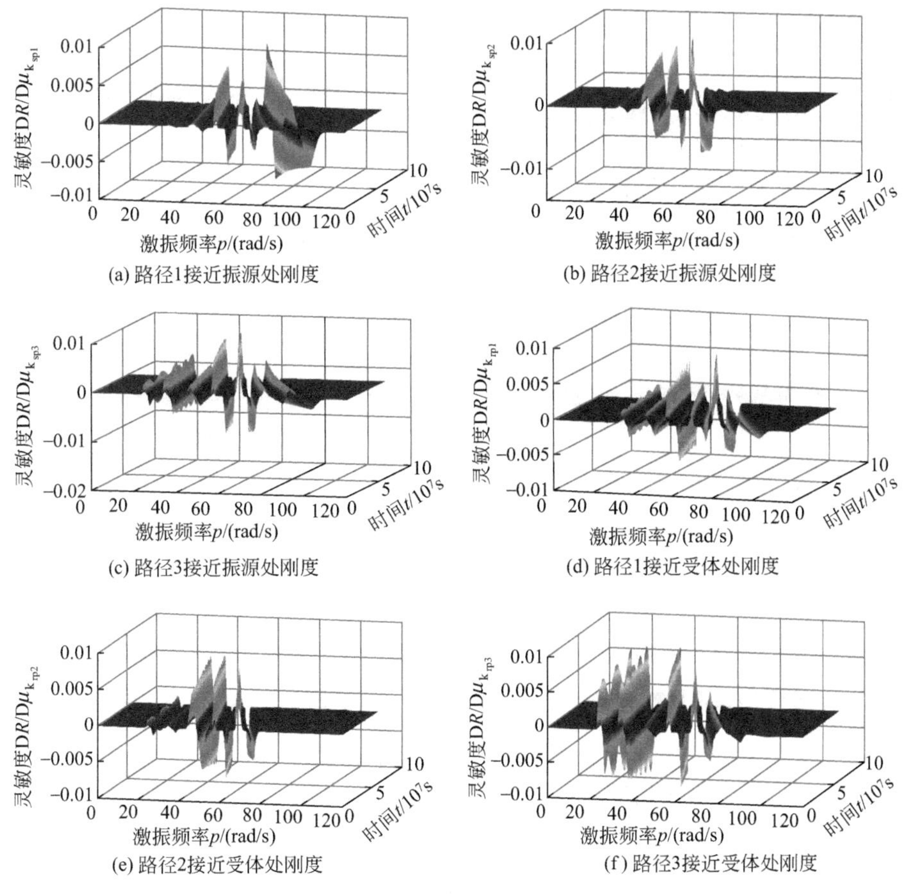

图 6.2　可靠度对路径刚度均值的灵敏度变化曲面

敏度峰值要大于其余两条路径的灵敏度峰值，因为传递路径系统对几种路径参数中最敏感的就是位置参数，而对位置参数最敏感的是第一条传递路径。这就很明了地找到了最能影响系统可靠性的关键，为结构的动力修改提供了很好的理论方法。

由图 6.5 可以看出由于刚度退化的影响，系统传递可靠度对各路径随机参数均值的灵敏度峰值都随着时间发生波动，这一现象是由于在时域内伴随着刚度退化，系统性能受到变刚度的影响，进而使得系统的灵敏度在时域内发生改变。且随着激振频率增加，灵敏度随时间波动的频率也随之增加，其波动形式以及波动频率的改变都受到可靠性模型的影响，可靠性模型中引入了累积损伤理论，当结构材料和应变幅一定时，刚度的退化受到时间和激振频率的影响，因此随着时间的增加，刚度退化导致系统性能发生改变，进而使得灵敏度发生波动。而且随着激振频率的增加，刚度退化

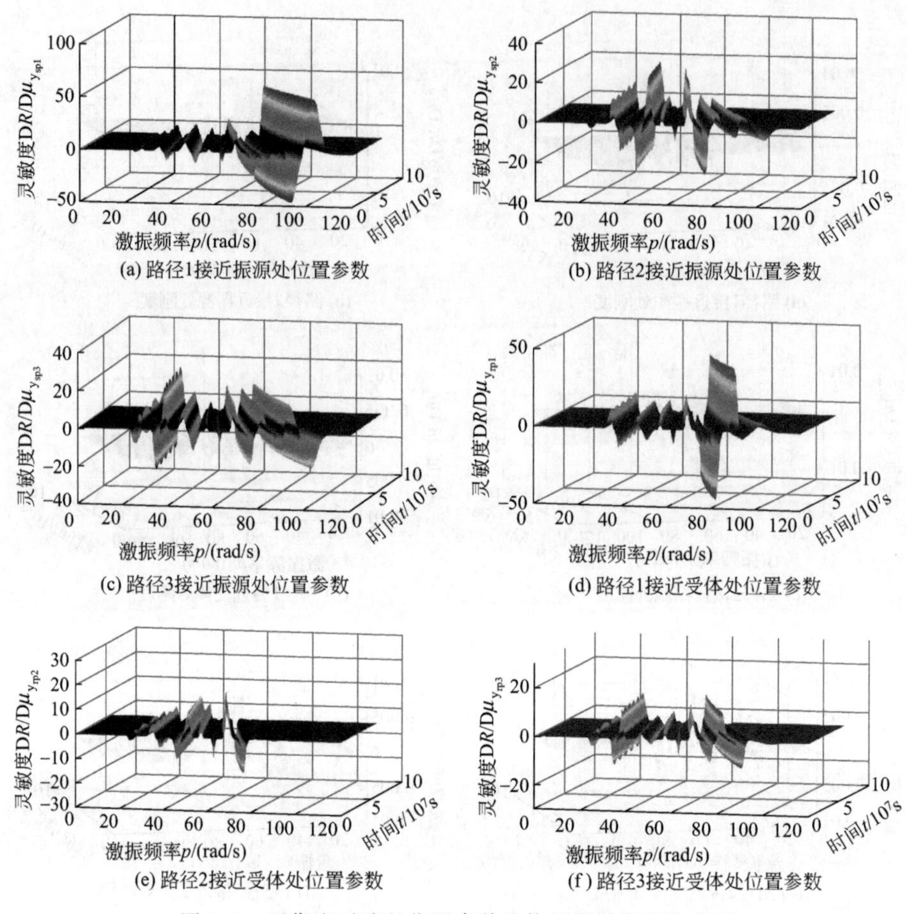

(a) 路径1接近振源处位置参数　(b) 路径2接近振源处位置参数

(c) 路径3接近振源处位置参数　(d) 路径1接近受体处位置参数

(e) 路径2接近受体处位置参数　(f) 路径3接近受体处位置参数

图 6.3　可靠度对路径位置参数均值的灵敏度变化曲面

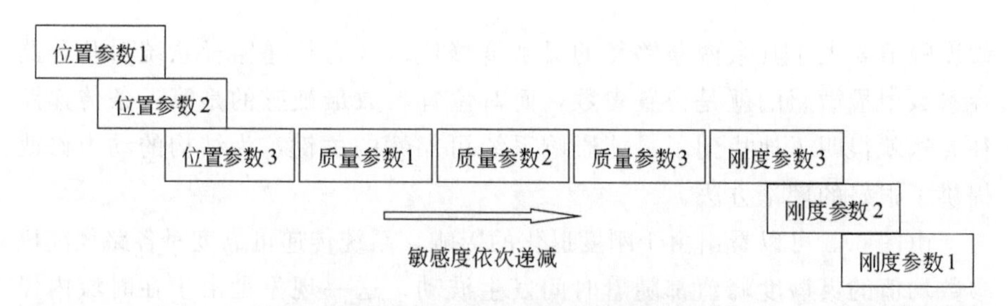

图 6.4　三条路径以及路径参数的敏感次序

加快，系统性能变化加剧，导致灵敏度变化加快。

从图中也可以看出，在时域内零时刻的灵敏度并不一定为极值，这就表明只从频域分析会忽略掉灵敏度隐藏在时域内的真实峰值。刚度退化引起频域方向各阶段灵敏度峰值随时间增加逐渐逼近。这就表明可靠度对各随机参数均值的灵敏度不仅会随着激振频率的改变而发生变化，也会随着

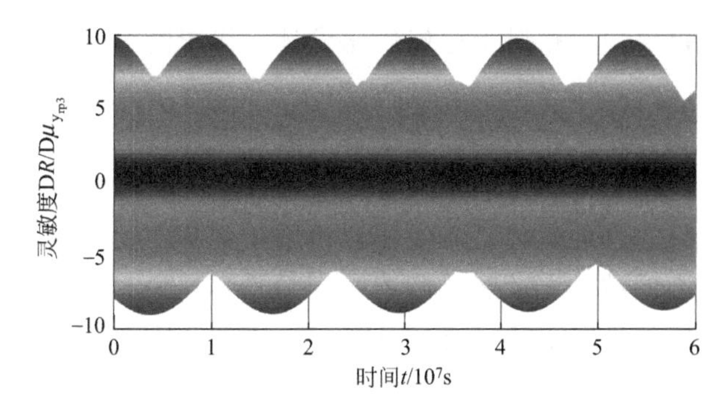

图 6.5　时域方向灵敏度峰值变化图

时间而发生改变，这就为可靠度对随机参数均值的灵敏度在频域和时域内的稳健优化提供了基础。

从某一随机参数对应的三条传递路径灵敏度最大峰值可以看出，可靠度对质量均值最敏感的是第一条传递路径，可靠度对变刚度均值最敏感的是第三条传递路径，可靠度对位置参数均值最敏感的是第一条传递路径。由此可以通过优化相关路径的敏感参数来降低可靠度对该条路径参数的灵敏度，使系统更加稳定。

6.4　稳健优化设计概述

稳健优化设计又称鲁棒性设计，它是改进和优化产品质量的重要方法，也是提高产品和过程稳健性非常重要的手段[95]。目前关于稳健性优化设计的方法大致可分为三类[96]：第一类是建立在经验设计基础上的传统稳健性设计方法；第二类是以工程模型为基础，将优化技术与稳健性结合起来的稳健性优化设计方法；第三类是以公理设计为基本框架，在设计时实现稳健性的公理设计过程中的稳健性设计方法[97]。目前研究较多、应用比较广泛的是第二类稳健性优化设计方法。

稳健性设计最早是由日本的著名学者田口玄一博古创立的。他在1950～1958年间创立了三次设计方法，为稳健性设计奠定了扎实的理论基础。因为这个原因，后来的许多学者也称稳健优化设计方法为田口方法。国外对稳健性优化设计的研究开始比较早，研究最多的是日本和美国，并被广泛应用于制造业的发展中，而国内学者开始系统性地研究稳健性设计则是在1992年韩之俊的《三次设计》出版之后[98]。

可靠性稳健优化设计是在可靠性设计、优化设计、灵敏度设计、稳健设计的基础上提出的。相对于稳健优化设计，传统的可靠性优化设计的求解具有很大的弊端，其方案一般有两种：一种是将结构系统的可靠度看作目标函数；另一种是将其看作约束条件。但是无论哪种方案，都没有将设计变量的变化对系统可靠性的影响情况考虑进去。将可靠度要求作为目标函数时，其求得的最优解往往难以逃脱可行域的边界。这样一来，一旦设计变量发生微小的波动，或者是随着时间的推移，设计参数经过腐蚀、磨损等大小或性能发生了变化，可能就会使最优解落在可行域之外，导致该设计方案失败。

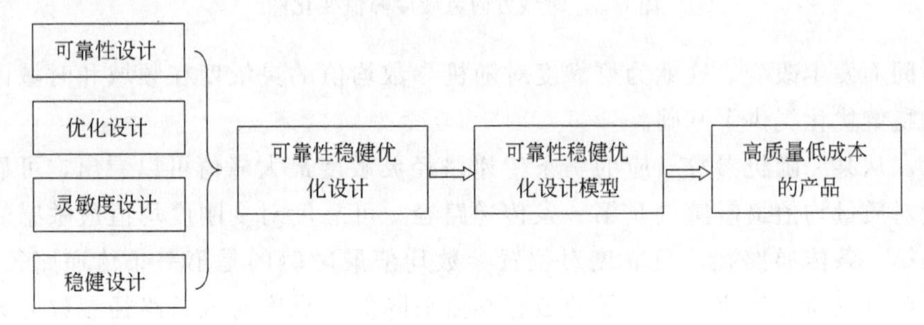

图 6.6 可靠性稳健优化设计框图

可靠性稳健优化设计是通过对可靠性稳健设计的优化模型进行求解的，可以获得高质量、低成本的产品[99]，如图 6.6 所示。在可靠性稳健性设计的基础上融入对结构系统的灵敏度分析，可以使得设计变量的不确定性因素对整个结构系统可靠性的敏感程度降低，保证系统更加稳定。

6.5 稳健优化设计方法

可靠性稳健优化一般可以总结为以下步骤：

① 通过分析敏感参数，从而确定稳健优化的设计参数。

② 构建反映优化目标的目标函数。

③ 确定设计参量所必须满足的约束条件。

根据实际情况的条件允许范围对各设计参数进行约束限定，包括性能约束和边界条件约束，构建约束函数。

④ 通过上述步骤构建数学模型。

⑤ 借助 MATLAB 进行程序编写，对其进行运算。

⑥ 通过 MATLAB 程序筛选出满足上述条件的最优解。

⑦ 对比验证。

这就涉及各部分函数的确定和模型的建立。

6.5.1 设计变量的选取

在实际应用中，设计常量可以依据设计对象的具体情况而预先设定，是固定不变的数据；而设计变量需要通过优化求解来获得，是一组独立的参数，无法经过推导而得出。通常设计变量可选取设计对象的几何尺寸参数、材料特性、物理性能参数等。优化设计的维数是通过设计变量的个数而决定的，n 维优化设计问题则可以通过以下形式进行表达：

$$\boldsymbol{x}=\begin{bmatrix} x_1 \\ x_2 \\ x_3 \\ \cdots \\ x_n \end{bmatrix}=[x_1,x_2,x_3,\cdots,x_n]^{\mathrm{T}} \tag{6.48}$$

可想而知，随着设计变量个数的不断增多，优化设计问题也随之变得复杂，所以要求我们不得不遵守设计变量的选择原则：如果能满足设计需求，设计变量的个数越少越好；将对目标函数影响较大的参数定义为设计变量，而将影响较小的参数赋予固定值。因为在可靠性范围内这些变量都具有随机不确定性，所以这些物理量指的是其均值。

6.5.2 目标函数的确定

目标函数是用来评价在设计变量选取不同值时，所达到的预定目标好坏程度的一个函数。目标函数的选取会直接影响优化求解的难易程度以及优化方案的质量好坏。通常，可靠性优化设计的目标为使得所设计对象的体积最小、机械系统的可靠度最大、灵敏度最小等。由于极大值和极小值之间是可以通过一定的数学关系进行转化的，所以为了统一算法和程序，本书只介绍数学模型中目标函数取得最小化的形式，即：

$$f(\boldsymbol{x})=f(x_1,x_2,\cdots,x_n)\rightarrow\min \tag{6.49}$$

当优化设计者追求多个设计目标时，例如企业既追求成本最低，又追求所设计的系统更加稳定及灵敏度最小，此问题则称为多目标函数的优化设计问题。通常此问题的解决方案是通过加权组合法将多个目标函数整合成单一目标函数再进行求解。加权组合法的实质是用每个子目标函数分别乘以其对应的重要度分配系数的和来构成一个新的目标函数，即：

$$f(\boldsymbol{x})=\lambda_1 f_1(x)+\lambda_2 f_2(x)+\cdots+\lambda_m f_m(x) \tag{6.50}$$

其中，λ_m 为各个子目标函数重要度分配系数，也被称为加权因子。该分配系数的取值可以按照以下公式进行推算。

$$
\begin{cases}
\lambda_1=\dfrac{f_m(x^{*1})-f_m(x^{*m})}{[f_1(x^{*m})-f_1(x^{*1})]+[f_2(x^{*(m-1)})-f_2(x^{*2})]+\cdots+[f_m(x^{*1})-f_m(x^{*m})]} \\
\lambda_2=\dfrac{f_{m-1}(x^{*2})-f_m(x^{*(m-1)})}{[f_1(x^{*m})-f_1(x^{*1})]+[f_2(x^{*(m-1)})-f_2(x^{*2})]+\cdots+[f_m(x^{*1})-f_m(x^{*m})]} \\
\cdots \\
\lambda_3=\dfrac{f_1(x^{*m})-f_1(x^{*1})}{[f_1(x^{*m})-f_1(x^{*1})]+[f_2(x^{*(m-1)})-f_2(x^{*2})]+\cdots+[f_m(x^{*1})-f_m(x^{*m})]}
\end{cases}
\tag{6.51}
$$

式中 x^{*i}——第 i 个子目标函数求得的最优解；

$f_i(x^{*i})$——将第 i 个子目标函数求得的最优解代回原目标函数求得的函数值。

稳健设计的实质就是降低目标函数或者约束函数对随机参数均值处的灵敏度，即 $\partial f/\partial z_i$、$\partial q/\partial z_i$ 和 $\partial h/\partial z_i$ 的绝对值最小。在此，基于可靠性与灵敏度稳健优化设计，本书将灵敏度设计要求附加到目标函数中加以介绍，其方法有如下几种：

$$F_{\mathrm{f}}(\boldsymbol{x},\boldsymbol{y})=\sqrt{\sum_{j=1}^{r}\left[\frac{\partial f}{\partial z_j}(\boldsymbol{x},\boldsymbol{y})\right]^2(\Delta z_j)^2} \tag{6.52}$$

$$F_{\mathrm{q}}(\boldsymbol{x},\boldsymbol{y})=\sqrt{\sum_{j=1}^{r}\sum_{i=1}^{l}\left[\frac{\partial q_i}{\partial z_j}(\boldsymbol{x},\boldsymbol{y})\right]^2(\Delta z_j)^2} \tag{6.53}$$

$$F_{\mathrm{h}}(\boldsymbol{x},\boldsymbol{y})=\sqrt{\sum_{j=1}^{r}\sum_{i=1}^{l}\left[\frac{\partial h_i}{\partial z_j}(\boldsymbol{x},\boldsymbol{y})\right]^2(\Delta z_j)^2} \tag{6.54}$$

$$F_{\mathrm{b}}(\boldsymbol{x},\boldsymbol{y})=c_1F_{\mathrm{f}}(\boldsymbol{x},\boldsymbol{y})+c_2F_{\mathrm{q}}(\boldsymbol{x},\boldsymbol{y})+c_3F_{\mathrm{h}}(\boldsymbol{x},\boldsymbol{y}) \tag{6.55}$$

式中，常数 c_1、c_2 和 c_3 选择的依据是使方程右边三项在某些参考点处的值相同；$r=1$，2，…，k。上式为既考虑目标函数又考虑约束函数对不确定参数的灵敏度的影响，并将其附加到目标函数中的稳健优化的数学模型。

由于目标函数中附加了灵敏度分析方法，所以可以将稳健优化的数学模型改写成以下的解析表达式，α_{b} 可以按照 $f_{\mathrm{m}}(\boldsymbol{x},\boldsymbol{y})$ 和 $F_{\mathrm{b}}(\boldsymbol{x},\boldsymbol{y})$ 这两项在目标函数中的重要度加以选择。

$$\begin{cases}\min f_{\mathrm{m}}(\boldsymbol{x},\boldsymbol{y})+\alpha_{\mathrm{b}}F_{\mathrm{b}}(\boldsymbol{x},\boldsymbol{y})\\ \mathrm{s.t.}\ q_i(\boldsymbol{x},\boldsymbol{y})\leqslant 0(i=1,2,\cdots,l)\\ h_t(\boldsymbol{x},\boldsymbol{y})=0(i=1,2,\cdots,t)\end{cases}\tag{6.56}$$

6.5.3 约束条件的确定

在实际应用中，并不是所有满足目标函数的设计变量都会被认可，往往企业为了降低运营成本会要求所设计的参数满足一系列人为要求或性能要求，这就需要在此基础上对优化加以相关条件的束缚。

优化设计问题可以根据约束条件的有无分为无约束优化设计问题以及约束优化设计问题。约束优化设计问题又可以根据约束函数的等式及不等式关系分为等式约束优化设计问题以及不等式约束优化设计问题。本书为了论证该理论的普遍性，在此主要介绍混合式约束优化问题的求解思路，即既有等式约束条件，又有不等式约束条件，一般表达形式如下：

$$\begin{cases}q_i(\boldsymbol{x})\leqslant 0(i=1,2,\cdots,l)\\ h_j(\boldsymbol{x})=0(j=1,2,\cdots,t)\end{cases}\tag{6.57}$$

式中　$q_i(\boldsymbol{x})$ ——不等式约束函数；

　　　$h_j(\boldsymbol{x})$ ——等式约束函数，其中 $j<n$。

6.5.4 构建数学模型

根据约束条件的有无可以将数学模型分为以下两类。

（1）无约束稳健优化的数学模型

$$\min f(\boldsymbol{x})=\min\sum_{i=1}^{m}\lambda_i f_i(\boldsymbol{x})\tag{6.58}$$

（2）含约束稳健优化的数学模型

$$\begin{cases}\min f(\boldsymbol{x})=\min\sum_{i=1}^{m}\lambda_i f_i(\boldsymbol{x})\\ q_i(\boldsymbol{x})\leqslant 0\\ h_j(\boldsymbol{x})=0\end{cases}\tag{6.59}$$

可靠性稳健优化设计在实际工程中的数学模型一般可以写作：

$$\begin{cases}\min f_i(\boldsymbol{x},\boldsymbol{y})(i=1,2,\cdots,m)\\ \mathrm{s.t.}\ q_i(\boldsymbol{x},\boldsymbol{y})\leqslant 0(i=1,2,\cdots,l)\\ h_i(\boldsymbol{x},\boldsymbol{y})=0(i=1,2,\cdots,t)\end{cases}\tag{6.60}$$

式中　　　$f_i(\boldsymbol{x},\ \boldsymbol{y})$——目标函数；

$q_i(\boldsymbol{x},\ \boldsymbol{y})$——不等式约束函数；

$h_i(\boldsymbol{x},\ \boldsymbol{y})$——等式约束函数；

$\boldsymbol{x}=[x_1,\ x_2,\ \cdots,\ x_n]^{\mathrm{T}}$——设计变量；

$\boldsymbol{y}=[y_1,\ y_2,\ \cdots,\ y_q]^{\mathrm{T}}$——参数变量。

在本书中，已经设定动力伺服刀架各结构参数均为不确定量，因此此处选定的设计参数和其余的参数都存在不确定性。

6.6 基于频率变化和时变的灵敏度优化设计

本节主要研究动力伺服刀架振动传递路径系统的可靠性问题，因此将基于振动传递路径系统灵敏度进行研究，可靠性稳健优设计遵从 6.5 节。

(1) 设计变量的确定

在第 5 章对动力伺服刀架振动传递路径系统的可靠性灵敏度研究中，根据结果可以分析得到传递路径中的位置参数对系统的可靠度影响最大，但是为了论证方法的普遍性，在此选定了位置参数中最敏感的 y_{sp1}、y_{rp1}，刚度参数中的 $D_{\mathrm{S}}k_{\mathrm{sp3}}$、$D_{\mathrm{S}}k_{\mathrm{rp3}}$，质量参数中的 m_{p1}。因此稳健优化模型的设计变量为：

$$\boldsymbol{X}=[x_1,x_2,x_3,x_4,x_5]^{\mathrm{T}}=[m_{\mathrm{p1}},D_{\mathrm{S}}k_{\mathrm{sp3}},D_{\mathrm{S}}k_{\mathrm{rp3}},y_{\mathrm{sp1}},y_{\mathrm{rp1}}]^{\mathrm{T}} \tag{6.61}$$

(2) 建立目标函数

当进行频率问题的可靠性稳健设计时，通常将目标函数加入以下两式：

$$f_1(\boldsymbol{X})=1.15\omega_K-Q \tag{6.62}$$

$$f_2(\boldsymbol{X})=Q-0.85\omega_{K+1} \tag{6.63}$$

式中　Q——激振频率；

ω_K——系统固有频率。

构建目标函数为：

$$\min f(\boldsymbol{X})=\lambda_1 f_1(\boldsymbol{X})+\lambda_2 f_2(\boldsymbol{X})+\lambda_3 f_3(\boldsymbol{X}) \tag{6.64}$$

为了让动力伺服刀架传递路径系统稳健特性更好，此处将振动传递路径系统传递可靠度对设计参数 $\boldsymbol{X}=[x_1,x_2,x_3,x_4,x_5]^{\mathrm{T}}=[m_{\mathrm{p1}},D_{\mathrm{S}}k_{\mathrm{sp3}},D_{\mathrm{S}}k_{\mathrm{rp3}},y_{\mathrm{sp1}},y_{\mathrm{rp1}}]^{\mathrm{T}}$ 均值处的灵敏度的平方和再开方设定为 $f_3(\boldsymbol{X})$，其表达式为：

$$f_3(\boldsymbol{X})=\left[\sum_{i=1}^{5}\left(\frac{\partial R}{\partial x_i}\right)^2\right]^{\frac{1}{2}} \tag{6.65}$$

（3）确定约束函数

根据动力伺服刀架振动传递路径参数的取值范围和性能要求为准则，确定其约束函数如下所示：

$$\begin{cases} m_{\mathrm{p1}}>0 \\ D_{\mathrm{S}}k_{\mathrm{sp3}}>0 \\ D_{\mathrm{S}}k_{\mathrm{rp3}}>0 \\ y_{\mathrm{sp1}}<0 \\ y_{\mathrm{sp1}}<0 \end{cases} \tag{6.66}$$

（4）选取设计参数初始值

根据第 5 章可靠性数值分析的数据，选取各参数初始值如表 6.1 所示。

表 6.1　设计变量的初始值

设计参数	初始值	单位
m_{p1}	0.4	kg
$D_{\mathrm{S}}k_{\mathrm{sp1}}$	400	N/m
$D_{\mathrm{S}}k_{\mathrm{rp1}}$	400	N/m
y_{sp1}	−0.09	m
y_{rp1}	−0.1	m

（5）程序编写与求解

利用 MATLAB 中自带的优化工具箱进行求解运算，例如其中的 fmincon 函数，在解决一般的非线性约束优化问题时通常会用到它。调用格式如下：

$$[\boldsymbol{x},\mathrm{fval},\mathrm{exitflag},\mathrm{output},\mathrm{grad}]=$$
$$\mathrm{fmincon}(\mathrm{fun},\boldsymbol{x}_0,\boldsymbol{A},\boldsymbol{b},\boldsymbol{Aeq},\boldsymbol{beq},\boldsymbol{LBnd},\boldsymbol{UBnd},\mathrm{nonlcon})$$

式中　fun——目标函数；

$\boldsymbol{x}_0$——设计变量初始值；

$\boldsymbol{A}$——线性不等式约束的系数矩阵；

$\boldsymbol{b}$——线性不等式约束的常数向量；

$\boldsymbol{Aeq}$——线性等式约束的系数矩阵；

$\boldsymbol{beq}$——线性等式约束的常数向量；

$\boldsymbol{UBnd}$，$\boldsymbol{LBnd}$——优化变量的上下界；

nonlcon——非线性约束函数的 M 文件名；

$\boldsymbol{x}$——满足要求的变量值；

fval——返回目标函数在最优点的函数值；

exitflag——返回算法的终止标志，exitflag＞0 表示优化结果收敛于解，exitflag＜0 表示优化结果不收敛于解，exitflag＝0 表示优化达到了最大的函数迭代次数；

output——返回优化算法信息的一个数据结构，数据结构包含优化过程的信息；

grad——返回目标函数在最优点的梯度值。

利用 MATLAB 编程运算得到稳健优化设计的最优解。

6.7 结果分析

因为 $D_S=1-A\gamma_t^B Qt$，在初始时刻为零，所以设计参数的实际优化对象为变刚度的初始值。通过上述过程，利用 MATLAB 求得稳健优化后的设计参数值分别为：$m_{p1}=0.435\text{kg}$，k_{sp3}，412N/m，$k_{rp3}=408\text{N/m}$，$y_{sp1}=-0.086\text{m}$，$y_{rp1}=-0.112\text{m}$。

将得到的这些设计参数的最优解代入到可靠度以及其对设计参数均值处的灵敏度表达式中，通过 MATLAB 求解运算得到的灵敏度结果与优化前结果对比如图 6.7～图 6.11 所示。

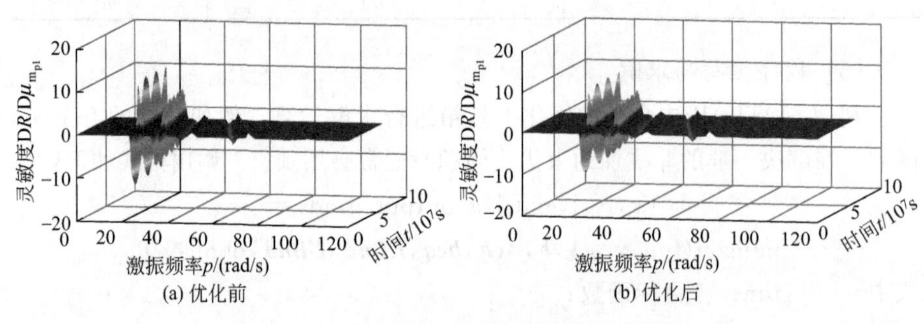

图 6.7 第一条路径质量优化前后对比图

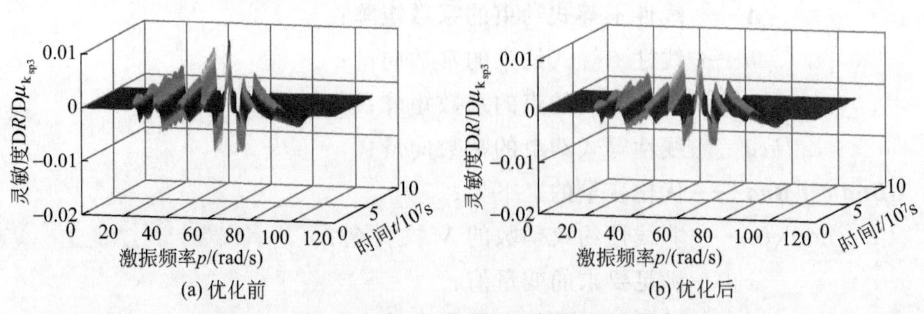

图 6.8 第三条路径接近振源刚度优化前后对比图

通过对比图中灵敏度的峰值可以得到结论，优化后的传递路径系统灵敏度明显降低，系统稳健性得到了明显提升。

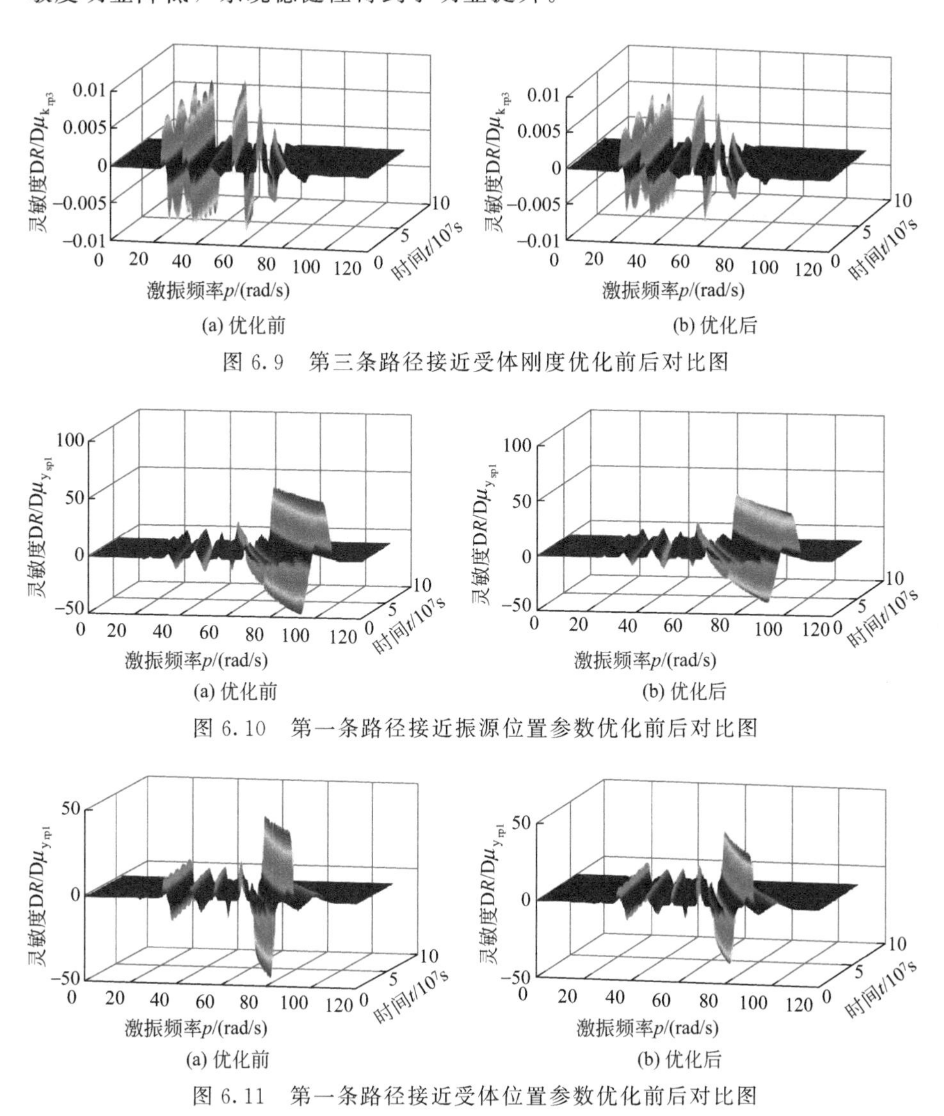

(a) 优化前　(b) 优化后

图 6.9　第三条路径接近受体刚度优化前后对比图

(a) 优化前　(b) 优化后

图 6.10　第一条路径接近振源位置参数优化前后对比图

(a) 优化前　(b) 优化后

图 6.11　第一条路径接近受体位置参数优化前后对比图

6.8　本章小结

首先，对可靠性稳健优化设计进行了介绍，与可靠性优化设计进行了比较，分析了稳健优化设计的优势，并对可靠性稳健优化设计的步骤进行了总结说明，针对其中重要的几部分进行了详细的说明。对基于频率分析的可靠性稳健优化设计问题方法进行了分析介绍。在此基础上对动力伺服刀架振动传递路径系统进行了稳健优化设计，根据前面章节对于可靠性灵敏度的分析结果，选定了设计参数，根据以往稳健优化设计经验，确定了目标函数、约束函数，并最终构建了稳健优化模型。通过 MATLAB 进行编程求解，得到了稳健优化设计的最优解，将其代回可靠度和其对设计参数均值处灵敏度的表达式求得了优化后的结果。通过对比优化前后的结果，发现可靠度没有降低的同时灵敏度有了显著的下降，提高了动力伺服刀架振动传递路径系统的稳健性。

第7章

考虑突发失效阈值变化的产品可靠性设计

7.1 概述

产品从设计、制造、使用和维修都会涉及可靠性。在每个阶段中分析可靠性并且提高产品的可靠性不仅可以延长产品的使用寿命还可以提高经济效益。相比于传统的可靠性分析方法，基于性能退化的可靠性分析克服了没有失效数据或者失效数据较少的情况。在实际工况中，由于各种因素的影响，产品性能逐渐下降，进而导致突发失效阈值的下降。另外，自然退化过程和外部冲击载荷过程都可以导致产品失效。突发失效是外部冲击载荷导致的产品失效，它考虑了外部冲击载荷对产品的影响。外界载荷冲击不仅可能导致产品性能退化量的增加，也可能导致产品直接失效。因此应该充分考虑外界冲击载荷对产品可靠性的影响。大部分产品在工作过程中都会受到外界冲击载荷的影响，然而由于工作环境的影响，产品不可避免地会受到多种冲击载荷的作用。每种冲击载荷的大小不同，且每种冲击载荷对产品性能退化造成的性能退化量增量不同。产品在工作过程中，随着性能退化量的增加，产品的突发失效阈值逐渐下降。

本章主要研究了多种冲击载荷下产品的可靠度问题，分别建立了产品在多种载荷下的突发失效阈值离散变化和连续变化下的可靠度模型并计算了产品的可靠度。

7.2 冲击模型

产品在工作过程中，如果外界冲击载荷不能立即导致产品失效，就会对产品的性能退化量产生影响，外界冲击载荷也会直接导致产品失效。通常情况下，由外界冲击载荷导致的失效模式可分为 4 类：

① 累积冲击模型；
② 极值冲击模型；
③ 运行冲击模型；
④ δ 冲击模型。

7.2.1 极值冲击模型

极值冲击理论认为，外界冲击对产品的影响是短暂的，即上一次的冲击载荷对产品是否产生了影响与下一次冲击载荷是否发生无关。当某一次的外界冲击载荷超过失效阈值的时候，产品发生突发失效。常见的有汽车由于碰撞导致的失效和雷电对电气设备的破坏等。

如图 7.1 所示，纵轴表示外界冲击载荷的大小，横轴表示时间，虚线表示突发失效阈值。当外界冲击载荷超过失效阈值的时候，产品发生突发失效。第 i 次外界冲击载荷的大小用 W_i 来表示，冲击载荷大小服从正态分布。突发失效阈值用 D 表示。则产品不发生突发失效的概率可以表示为：

$$P(W_i < D) = P\left(\frac{D-\mu_W}{\sigma_W}\right) \tag{7.1}$$

7.2.2 运行冲击模型

如图 7.2，在运行冲击模型中，如果有连续 m 个外载荷大于某一个固定阈值 D_2 或者大于突发失效阈值 $D(t)$ 的时候，就会发生运行冲击失效。为了分析方便，首先定义 U_i，U_i 为在 i 次外界冲击载荷中，不会有连续 m 个冲击载荷大于某个固定阈值 D_2 的概率，U_i 应该满足公式(7.2)，其中 P 是冲击载荷大于固定阈值 D_2 并且小于失效阈值 $D(t)$ 的概率，Q 是冲击载荷小于固定阈值 D_2 的概率。

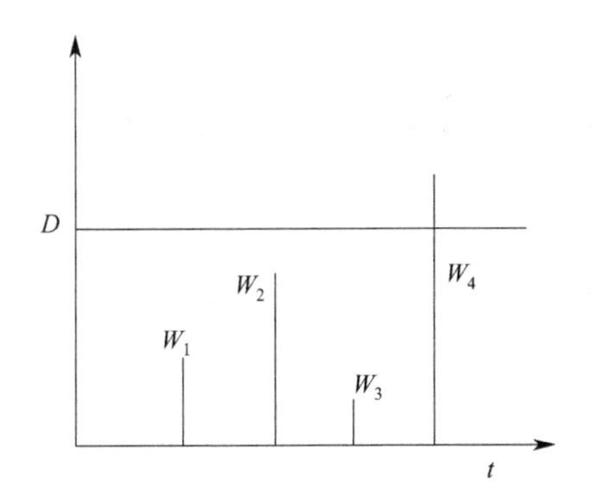

图 7.1 极值冲击模型

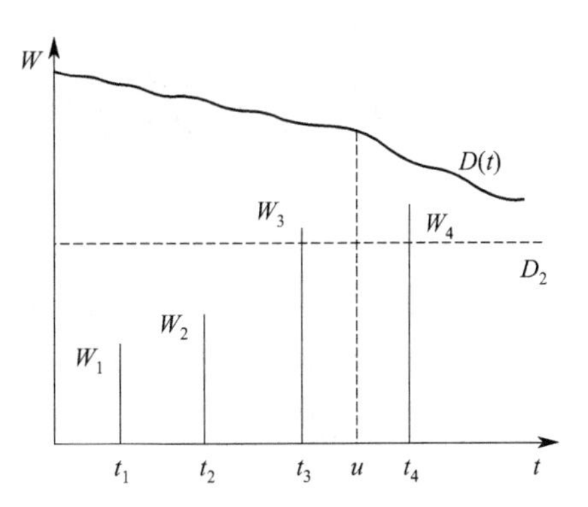

图 7.2 运行冲击模型

$$U_i = QU_{i-1} + PQU_{i-2} + P^2QU_{i-3} + \cdots + P^{m-1}QU_{i-m} \tag{7.2}$$

$$P = P(W_i > D_2 | W_i < D_1) = \frac{P(D_2 < W_i < D_1)}{P(W_i < D_1)} = \frac{F_W(D_1) - F_W(D_2)}{F_W(D_1)} \tag{7.3}$$

$$Q = 1 - P = P(W_i < D_2 | W_i < D_1) = \frac{P(W_i < D_2)}{P(W_i < D_1)} = \frac{F_W(D_2)}{F_W(D_1)} \tag{7.4}$$

7.2.3 δ 冲击模型

δ 冲击模型与上述两种冲击模型不同，δ 冲击研究的是连续冲击载荷与时间的关系对产品可靠性的影响。如图 7.3 所示，外界冲击载荷的发生服从参数为 λ 的泊松分布，那么第 i 次外界载荷冲击与第 $i-1$ 次之间的间隔服从参数为 λ 的指数分布。当任意相邻的冲击载荷之间的时间间隔小于 δ 的时候，产品就会发生突发失效。

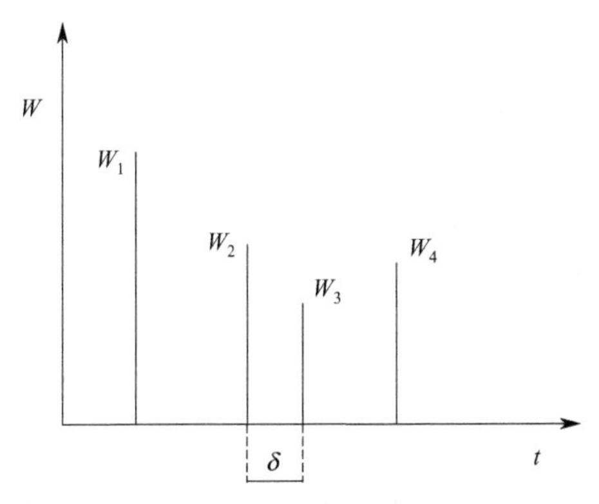

图 7.3 δ 冲击模型

7.3 两种失效模式下产品的可靠性分析

外界冲击载荷和产品的性能退化过程都可以导致产品失效，腐蚀、疲劳、过载等常见的失效机制都可以导致产品失效。在正常工作过程中，产品的性能会逐渐下降，即产品的性能退化量会随着时间的变化而增长，常见的有金属管道的生锈、刀具的磨损等。同时当外部冲击载荷满足某一个条件的时候也会导致产品失效，常见的有零部件的突然断裂，雷击、地震对产品造成的损坏等。产品在正常工作过程中，性能退化失效和突发失效是同时存在的，任何一种情况发生都会导致产品失效，所以它们之间的关系是竞争关系。

7.3.1 性能退化失效模型

在工作应力的作用下，机械产品的性能退化量会随着工作的进行而逐渐增大。在机械产品遭受外界冲击的时候，如果外界冲击不能使得产品立即失效，就会造成该产品性能退化量的突然增加[100]。由图7.4可知，外界随机冲击载荷造成的产品性能退化量的突然增加和产品自身的性能退化量之和构成产品总的性能退化量[101]。当总的性能退化量超过失效阈值 H 的时候，产品便会发生退化失效。

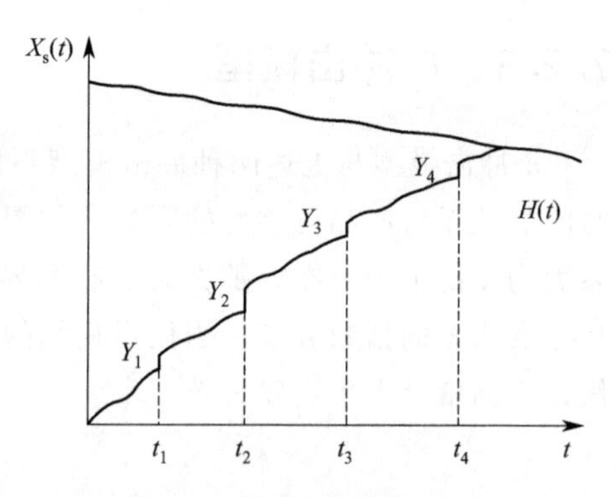

图7.4 性能退化失效过程

为了研究方便，令产品的失效阈值变化过程和性能退化过程都服从线性轨迹模型。

$$X(t)=\phi+\beta_1 t \qquad \beta_1 \sim \mathrm{N}(\mu_{\beta_1},\delta_{\beta_1}) \tag{7.5}$$

$$H(t)=H_0-\beta_0 t \qquad \beta_0 \sim \mathrm{N}(\mu_{\beta_0},\delta_{\beta_0}) \tag{7.6}$$

式中，$X(t)$ 表示在 t 时刻产品自身的性能退化量；ϕ 表示产品的性能退化量在零时刻的数值；β_1 表示产品的性能退化速率，并且服从正态分布函数；$H(t)$ 表示在时刻 t 产品的失效阈值大小；H_0 表示零时刻产品的失效阈值；β_0 表示失效阈值的变化速率，且 β_0 服从正态分布。假设产品所受的冲击载荷发生概率服从参数为 λ 的齐次泊松分布。令 Y_i 表示在时间 t 内

第 i 次冲击导致的性能退化量，Y_i 相互独立并且服从同一分布函数，即 $Y_i \sim N(\mu_Y,\ \delta_Y^2)$。在时间 t 内外界载荷导致的性能退化增量 $S(t)$ 为：

$$S(t)=\begin{cases}0, N(t)=0 \\ \sum_{i=1}^{N(t)} Y_i, N(t)>0\end{cases} \tag{7.7}$$

时间 t 内总的性能退化量 $X_s(t)$ 为：

$$X_s(t)=X(t)+S(t) \tag{7.8}$$

产品在时间 t 内不发生失效的概率为：

$$\begin{aligned}F_X(x,t)&=\sum_{i=0}^{\infty} P(X(t)+S(t)<H(t) \mid N(t)=i)P(N(t)=i)\\&=\sum_{i=0}^{\infty}\Phi\left(\frac{H-\mu_{\beta_0}t-(\mu_{\beta_1}t+\varphi+i\mu_y)}{\sqrt{\delta_{\beta_0}^2 t^2+\delta_{\beta_1}^2 t^2+i\delta_y^2}}\right)\frac{\exp(-\lambda t)(\lambda t)^i}{i!}\end{aligned} \tag{7.9}$$

7.3.2 突发失效模型

随着性能退化量的不断增长，产品的突发失效阈值逐渐下降，同时性能退化量的大小会影响失效阈值的变化过程。为了研究方便，假设突发失效阈值的变化服从两阶段线性变化过程，在产品的性能退化量小于 L 的时候以 β_2 的速率递减，在产品性能退化量大于 L 的时候以 β_3 的速率递减，β_2 与 β_3 均为服从正态分布函数的变量。

在时间 t 内，突发失效的阈值变化情况如图 7.5 所示。设在时刻 u，性能退化量正好到达 L，则在时间 t 内突发失效阈值的分布函数为：

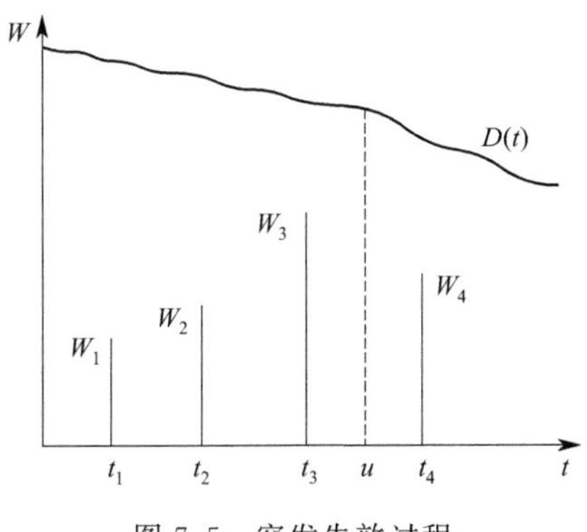

图 7.5　突发失效过程

$$D(t)=D_1-\beta_2 u-\beta_3(t-u) \tag{7.10}$$

式中，$\beta_2 \sim N(\mu_{\beta_2}, \delta_{\beta_2}^2)$，$\beta_3 \sim N(\mu_{\beta_3}, \delta_{\beta_3}^2)$。

7.4 极值冲击和运行冲击下产品的可靠度

7.4.1 极值冲击下的可靠度

在时间 t 内，产品的性能退化失效和突发失效两种模式同时存在的条件下，产品的可靠度可以表示为：

$$R(t)=\sum_{i=0}^{\infty} R(t \mid N(t)=i) P(N(t)=i) \tag{7.11}$$

$P(N(t)=i)$为时间 t 内外界冲击载荷发生 i 次的概率，$R(t \mid N(t)=i)$ 为 t 时刻发生 i 次冲击产品的可靠度。

$R(t)$ 的计算较为复杂，为了分析方便分为以下三种情况讨论：

① 在时间 t 内，产品只发生了性能退化，则可靠度为：

$$\begin{aligned} R_1(t) &= R(t \mid N(t)=0) P(N(t)=0) \\ &= P(X(t)<H(t) \mid N(t)=0) P(N(t)=0) \\ &= \Phi\left(\frac{H-\mu_{\beta_0} t-(\mu_{\beta_1} t+\varphi)}{\sqrt{\delta_{\beta_0}^2 t^2+\delta_{\beta_1}^2 t^2}}\right) \exp(-\lambda t) \end{aligned} \tag{7.12}$$

② 在时间 t 内，总的性能退化量小于 L 且有外界冲击载荷作用于产品，则可靠度为：

$$\begin{aligned} R_2(t) = & \sum_{i=1}^{\infty} P(X_s(t)<L(t) \mid N(t)=i) P(N(t)=i) P(\coprod_{i=1}^{\infty}\{W_i<D(t)\}) \\ = & \sum_{i=1}^{\infty} P(X(t)+S(t)<L(t) \mid N(t)=i) P(N(t)=i) P(\coprod_{i=1}^{\infty}\{W_i<D(t)\}) \\ = & \sum_{i=1}^{\infty} \Phi\left(\frac{L-\mu_{\beta_0} t-(\mu_{\beta_1} t+\varphi+i\mu_Y)}{\sqrt{\delta_{\beta_0}^2 t^2+\delta_{\beta_1}^2 t^2+i\delta_Y^2}}\right) \Phi\left(\frac{D_1-(\mu_{\beta_2} t+\mu_W)}{\sqrt{\delta_W^2+\delta_{\beta_2}^2 t^2}}\right)^i \frac{\exp(-\lambda t)(\lambda t)^i}{i!} \end{aligned} \tag{7.13}$$

③ 在时间 t 内，总的性能退化量大于 L 且小于 H，且有外界冲击载荷作用于产品，则可靠度为：

$$R_3(t)=\sum_{i=1}^{\infty}\sum_{k=0}^{i}P(X_{s1}(u)<L(u)\mid N(u)=k)$$

$$(L(t-u)\leqslant X_{s2}(t-u)<H(t-u)\mid N(t-u)=i-k) \quad (7.14)$$

$$P(N(u)=k)P(N(t-u)=i-k)P(\prod_{i=1}^{\infty}\{W_i<D(t)\})$$

为了分析方便，需要假定几个参数，把性能退化量刚好到达 L 的时刻记为 u，时间 t 内的冲击次数记为 i，在时间 u 内冲击的次数记为 k，那么 $[u,t]$ 上的冲击次数为 $i-k$，则在时间 t 内机械产品不发生突发失效的概率为：

$$P(\prod_{i=1}^{\infty}W_i<D(t))=\Phi\left(\frac{D_1-[\mu_{\beta_2}u+\mu_{\beta_3}(t-u)+\mu_W]}{\sqrt{(\delta_W^2+\delta_{\beta_2}^2t^2+\delta_{\beta_3}^2(t-u)^2}}\right)^i \quad (7.15)$$

在时间 u 内，把性能退化量小于 L 且外界冲击次数为 k 次下产品的性能退化量的分布函数记为 $F_X(k,x,u)$，则 $F_X(k,x,u)$ 为：

$$\begin{aligned}F_X(k,x,u)&=\sum_{i=0}^{\infty}P(X(u)+S(u)<L(u)\mid N(u)=k)\\&=\sum_{i=0}^{\infty}\Phi\left(\frac{L-\mu_{\beta_0}u-(\mu_{\beta_1}u+\varphi+k\mu_y)}{\sqrt{\delta_{\beta_0}^2u^2+\delta_{\beta_1}^2u^2+k\delta_y^2}}\right)\end{aligned} \quad (7.16)$$

密度函数 $f_X(k,x,u)$ 为：

$$f_X(k,x,u)=\frac{\mathrm{d}F_X(k,x,u)}{\mathrm{d}u} \quad (7.17)$$

外界冲击载荷发生的概率为：

$$\begin{aligned}&P(N(u)=k)P(N(t-u)=i-k)\\&=\frac{\exp(-\lambda u)(\lambda u)^k}{k!}\times\frac{\exp(-\lambda(t-u))(\lambda(t-u))^{i-k}}{(i-k)!}\end{aligned}$$

$$(7.18)$$

将式(7.15)、式(7.17)、式(7.18)代入式(7.14)可以得到产品在时间 t 内的可靠度为：

$$\begin{aligned}R_3(t)=\sum_{i=1}^{\infty}\sum_{k=0}^{i}\int_0^t&\Phi\left(\frac{D_1-[\mu_{\beta_2}u+\mu_{\beta_3}(t-u)+\mu_W]}{\sqrt{\delta_W^2+\delta_{\beta_2}^2u^2+\delta_{\beta_3}^2(t-u)^2}}\right)^i\\&\times\frac{\exp(-\lambda(t-u))(\lambda(t-u))^{i-k}}{(i-k)!}\times\\&\Phi\left(\frac{H-L-\mu_{\beta_0}(t-u)-[\mu_{\beta_1}(t-u)+\varphi+(i-k)\mu_Y]}{\sqrt{\delta_{\beta_1}^2(t-u)^2+\delta_{\beta_0}^2t^2+(i-k)\delta_Y^2}}\right.\\&\times\exp(-\lambda u)\frac{(\lambda u)^k}{k!}f_X(k,x,u)\mathrm{d}u\end{aligned} \quad (7.19)$$

机械产品在外界冲击载荷为极值冲击的前提下，在工作时间 t 内其工作状态是上述三种情况之一，所以时间 t 内产品的可靠度 $R(t)$ 为：

$$R(t)=R_1(t)+R_2(t)+R_3(t) \tag{7.20}$$

7.4.2 运行冲击下的可靠度

如图 7.6 所示，在运行冲击模型中，如果有连续 m 个外载荷大于某一个固定阈值 D_2，就会发生运行冲击失效[102]。

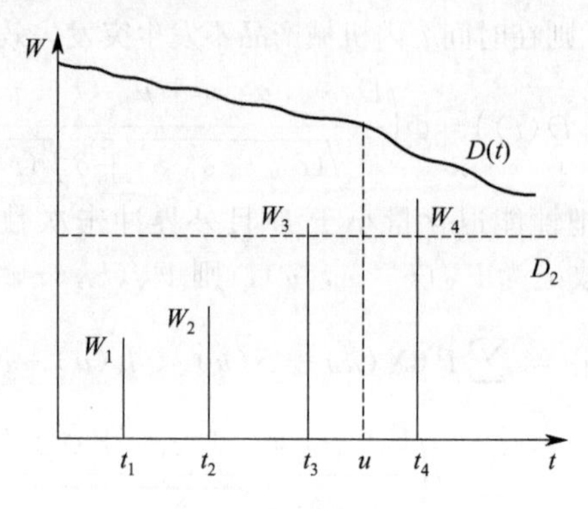

图 7.6 运行冲击模型

为了分析方便，首先定义 U_i，U_i 为在 i 次外界冲击载荷中，不会有连续 m 个冲击载荷大于某个固定阈值 D_2 的概率，U_i 应该满足公式(7.21)，其中 P 是冲击载荷大于固定阈值 D_2 并且小于失效阈值 D_1 的概率，Q 是冲击载荷小于固定阈值 D_2 的概率。

$$U_i=QU_{i-1}+PQU_{i-2}+P^2QU_{i-3}+\cdots+P^{n-1}QU_{i-m} \tag{7.21}$$

$$P=P(W_i>D_2|W_i<D_1)=\frac{P(D_2<W_i<D_1)}{P(W_i<D_1)}=\frac{F_W(D_1)-F_W(D_2)}{F_W(D_1)} \tag{7.22}$$

$$Q=1-P=P(W_i<D_2|W_i<D_1)=\frac{P(W_i<D_2)}{P(W_i<D_1)}=\frac{F_W(D_2)}{F_W(D_1)} \tag{7.23}$$

分三种情况考虑产品在时间 t 内的可靠度。

① 在时间 t 内，产品只发生了性能退化，则可靠度为：

$$\begin{aligned}R_1(t)&=R(t|N(t)=0)P(N(t)=0)\\&=P(X(t)<H|N(t)=0)P(N(t)=0)\\&=\phi\left(\frac{H-\mu_{\beta_0}t-(\mu_{\beta_1}t+\varphi)}{\delta_{\beta_1}t}\right)\exp(-\lambda t)\end{aligned} \tag{7.24}$$

② 在时间 t 内，总的性能退化量小于 L 且有外界冲击载荷作用于产品，则可靠度为：

$$\sum_{i=1}^{\infty} P(X(t)+S(t)<H(t) \mid N(t)=i)$$

$$P(N(t)=i)P(\prod_{i=1}^{\infty}\{W_i<D(t)\})U_i$$

$$=\sum_{i=1}^{\infty}\Phi\left(\frac{L-\mu_{\beta_0}t-(\mu_{\beta_1}t+\varphi+i\mu_Y)}{\sqrt{\delta_{\beta_1}^2 t^2+i\delta_Y^2}}\right)$$

$$\Phi\left(\frac{D_2-(\mu_{\beta_2}t+\mu_W)}{\sqrt{\delta_W^2+\delta_{\beta_2}^2 t^2}}\right)^i \frac{\exp(-\lambda t)(\lambda t)^i}{i!}U_i \tag{7.25}$$

③ 在时间 t 内，总的性能退化量大于 L 且小于 H，且有外界冲击载荷作用于产品，则可靠度为：

$$R_3(t)=\sum_{i=1}^{\infty}\sum_{k=0}^{i}\int_0^t \Phi\left(\frac{D_2-[\mu_{\beta_2}u+\mu_{\beta_3}(t-u)+\mu_W]}{\sqrt{\delta_W^2+\delta_{\beta_2}^2 u^2+\delta_{\beta_3}^2(t-u)^2}}\right)^i$$

$$\frac{\exp(-\lambda(t-u))(\lambda(t-u))^{i-k}}{(i-k)!}$$

$$\Phi\frac{H-L-\mu_{\beta_0}(t-u)-[\mu_{\beta_1}(t-u)+\varphi+(i-k)\mu_Y]}{\sqrt{\delta_{\beta_1}^2(t-u)^2+\delta_{\beta_0}^2(t-u)^2+(i-k)\delta_Y^2}}$$

$$\exp(-\lambda u)\frac{(\lambda u)^k}{k!}f_X(k,x,u)U_i\,du \tag{7.26}$$

产品在时刻 t 的可靠度为：

$$R(t)=R_1(t)+R_2(t)+R_3(t) \tag{7.27}$$

7.5 基于两种冲击模型的算例分析

根据 Sandia 国家实验室进行的一项实验研究，一种微型发动机，包括正交梳状驱动执行机构和相互机械连接的旋转齿，梳齿传动的线性位移通过销传递到齿轮上。随着工作过程的进行，齿轮与销连接的表面会有明显的磨损。产品正常工作时的载荷和外载荷的冲击是导致磨损产生的原因。外部冲击也会导致微型发动机中的零部件突然断裂。因此，磨损与断裂这两个失效模式都可能导致微型发动机的失效：①产品本身的性能退化和冲击引起性能退化的下降；②冲击引起的弹簧断裂导致的突发失效。表 7.1 为微型发动机可靠性分析参数。

表 7.1　微型发动机可靠性分析参数

参数	值	数据来源
D_1/GPa	1.55	参考文献[24]
D_2/GPa	1.4	假设
$H/\mu m^3$	0.00125	参考文献[24]
$L/\mu m^3$	7×10^{-4}	参考文献[47]
$\beta_0/\mu m^3$	$\mu_{\beta_0}=1.2\times10^{-9}, \sigma_{\beta_0}=1\times10^{-9}$	假设
$\beta_1/\mu m^3$	$\mu_{\beta_1}=8.48\times10^{-9}, \sigma_{\beta_1}=6\times10^{-10}$	参考文献[24]
$\beta_2/\mu m^3$	$\mu_{\beta_2}=1\times10^{-5}, \sigma_{\beta_2}=1\times10^{-6}$	假设
$\beta_3/\mu m^3$	$\mu_{\beta_3}=1\times10^{-5}, \sigma_{\beta_3}=1\times10^{-6}$	假设
λ/转	5×10^{-5}	参考文献[102]
$Y_i/\mu m^3$	$\mu_Y=1\times10^{-4}, \sigma_Y=2\times10^{-5}$	参考文献[24]
$W_i/\mu m^3$	$\mu_W=1.2, \sigma_W=0.2$	参考文献[102]
P	0.1310	参考文献[102]
VD	0.004	假设

7.5.1　基于极值冲击的产品可靠性分析

产品在极值冲击的工作环境下，将表 7.1 中的数据代入到表达式(7.19)中，得到微型发动机可靠度函数如图 7.7 和图 7.8 所示。

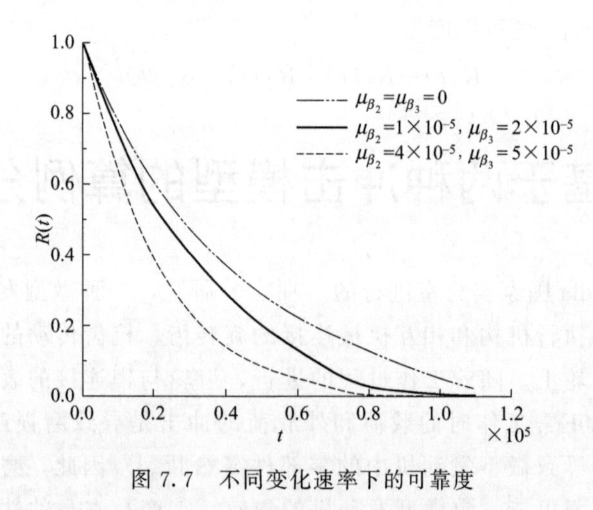

图 7.7　不同变化速率下的可靠度

根据公式(7.19) 可以得知，突发失效阈值的变化率 μ_{β_2} 和 μ_{β_3} 都对产品可靠度有影响。为了便于分析，分别给出了三组数据。通过图 7.7 可以得出，不考虑突发失效阈值的变化，产品的可靠度会被高估。当失效阈值变化速率变大时，可靠度曲线向左偏移，说明在一定范围内随着失效阈值变化速率的变大，产品的可靠度降低。

根据上文分析可以得知，当性能退化量达到 L 时，产品抵抗冲击能力减弱，即突发失效阈值变化速率发生改变。在其他参数和工作时间不变的情况下，通过改变 L 的大小来研究其对产品可靠度的影响。图 7.8 中分别给出了三组不同的 L，从图中可以看出，在一定范围内随着 L 的逐渐变大，产品的可靠度也随之变大。这是因为 L 越低，突发失效阈值变化速率增大的条件越容易满足。

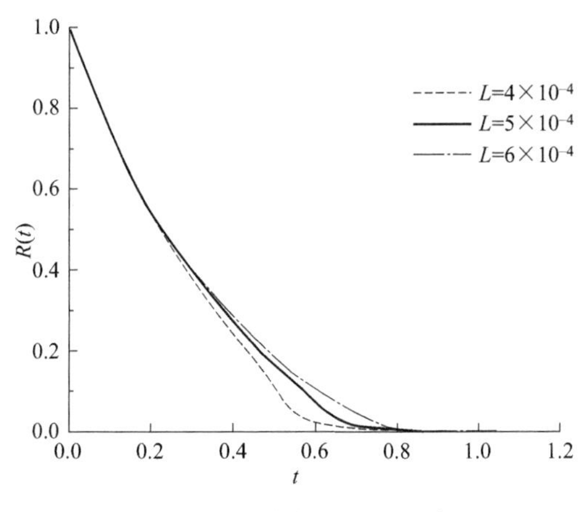

图 7.8　不同数值 L 下的可靠度

7.5.2　基于运行冲击的产品可靠性分析

产品在外界冲击为运行冲击的情况下，将表 7.1 中的数据代入到表达式(7.27)，得到微型发动机的可靠度函数如图 7.9 和图 7.10 所示。

失效阈值变化速率对运行冲击模型可靠度的影响与对极值冲击模型可靠度的影响相似。在其他参数不变的条件下，给出了产品的三种失效阈值的变化速率。通过图 7.9 可以得到，在一定范围内随着失效阈值变化速率的变大，产品的可靠度降低。数值 L 对运行冲击模型可靠度的影响与对极值冲击模型可靠度的影响相似。在其他参数不变的条件下，给出了三组不同的 L。通过图 7.10 可以得到，在其他参数不变的情况下，在一定范围内随着 L 变大，产品的可靠度也随着变大。

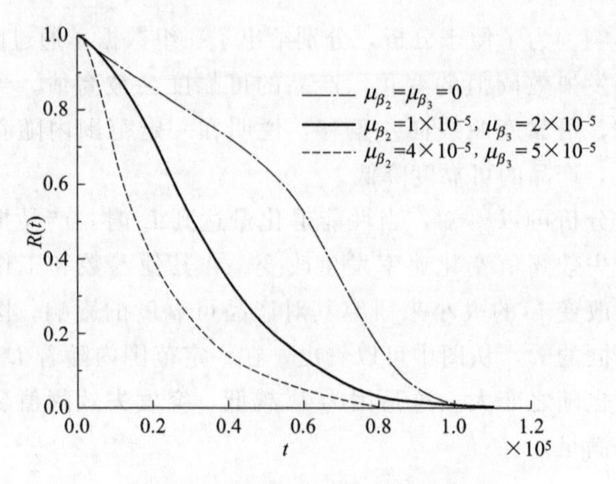

图 7.9 不同变化速率下的可靠度

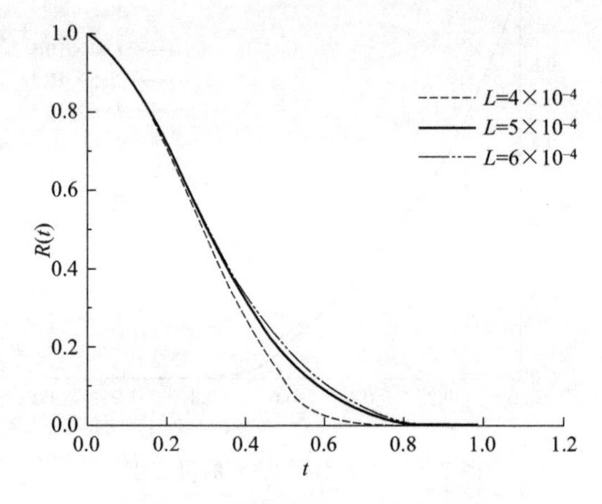

图 7.10 不同数值 L 下的可靠度

7.6 考虑突发失效阈值离散变化的可靠性分析

7.6.1 外界冲击载荷的多样性分析

现实工作环境中广泛存在多种冲击载荷，但是大部分研究者将他们视为一种载荷，很少有研究者研究多种冲击载荷下产品的可靠度。产品工作环境复杂性导致了外部冲击载荷种类的多样性。第 i 次外界冲击载荷的大小用 W_i 来表示，W_i 可以表示为：

$$W_i = p_1 W_{A1} + p_2 W_{A2} + \cdots + p_n W_{An} \tag{7.28}$$

其中，$W_{Aj} \sim N(\mu_{Aj}, \sigma_{Aj}^2)$，$W_i \sim N(\sum_{j=1}^{n} p_j \mu_{Aj}, \sum_{i=1}^{n} p_j^2 \sigma_{Aj}^2)$。

① 产品正常工作的时候，存在 n 种外界冲击载荷，用 A_1，A_2，…，A_n 来表示外界冲击载荷的种类。W_{Aj} 表示冲击载荷 A_j 的大小，W_i 表示第 i 次冲击的大小，p_j 是冲击载荷 A_j 在第 i 次冲击下的大小 W_{Aj} 在 W_i 中所占的比例。冲击载荷 A_j 造成的性能退化量记为 S_{A_j}，∂_j 是第 j 种冲击载荷在第 i 次冲击下造成的性能退化量在退化总量中所占的比例。

② 第 i 次冲击的大小 W_i 超过突发失效阈值 D 的时候就会发生突发失效。

7.6.2 突发失效模型

在时间 t 内，突发失效阈值变化情况如图 7.11 所示。每次外界冲击都会导致性能退化量的减少，性能退化量的减少导致了突发失效阈值的减少。假设每次外界冲击都会导致突发失效阈值减少 ΔD，那么 i 次冲击下失效阈值的减少量为 $i\Delta D$，突发失效阈值的表达式如下所示：

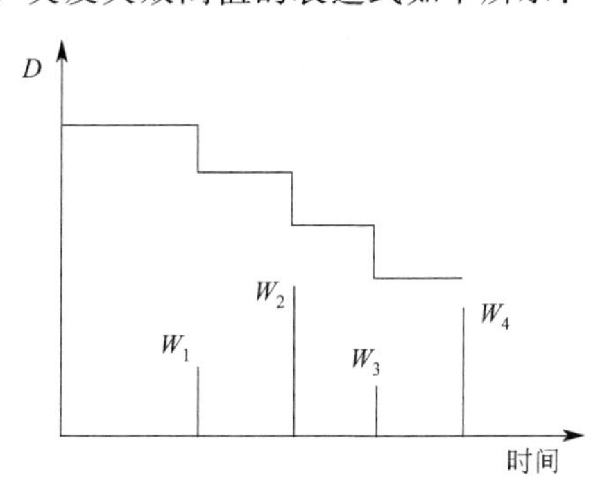

图 7.11　突发失效阈值离散变化

$$D = D_0 - i\Delta D \tag{7.29}$$

假设产品所受的冲击载荷发生概率服从参数为 λ 的齐次泊松分布。$N(t)$ 表示时间 t 内外界冲击载荷发生的次数。时间 t 内产品不发生突发失效的概率可以表示为：

$$\begin{aligned} P &= P(\coprod_{i=1}^{\infty} W_i < D)P(N(t)=i) \\ &= \sum_{i=1}^{\infty} \Phi\left(D_0 - i\Delta D - \sum_{j=1}^{\infty} p_j \mu_{Aj} / \sqrt{\delta_{\Delta D}^2 + \sum_{j=1}^{\infty} p_j \sigma_{Aj}^2}\right)^i \frac{\exp(-\lambda t)(\lambda t)^i}{i!} \end{aligned} \tag{7.30}$$

7.6.3 产品可靠性建模

在工作应力的作用下，机械产品的性能退化量会随着工作的进行而逐渐增大。在机械产品遭受外界冲击的时候，如果外界冲击不能使得产品立即失效就会造成产品性能退化量突然增加。由图 7.4 可知，外界随机冲击载荷造成的产品性能退化量的突然增加和产品自身的性能退化量之和构成了产品总的性能退化量。当总的性能退化量超过失效阈值 H 的时候，产品便会发生退化失效。

为了研究方便，令产品的性能退化过程服从线性轨迹模型。

$$X(t)=\phi+\beta_1 t \qquad \beta_1 \sim \mathrm{N}(\mu_{\beta_1},\delta_{\beta_1}) \tag{7.31}$$

式中，$X(t)$ 表示在 t 时刻产品自身的性能退化量；ϕ 表示产品的性能退化量在零时刻的数值；β_1 表示产品的性能退化速率，并且服从正态分布函数。

假设产品所受的冲击载荷发生概率服从参数为 λ 的齐次泊松分布。令 Y_i 表示在时间 t 内第 i 次冲击导致的性能退化量，S_{Aj} 是冲击载荷 A_j 造成的性能退化量，∂_j 是冲击载荷造成的性能退化量占总的性能退化量的比例，则 Y_i 可以表示为：

$$Y_i=\partial_1 S_{A1}+\partial_2 S_{A2}+\cdots+\partial_n S_{An}, Y_i \sim \mathrm{N}(\sum_{j=1}^{n}\partial_j \mu_{Aj}, \sum_{j=1}^{n}\partial_j^2 \sigma_{Aj}^2) \tag{7.32}$$

在时间 t 内外界载荷导致的性能退化增量 $S(t)$ 为：

$$S(t)=\begin{cases}0, N(t)=0 \\ \sum_{i=1}^{N(t)} Y_i, N(t)>0\end{cases} \tag{7.33}$$

外界随机冲击载荷造成的产品性能退化量的突然增加和产品自身的性能退化量之和构成了产品总的性能退化量，时间 t 内总的性能退化量为：

$$X_s(t)=X(t)+S(t) \tag{7.34}$$

产品在时间 t 内，外界冲击造成的性能退化增量不能超过产品的失效阈值 H_W，如果超过 H_W 同样会导致失效发生，不发生性能退化增量失效的概率为：

$$P(W_i<H_W)=\Phi\left(\frac{H_W-\mu_W}{\delta_W}\right)^i \tag{7.35}$$

产品在时间 t 内不发生失效的概率为：

$$F_X(x,t)=\sum_{i=0}^{\infty}P(X(t)+S(t)<H \mid N(t)=i)P(N(t)=i)P(W_i<H_W)$$
$$=\sum_{i=0}^{\infty}\Phi\left(\frac{H-(\mu_{\beta_1}t+\varphi+\sum_{j=1}^{\infty}\partial_j\mu_{Aj})}{\sqrt{\delta_{\beta_1}^2t^2+\sum_{j=1}^{\infty}\partial_j\sigma_{Aj}^2}}\right)\frac{\exp(-\lambda t)(\lambda t)^i}{i!}\Phi\left(\frac{H_W-\mu_W}{\delta_W}\right)^i \tag{7.36}$$

① 在时间 t 内，产品只发生了性能退化，则可靠度为：

$$\begin{aligned}R_1(t)&=R(t\mid N(t)=0)P(N(t)=0)\\&=P(X(t)<H(t)\mid N(t)=0)P(N(t)=0)\\&=\Phi\left(\frac{H-\mu_{\beta_0}t-(\mu_{\beta_1}t+\varphi)}{\sqrt{\delta_{\beta_0}^2t^2+\delta_{\beta_1}^2t^2}}\right)\exp(-\lambda t)\end{aligned} \tag{7.37}$$

② 在时间 t 内，有外界冲击载荷作用于产品，则可靠度为：

$$\begin{aligned}R_2(t)&=\sum_{i=1}^{\infty}P(X_s(t)<L \mid N(t)=i)P(N(t)=i)P(\bigcap_{i=1}^{\infty}\{W_i<D\})\\&=\sum_{i=1}^{\infty}P(X(t)+S(t)<L \mid N(t)=i)P(N(t)=i)P(\bigcap_{i=1}^{\infty}\{W_i<D\})\\&=\sum_{i=1}^{\infty}\Phi\left(\frac{H-\left(\mu_{\beta_1}t+\varphi+i(\overline{\mu_Y}+\sum_{j=1}^{n}\partial_j\mu_{Aj})\right)}{\sqrt{\delta_{\beta_1}^2t^2+i(\overline{\sigma_Y^2}+\sum_{j=1}^{n}\partial_j^2\sigma_{Aj}^2)}}\right)\end{aligned} \tag{7.38}$$

$$\Phi\left(\frac{D_1-i\mu_{\Delta D}-\sum_{j=1}^{n}p_i\mu_{Ai}}{\sqrt{i\delta_{\Delta D}^2+\sum_{j=1}^{n}p_j^2\sigma_{Aj}^2}}\right)^i\frac{\exp(-\lambda t)(\lambda t)^i}{i!}\Phi\left(\frac{H_W-\mu_W}{\delta_W}\right)^i$$

产品在时刻 t 的可靠度为：

$$R(t)=R_1(t)+R_2(t) \tag{7.39}$$

7.7 考虑突发失效阈值连续变化的可靠性分析

7.7.1 突发失效模型

在时间 t 内，突发失效的阈值变化情况如图 7.12 所示。每次外界冲击

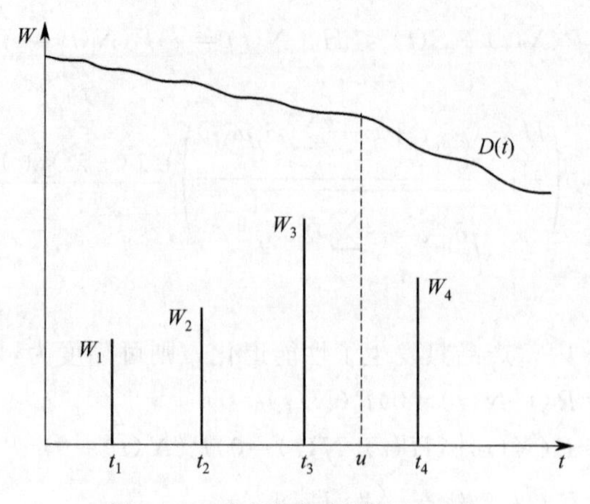

图 7.12　突发失效阈值连续变化

都会导致产品性能退化增量的增加，性能退化增量的增加又会导致产品突发失效阈值的降低。产品在工作过程中，外界冲击随机载荷和工作应力都会导致性能退化量的增加，因此突发失效阈值的变化过程为连续的变化过程。为了研究方便，假设突发失效阈值服从线性退化过程，突发失效阈值的表达式如下所示：

$$D=D_0-\beta t \tag{7.40}$$

假设产品所受的冲击载荷发生概率服从参数为 λ 的齐次泊松分布。$N(t)$ 表示时间 t 内外界冲击载荷发生的次数。时间 t 内产品不发生突发失效的概率可以表示为：

$$\begin{aligned} P &= P(\mathop{\mathrm{I}}_{i=1}^{\infty} W_i < D)P(N(t)=i) \\ &= \sum_{i=1}^{\infty}\Phi(D_0-\mu_\beta t-\sum_{j=1}^{\infty}p_j\mu_{Aj}/\sqrt{\delta_\beta^2 t^2+\sum_{j=1}^{\infty}p_j\sigma_{Aj}^2)^i}\ \frac{\exp(-\lambda t)(\lambda t)^i}{i!} \end{aligned} \tag{7.41}$$

7.7.2　产品可靠性建模

退化失效和突发失效都可能引起产品失效。产品的竞争失效模式指的是当这两种失效模式只要有一种达到其阈值的时候产品就会发生失效。外部冲击造成的突发失效具有突然性的特点，常见的突发失效有齿轮的断裂等。退化失效指的是产品的性能随着时间的变化逐渐减弱，常见的退化失效有齿轮的磨损。

产品的性能退化过程都服从线性轨迹模型。

$$X(t)=\phi+\beta_1 t \quad \beta_1 \sim \mathrm{N}(\mu_{\beta_1},\delta_{\beta_1}) \tag{7.42}$$

式中，$X(t)$ 表示在 t 时刻产品自身的性能退化量；ϕ 表示产品的性能退化量在零时刻的数值；β_1 表示产品的性能退化速率，并且服从正态分布函数。

假设产品所受的冲击载荷发生概率服从参数为 λ 的齐次泊松分布。令 Y_i 表示在时间 t 内第 i 次冲击导致的性能退化量，S_{Ai} 是冲击载荷 A_i 造成的性能退化量，∂_i 是冲击载荷造成的性能退化量占总的性能退化量的比例，其中 Y_i 相互独立并且服从同一分布函数。

$$Y_i=\partial_1 S_{A1}+\partial_2 S_{A2}+\cdots+\partial_n S_{An}, Y_i \sim \mathrm{N}(\sum_{j=1}^{n}\partial_j \mu_{Aj}, \sum_{j=1}^{n}\partial_j^2 \sigma_{Aj}^2) \tag{7.43}$$

在时间 t 内外界载荷导致的性能退化增量 $S(t)$ 为：

$$S(t)=\begin{cases}0, N(t)=0 \\ \sum_{i=1}^{N(t)} Y_i, N(t)>0\end{cases} \tag{7.44}$$

外界随机冲击载荷造成的产品性能退化量的突然增加和产品自身的性能退化量之和构成了产品总的性能退化量，时间 t 内总的性能退化量为：

$$X_s(t)=X(t)+S(t) \tag{7.45}$$

产品在时间 t 内，外界冲击造成的性能退化增量不能超过某一阈值 H_W，如果超过 H_W 同样会导致产品失效的发生，产品在时间 t 内不发生性能退化增量失效的概率为：

$$P(W_i<H_W)=\Phi\left(\frac{H_W-\mu_W}{\delta_W}\right)^i \tag{7.46}$$

综合以上分析，产品在工作过程中除了性能退化量不超过失效阈值外，还需满足性能退化增量不超过失效阈值，那么产品在时间 t 内不发生性能退化失效的概率可以表示为：

$$\begin{aligned} F_X(x,t) &= \sum_{i=0}^{\infty} P(X(t)+S(t)<H \mid N(t)=i)P(N(t)=i)P(W_i<H_W) \\ &= \sum_{i=0}^{\infty}\Phi\left(\frac{H-(\mu_{\beta_1}t+\varphi+\sum_{j=1}^{\infty}\partial_j\mu_{Aj})}{\sqrt{\delta_{\beta_1}^2 t^2+\sum_{j=1}^{\infty}\partial_j\sigma_{Aj}^2}}\right)\frac{\exp(-\lambda t)(\lambda t)^i}{i!}\Phi\left(\frac{H_W-\mu_W}{\delta_W}\right)^i \end{aligned} \tag{7.47}$$

① 在时间 t 内，产品只发生了性能退化，则可靠度为：

$$\begin{aligned} R_1(t) &= R(t \mid N(t)=0)P(N(t)=0) \\ &= P(X(t)<H(t) \mid N(t)=0)P(N(t)=0) \\ &= \Phi\left(\frac{H-(\mu_{\beta_1}t+\varphi)}{\sqrt{\delta_{\beta_1}^2 t^2}}\right)\exp(-\lambda t) \end{aligned} \tag{7.48}$$

② 在时间 t 内，有外界冲击载荷作用于产品，则可靠度为：

$$\begin{aligned} R_2(t) &= \sum_{i=1}^{\infty} P(X_s(t)<L \mid N(t)=i)P(N(t)=i)P(\prod_{i=1}^{\infty}\{W_i<D\}) \\ &= \sum_{i=1}^{\infty} P(X(t)+S(t)<L \mid N(t)=i)P(N(t)=i)P(\prod_{i=1}^{\infty}\{W_i<D\}) \\ &= \sum_{i=1}^{\infty} \Phi\left(\frac{H-(\mu_{\beta_1}t+\varphi+i(\overline{\mu_Y}+\sum_{j=1}^{n}\partial_j\mu_{Aj}))}{\sqrt{\delta_{\beta_1}^2 t^2+i(\overline{\sigma_Y}^2+\sum_{j=1}^{n}\partial_j^2\sigma_{Aj}^2)}}\right) \\ &\quad \Phi\left(\frac{D_1-\mu_{\beta_2}t-\sum_{j=1}^{n}p_i\mu_{Ai}}{\sqrt{\delta_{\beta_2}^2 t^2+\sum_{j=1}^{n}p_j^2\sigma_{Aj}^2}}\right)^i \frac{\exp(-\lambda t)(\lambda t)^i}{i!}\Phi\left(\frac{H_W-\mu_W}{\delta_W}\right)^i \end{aligned} \tag{7.49}$$

产品在时刻 t 的可靠度为：

$$R(t)=R_1(t)+R_2(t) \tag{7.50}$$

7.8 算例分析

根据 Sandia 国家实验室进行的一项实验研究，一种微型发动机，包括正交梳状驱动执行机构和相互机械连接的旋转齿，梳齿传动的线性位移通过销传递到齿轮上。随着工作过程的进行，齿轮与销连接的表面会有明显的磨损。产品正常工作时的载荷和外载荷的冲击是导致磨损产生的原因。外部冲击也会导致微型发动机中的零部件突然断裂。因此，磨损与断裂这两个失效模式都可能导致微型发动机的失效：①产品本身的性能退化和冲击引起性能退化的下降；②冲击引起的弹簧断裂导致的突发失效。

表 7.2　微引擎可靠性分析参数表

参数	值	数据来源
D_1/GPa	1.55	参考文献[15]
D_2/GPa	1.4	假设

续表

参数	值	数据来源
$H/\mu m^3$	0.00125	参考文献[15]
$L/\mu m^3$	7×10^{-4}	假设
$\beta_0/\mu m^3$	$\mu_{\beta_0}=1.2\times10^{-9}, \sigma_{\beta_0}=1\times10^{-9}$	假设
$\beta_1/\mu m^3$	$\mu_{\beta_1}=8.48\times10^{-9}, \sigma_{\beta_1}=6\times10^{-9}$	参考文献[15]
$A_1/\mu m^3$	$\mu_{A1}=1.5\times10^{-4}, \sigma_{\beta_2}=2\times10^{-5}$	假设
$A_2/\mu m^3$	$\mu_{A2}=2.5\times10^{-5}, \sigma_{\beta_3}=2\times10^{-6}$	假设
λ/转	5×10^{-5}	参考文献[55]
$Y_i/\mu m^3$	$\mu_Y=1\times10^{-4}, \sigma_Y=2\times10^{-5}$	参考文献[15]
P	0.1310	参考文献[55]
Q	3×10^4	参考文献[55]

7.8.1 突发失效阈值离散变化下的可靠性分析

产品在极值冲击的工作环境下，将表 7.2 中的数据代入到表达式(7.39)中，得到微型发动机的可靠度函数如图 7.13 所示。由图 7.13 可以看出，在产品工作的前期，产品的可靠度较高且产品的可靠度下降较为缓慢，随着工作过程的进行，由于突发失效阈值的影响，产品的可靠度下降速度加快，在 $t=2\times10^5$h 左右的时候产品失效。

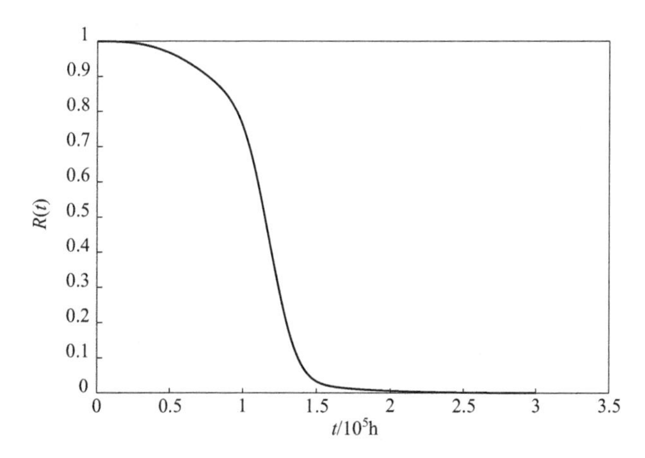

图 7.13 突发失效阈值离散变化下的可靠度

根据公式(7.39) 可以得知，突发失效阈值的变化值 ΔD 对产品可靠度

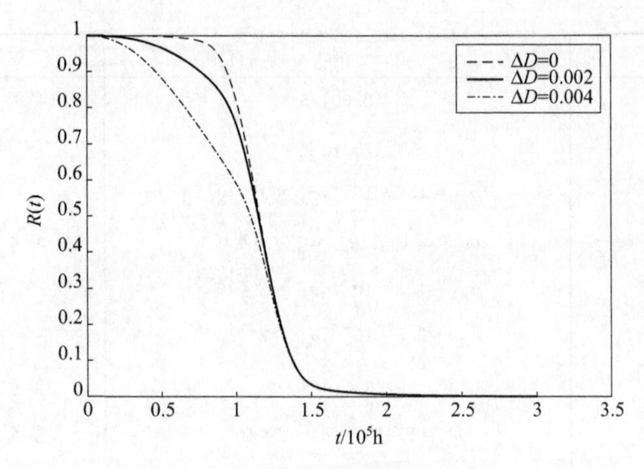

图 7.14　不同 ΔD 下产品的可靠度

有影响。考虑产品的突发失效阈值为离散变化的情况，比失效阈值没有变化的情况的可靠性要低。为了便于分析分别给出了三组数据。通过图 7.14 可以得出，不考虑突发失效阈值的变化，产品的可靠度会被高估。ΔD 越大，产品的可靠度越低，且与不考虑突发失效阈值离散变化的产品的可靠度相差越大。在产品的服役前期，不考虑突发失效阈值离散变化与考虑失效阈值离散变化的可靠度差值最大可以达到 0.3 左右，当失效阈值变化值 ΔD 变大时，可靠度曲线向左偏移。说明在一定范围内随着失效阈值变化值变大，产品的可靠度降低变快。

7.8.2　突发失效阈值连续变化下的可靠性分析

把表 7.2 中的数据分别代入到公式(7.50）中，得到可靠度图像如图 7.15 所示。对图中的可靠度曲线进行比较可以发现：考虑产品的突发失效阈值为连续变化的情况的可靠度比失效阈值没有变化的情况的可靠性要低。在产品工作的前期，因为产品的突发失效阈值的变化，两种情况下的可靠度差距较为明显。随着时间的推移，突发失效阈值逐渐变小，由突发失效阈值变化带来的可靠度的影响逐渐减弱，在 $t=1.5\times10^5$ h 之后两种情况的可靠度几乎没有差别。由图 7.15 可知，考虑阈值变化的产品可靠度比不考虑阈值变化的产品可靠度低。在产品的可靠性建模过程，如果忽视失效阈值的连续变化，产品的可靠性会被高估。

把表 7.2 中的数据分别代入到公式(7.50）和公式(7.39）中，可以分别得到产品突发失效阈值不变、突发失效阈值离散变化、突发失效阈值连续变化时的产品可靠度图像，如图 7.16 所示。观察图像可以得到以下三

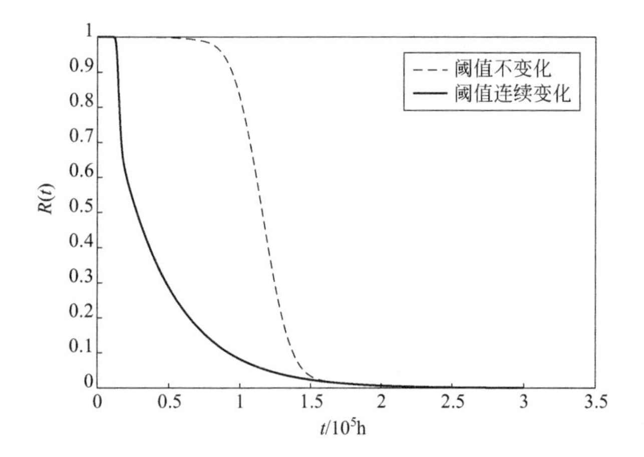

图 7.15　突发失效阈值连续变化下的可靠度

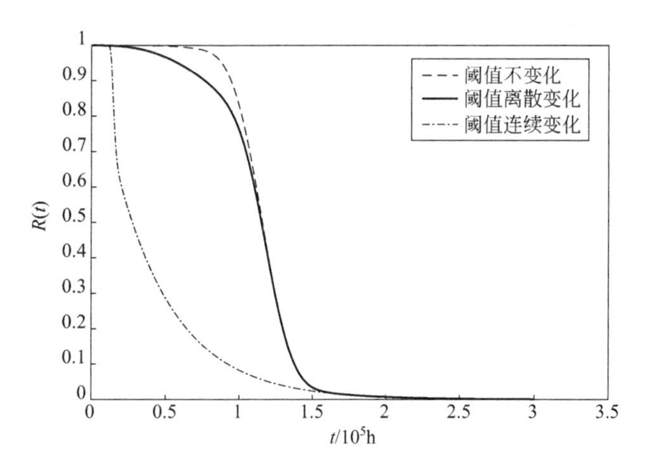

图 7.16　三种变化情况下的产品的可靠度

个结论：①将突发失效阈值为离散变化与突发失效阈值不变化的情况进行比较，可以发现在产品工作前期两者可靠度差距较大，且在 $t=1\times10^4$h 左右的时候可靠度差为 0.1 左右。不考虑突发失效阈值的变化，产品的可靠性会被高估。在产品建模过程考虑失效阈值的变化更符合实际要求。②将突发失效阈值连续变化和突发失效阈值不变的情况进行比较，同样可以发现当认为突发失效阈值不变化时候，产品的可靠性会被高估。③将突发失效阈值不变、突发失效阈值离散变化、突发失效阈值连续变化三者的图像进行比较，可以发现突发失效阈值的变化方式不同，产品的可靠度也不同。

7.9 本章小结

产品在工作过程中，当性能退化量超过失效阈值的时候，就会发生性能退化失效，当随机载荷冲击量的大小超过失效阈值的时候，就会发生突发失效。在机械产品在工作过程中，除了受到工作应力外，还可能受到随机冲击载荷的作用。在前人的研究中，常常将外界冲击载荷视为一类载荷，而忽略了冲击载荷种类的多样性以及不同冲击载荷对产品造成的不同影响。本章首先对产品在工作环境中所面临的冲击载荷进行介绍，在多种冲击载荷的基础上结合突发失效阈值不变、突发失效阈值离散变化、突发失效阈值连续变化的情况，建立了突发失效与性能退化失效同时存在下的竞争失效可靠度模型。最后结合实际算例验证了模型的正确性。

由本书所研究的突发失效阈值变化下的可靠度模型，能够更加真实地反映产品在工作时的可靠度随时间变化的过程，为研究变失效阈值下的可靠度模型提供了一种新的方向。

第8章

考虑冲击载荷大小和时间间隔的产品可靠性设计

8.1 概述

产品的可靠度除了受到冲击载荷大小的影响，还会受到冲击载荷时间间隔的影响，如果连续两次冲击载荷的时间间隔过短，同样会造成产品失效。同时在产品所遭受的外界冲击载荷中，并不是所有的外界冲击载荷都会对产品的性能退化过程产生影响，只有大于某一范围的冲击载荷才会对产品的性能退化过程产生影响。

本章主要研究了既考虑外界冲击载荷大小又考虑冲击载荷时间间隔情况下的产品可靠度，建立了不同的时间间隔情况下产品的可靠度模型，并且与不考虑时间间隔情况下产品的可靠度进行了比较，最后结合算例对产品的可靠度模型进行了验证。

8.2 外界冲击载荷的描述

8.2.1 外界冲击载荷大小的描述

产品在工作过程中，经常遭受到外界冲击载荷的作用，外界冲击载荷

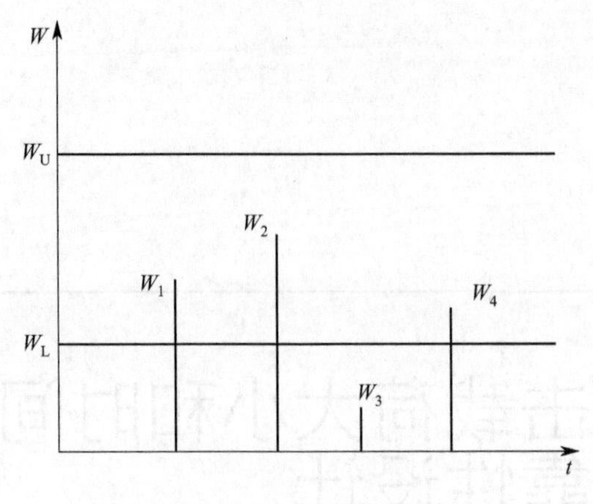

图 8.1　外界冲击载荷

的发生率服从参数为 λ 的齐次泊松分布，外界冲击载荷的幅值服从正态分布。但是并不是所有的外界冲击载荷都会对产品产生影响，某些微小载荷对产品没有影响，即产品具有抵抗外界微小外界冲击载荷的能力[49]。

如图 8.1 所示，如果外界冲击载荷小于 W_L，则认为外界冲击载荷不会对系统产生影响，如果外界冲击载荷大于 W_U 则会直接导致产品发生突发失效，如果外界冲击载荷大于 W_L 且小于 W_U 则认为外界冲击载荷会对产品产生影响，只有幅值在这一阶段的冲击载荷才会对产品的性能退化过程产生影响。

8.2.2　外界冲击载荷时间间隔的描述

对于产品来说，除了外界冲击载荷的大小会导致产品突发失效以外，外界冲击载荷的时间间隔同样会导致产品失效。当上次外界冲击载荷的发生时间和下次外界冲击载荷的发生时间间隔过小时就会导致产品失效。假定存在阈值 τ，当两次冲击的时间间隔小于 τ 的时候，产品就会突发失效[44]。如图 8.2 所示，假设外界冲击载荷的发生服从参数为 λ 的齐次泊松过程，那么连续两次冲击载荷的时间间隔服从参数为 $1/\lambda$ 的指数分布。用时间 T 表示连续两次外界冲击载荷的时间间隔，那么 $F(T)$ 可以表示为：

$$F(T)=1-e^{-\lambda t} \tag{8.1}$$

当两次外界冲击载荷的时间间隔大于时间阈值 τ 的时候，那么产品不会突发失效。产品不发生突发失效的概率可以表示为：

$$P(T>\tau)=1-P(T\leqslant\tau)=1-(1-e^{-\lambda\tau})=e^{-\lambda\tau} \tag{8.2}$$

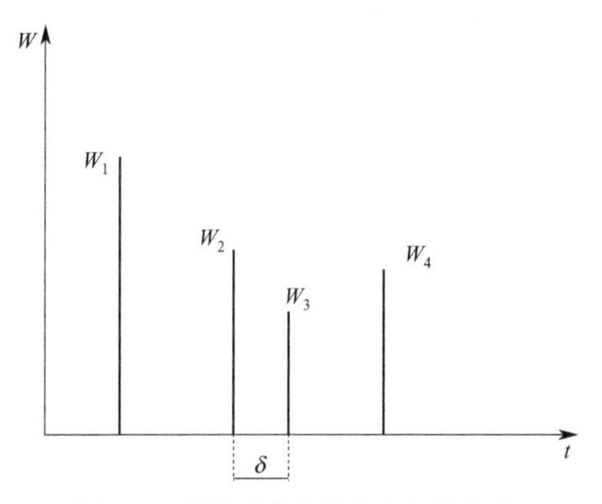

图 8.2　外界冲击载荷与时间的关系

8.3 不考虑冲击时间间隔下产品可靠性模型

8.3.1 系统描述

产品在工作过程中经历了两种失效模式：由性能退化导致的软失效和由外界冲击载荷导致的硬失效。当性能退化量超过失效阈值或者外界冲击载荷大于突发失效阈值都会导致产品失效。总的性能退化量由产品连续的性能退化量和外界冲击载荷造成的性能退化量的增加量组成。外界冲击载荷的幅值小于 W_L 不会对产品产生影响，外界冲击载荷的幅值大于 W_L 且小于 W_U 会对产品的性能退化过程产生影响。

如图 8.1 所示，当外界冲击载荷超过 W_U 的时候，产品就会突发失效。产品在工作过程并不是所有的外界冲击载荷都会对产品产生影响，外界冲击载荷小于 W_L 的部分对产品的作用可以忽略不计，只有大于 W_L 小于 W_U 的部分会对产品的性能退化过程产生影响。我们将载荷大于 W_L 小于 W_U 的外部载荷称为一般载荷，大于 W_U 的载荷称为致命载荷。用 P_1 表示一般载荷发生的概率，用 P_2 表示致命载荷发生的概率。则：

$$P_1=P(W_L<W_i<W_U)=F(W_U)-F(W_L) \tag{8.3}$$

$$P_2=P(W_U<W_i)=1-F(W_U) \tag{8.4}$$

一般载荷分布服从参数为 λp_1 的泊松分布，失效载荷服从参数为 λp_2

的泊松分布。用 $N_1(t)$ 表示时间 t 内一般载荷发生 i 次的概率，$N_2(t)$ 表示时间 t 内致命载荷发生 i 次的概率。那么 $N_1(t)$ 和 $N_2(t)$ 分别可以表示为：

$$P(N_1(t)=i)=\frac{\exp(-\lambda p_1 t)(\lambda p_1 t)^i}{i!} \tag{8.5}$$

$$P(N_2(t)=i)=\frac{\exp(-\lambda p_2 t)(\lambda p_2 t)^i}{i!} \tag{8.6}$$

8.3.2 突发失效模型

在时间 t 内，突发失效的阈值变化情况如图 7.11 所示。每次外界冲击都会导致性能退化量减少，性能退化量的减少导致了突发失效阈值降低。产品在工作过程中，为了分析方便，假设产品的突发失效过程服从离散变化过程，突发失效阈值的表达式如下所示：

$$D=D_0-i\Delta D \tag{8.7}$$

假设产品所受的冲击载荷发生概率服从参数为 λ 的齐次泊松分布。$N(t)$ 表示时间 t 内外界冲击载荷发生的次数。时间 t 内不发生突发失效的概率可以表示为：

$$\begin{aligned}P&=P(\mathop{\mathrm{I}}_{i=1}^{\infty} W_i<D)P(N(t)=i)\\&=\sum_{i=1}^{\infty}\Phi(D_0-i\Delta D-\sum_{j=1}^{\infty}p_j\mu_{\mathrm{A}j}/\sqrt{\delta_{\beta_2}^2+\sum_{j=1}^{\infty}p_j\sigma_{\mathrm{A}j}^2)^i}\ \frac{\exp(-\lambda t)(\lambda t)^i}{i!}\end{aligned} \tag{8.8}$$

8.3.3 性能退化失效模型

性能退化量由连续的退化量和外界冲击导致的性能突然增量组成。当总的性能退化量 $X_{\mathrm{s}}(t)$ 超过失效阈值 H 的时候，产品发生退化失效。

为了研究方便，令产品的性能退化过程服从线性轨迹模型。

$$X(t)=\phi+\beta_1 t \quad \beta_1\sim\mathrm{N}(\mu_{\beta_1},\delta_{\beta_1}) \tag{8.9}$$

ϕ 是初始性能退化量，β_1 是性能退化速率。

假设外界冲击载荷的发生服从参数为 λ 的齐次泊松过程，则时间 t 内外界载荷发生 i 次的概率为：

$$P(N(t)=i)=\frac{\exp(-\lambda t)(\lambda t)^i}{i!} \tag{8.10}$$

用 Y_i 表示外界冲击载荷造成的性能退化量，则 Y_i 为：

$$Y_i = b(W_U - W_L) \tag{8.11}$$

其中，b 是转换参数。

8.3.4 产品可靠性建模

在工作应力的作用下，机械产品的性能退化量会随着工作的进行而逐渐增大。在机械产品遭受外界冲击的时候，如果外界冲击不能使得产品立即失效就会造成产品性能退化量突然增加。由图 7.4 可知，外界随机冲击载荷造成的产品性能退化量的突然增加和产品自身的性能退化量之和构成了产品总的性能退化量[64]。当总的性能退化量超过失效阈值 H 的时候，产品便会发生退化失效。

产品的性能退化过程服从线性轨迹模型。

$$X(t) = \phi + \beta_1 t \quad \beta_1 \sim \mathrm{N}(\mu_{\beta_1}, \delta_{\beta_1}) \tag{8.12}$$

式中，$X(t)$ 表示在 t 时刻产品自身的性能退化量；ϕ 表示产品的性能退化量在零时刻的数值；β_1 表示产品的性能退化速率，并且服从正态分布函数。

假设产品所受的冲击载荷发生概率服从参数为 λ 的齐次泊松分布。令 Y_i 表示在时间 t 内第 i 次冲击导致的性能退化量，S_{Ai} 是冲击载荷 A_i 造成的性能退化量，∂_i 是冲击载荷造成的性能退化量占总的性能退化量的比例，其中 Y_i 相互独立并且服从同一分布函数。

$$Y_i = \partial_1 S_{A1} + \partial_2 S_{A2} + \cdots + \partial_n S_{An}, Y_i \sim \mathrm{N}\left(\sum_{j=1}^{n} \partial_j \mu_{Aj}, \sum_{j=1}^{n} \partial_j^2 \mu_{Aj}^2\right) \tag{8.13}$$

在时间 t 内外界载荷导致的性能退化增量 $S(t)$ 为：

$$S(t) = \begin{cases} 0, N(t) = 0 \\ \sum_{i=1}^{N(t)} Y_i, N(t) > 0 \end{cases} \tag{8.14}$$

外界随机冲击载荷造成的产品性能退化量的突然增加和产品自身的性能退化量之和构成了产品总的性能退化量，时间 t 内总的性能退化量为：

$$X_s(t) = X(t) + S(t) \tag{8.15}$$

产品在时间 t 内，外界冲击造成的性能退化量的增量不能超过某一阈值 W_D，如果超过 W_D 同样会导致失效发生，不发生性能退化增量失效的概率为：

$$P(W_i<H_W)=\Phi\left(\frac{H_W-\mu_W}{\delta_W}\right)^i \tag{8.16}$$

产品在时间 t 内不发生失效的概率为：

$$F_X(x,t)=\sum_{i=0}^{\infty}P(X(t)+S(t)<H\mid N(t)=i)P(N(t)=i)P(W_i<H_W)$$

$$=\sum_{i=0}^{\infty}\Phi\left(\frac{H-(\mu_{\beta_1}t+\varphi+\sum_{j=1}^{\infty}\partial_j\mu_{Aj})}{\sqrt{\delta_{\beta_1}^2t^2+\sum_{j=1}^{\infty}\partial_j\sigma_{Aj}^2}}\right)\frac{\exp(-\lambda t)(\lambda t)^i}{i!}\Phi\left(\frac{H_W-\mu_W}{\delta_W}\right)^i \tag{8.17}$$

① 在时间 t 内，产品只发生了性能退化，则可靠度为：

$$R_1(t)=P(X(t)<H)P(N_1(t)=0)P(N_2(t)=0)$$

$$=\Phi\left(\frac{H-(\mu_{\beta_1}t+\varphi)}{\sqrt{\delta_{\beta_1}^2t^2}}\right)\frac{e^{-\lambda p_1t}(\lambda p_1t)^0}{0!}\times\frac{e^{-\lambda p_2t}(\lambda p_2t)^0}{0!}P(W_i<H_W) \tag{8.18}$$

$$=\Phi\left(\frac{H-(\mu_{\beta_1}t+\varphi)}{\sqrt{\delta_{\beta_1}^2t^2}}\right)e^{-\lambda(p_1+p_2)t}\Phi\left(\frac{H_W-\mu_W}{\delta_W}\right)^i$$

② 在时间 t 内，有外界冲击载荷作用于产品，则可靠度为：

$$R_2(t)=\sum_{i=1}^{\infty}P(X_s(t)<H)P(N_1(t)=n)P(W_1<H_W)$$

$$P(N_2(t)=0)P(\mathop{\mathrm{I}}_{i=1}^{\infty}\{W_i<D\})$$

$$=\sum_{i=1}^{\infty}P(X(t)+S(t)<H)\frac{e^{-\lambda p_1t}(\lambda p_1t)^n}{n!}\frac{e^{-\lambda p_2t}(\lambda p_2t)^0}{0!}P(\mathop{\mathrm{I}}_{i=1}^{\infty}\{W_i<D\})$$

$$=\sum_{i=1}^{\infty}\Phi\left(\frac{H-(\mu_{\beta_1t}+\varphi+i(\mu_Y+\sum_{j=1}^{\infty}\partial_j\mu_{Aj}))}{\sqrt{\delta_{\beta_1}^2t^2+i(\sigma_Y^2+\sum_{j=1}^{n}\partial_j^2\sigma_{Aj}^2)}}\right)\Phi\left(\frac{D_0-i\Delta D-\sum_{j=1}^{n}p_i\mu_{Ai}}{\sqrt{\delta_{\beta_2}^2t^2+\sum_{j=1}^{n}p_j^2\sigma_{Aj}^2}}\right)^i$$

$$\frac{e^{-\lambda(p_1+p_2)t}(\lambda p_1t)^n}{n!}\Phi\left(\frac{H_W-\mu_W}{\delta_W}\right)^i \tag{8.19}$$

产品在时刻 t 的可靠度为：

$$R(t)=R_1(t)+R_2(t) \tag{8.20}$$

8.4 考虑冲击时间间隔下的产品可靠性模型

8.4.1 突发失效模型

在时间 t 内，突发失效的阈值变化情况如图 7.11 所示。每次外界冲击都会导致性能退化量减少，性能退化量的减少导致了突发失效阈值降低。产品在工作过程中，为了分析方便，假设产品的突发失效过程服从离散变化过程，突发失效阈值的表达式如下所示：

$$D=D_0-i\Delta D \tag{8.21}$$

假设产品所受的冲击载荷发生概率服从参数为 λ 的齐次泊松分布。$N(t)$ 表示时间 t 内外界冲击载荷发生的次数。产品在时间 t 内不发生突发失效，既需要满足外界冲击载荷的大小小于突发失效阈值 D，又需要满足外界冲击载荷的时间间隔大于失效阈值 τ。时间 t 内产品不发生突发失效的概率可以表示为：

$$\begin{aligned}P&=P(\mathop{\mathrm{I}}_{i=1}^{\infty}W_i<D)P(N(t)=i)\\&=\sum_{i=1}^{\infty}\Phi(D_0-i\Delta D-\sum_{j=1}^{\infty}p_j\mu_{\mathrm{A}j}/\sqrt{\delta_{\beta_2}^2+\sum_{j=1}^{\infty}p_j\sigma_{\mathrm{A}j}^2})^i\frac{\exp(-\lambda t)(\lambda t)^i}{i!}\exp(-\lambda\tau)\end{aligned} \tag{8.22}$$

8.4.2 产品可靠性建模

① 在时间 t 内，产品只发生了性能退化，则可靠度为：

$$R_1(t)=P(X(t)<H\,|\,N(t)=0)P(N_1(t)=0)P(N_2(t)=0)$$

$$\Phi\left(\frac{H-(\mu_{\beta_1}t+\varphi)}{\sqrt{\delta_{\beta_1}^2t^2}}\right)\frac{\mathrm{e}^{-\lambda p_1t}(\lambda p_1t)^0}{0!}\frac{\mathrm{e}^{-\lambda p_2t}(\lambda p_2t)^0}{0!}P(W_i<H_W) \tag{8.23}$$

$$\Phi\left(\frac{H-(\mu_{\beta_1}t+\varphi)}{\sqrt{\delta_{\beta_1}^2t^2}}\right)\mathrm{e}^{-\lambda(p_1+p_2)t}\Phi\left(\frac{H_W-\mu_W}{\delta_W}\right)^i$$

② 在时间 t 内，有外界冲击载荷作用于产品，则可靠度为：

$$R_2(t)=\sum_{i=1}^{\infty}P(X_s(t)<H)P(N_1(t)=n)P(W_i<H_W)P(N_2(t)=0)$$

$$P(\bigcap_{i=1}^{\infty}\{W_i < D\})$$

$$= \sum_{i=1}^{\infty} P(X(t)+S(t)<H)\frac{e^{-\lambda p_1 t}(\lambda p_1 t)^n}{n!}\times\frac{e^{-\lambda p_2 t}(\lambda p_2 t)^0}{0!}P(\bigcap_{i=1}^{\infty}\{W_i < D\})$$

$$= \sum_{i=1}^{\infty}\Phi\left(\frac{H-(\mu_{\beta_1}t+\varphi+i\mu_Y+\sum_{j=1}^{\infty}\partial_j\mu_{Aj})}{\sqrt{\delta_{\beta_1}^2 t^2+i(\sigma_Y^2+\sum_{j=1}^{n}\partial_j^2\sigma_{Aj}^2)}}\right)\exp(-\lambda\tau)$$

$$\Phi\left(\frac{D_1-\mu_{\beta_2}t-\sum_{j=1}^{n}p_i\mu_{Ai}}{\sqrt{\delta_{\beta_2}^2 t^2+\sum_{j=1}^{n}p_j^2\sigma_{Aj}^2}}\right)^i\frac{e^{-\lambda(p_1+p_2)t}(\lambda p_1 t)^n}{n!}\Phi\left(\frac{H_W-\mu_W}{\delta_W}\right)^i \quad (8.24)$$

产品在时刻 t 内的可靠度可以表示为：

$$R(t)=R_1(t)+R_2(t) \quad (8.25)$$

8.5 实例分析

根据 Sandia 国家实验室进行的一项实验研究，一种微型发动机，包括正交梳状驱动执行机构和相互机械连接的旋转齿，梳齿传动的线性位移通过销传递到齿轮上。随着工作过程的进行，齿轮与销连接的表面会有明显的磨损。产品正常工作时的载荷和外载荷的冲击是导致磨损产生的原因。外部冲击也会导致微型发动机中的零部件突然断裂。因此，磨损与断裂这两个失效模式都可能导致微型发动机的失效：①产品本身的性能退化和冲击引起性能退化的下降；②冲击引起的弹簧断裂导致的突发失效。

表 8.1　微型发动机可靠性分析参数表

参数	值	数据来源
D_1/GPa	1.55	参考文献[15]
D_2/GPa	1.4	假设
$H/\mu m^3$	0.00125	参考文献[15]
$L/\mu m^3$	7×10^{-4}	假设
$\beta_1/\mu m^3$	$\mu_{\beta_1}=8.48\times10^{-9}, \sigma_{\beta_1}=6\times10^{-10}$	参考文献[15]
$\beta_2/\mu m^3$	$\mu_{\beta_2}=1\times10^{-5}, \sigma_{\beta_2}=1\times10^{-6}$	假设
λ/转	5×10^{-5}	参考文献[55]

续表

参数	值	数据来源
$Y_i/\mu m^3$	$\mu_Y=1\times10^{-4}$，$\sigma_Y=2\times10^{-5}$	参考文献[15]
$W_i/\mu m^3$	$\mu_W=1.2$，$\sigma_W=0.2$	参考文献[55]
P	0.1310	参考文献[55]
τ	1×10^4	参考文献[58]

将表 8.1 中的数据代入到公式(8.25) 中，得到考虑外界冲击载荷时间间隔下产品的可靠度图像如图 8.3 所示。在产品开始工作的前半段时间里，产品的可靠度下降较为缓慢。随着工作的进行，产品的失效阈值下降，产品发生突发失效和退化失效的概率增加，产品的可靠度下降较快。最后在 $t=1.6\times10^5$ h 的时候，产品的可靠度变为零。

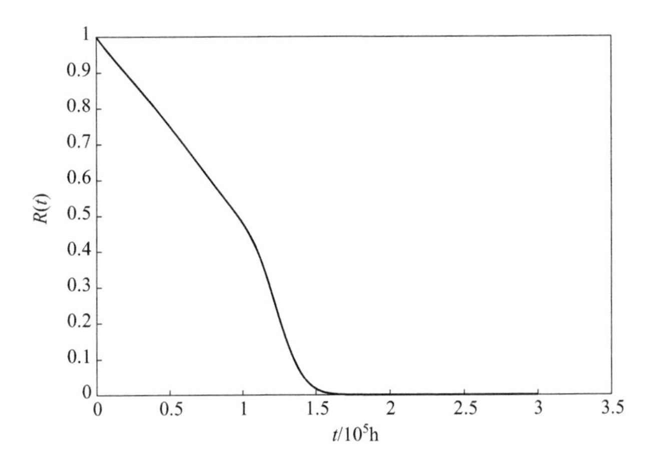

图 8.3 考虑冲击载荷时间间隔下产品的可靠度

将考虑外界冲击载荷时间间隔的产品可靠度与不考虑外界冲击载荷时间间隔的产品可靠度进行比较，得到产品的可靠度如图 8.4 所示。在 $t=0.75\times10^5$ h 左右的时候，考虑冲击时间间隔的产品可靠度比不考虑冲击时间间隔的产品可靠度小 0.15 左右。通过图像可以发现，只考虑外界冲击载荷的幅值而不考虑连续两次外界冲击载荷的时间间隔，所得的产品可靠度与产品实际的可靠度不相符合，即产品的可靠度会比实际的可靠度高。

将 $\tau=1\times10^4$、$\tau=2\times10^4$、$\tau=3\times10^4$ 分别代入到公式(8.25) 中，得到的图像如图 8.5 所示。由图像可以发现，阈值 τ 越小，产品的可靠度越高，这是因为阈值越小，产品不发生突发失效条件越容易满足。在一定范围内，产品的可靠度与阈值有关，阈值越高，产品的可靠度越高。其中在产品服役的中期，阈值为 $\tau=1\times10^4$ 和阈值为 $\tau=2\times10^4$ 的可靠度差距可以

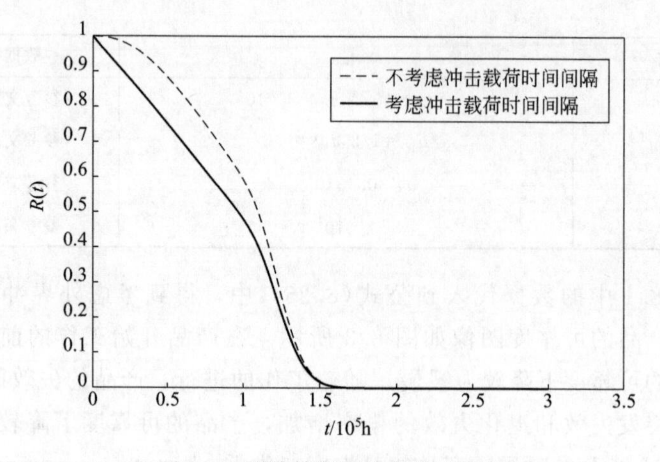

图 8.4　两种情况下的产品可靠度

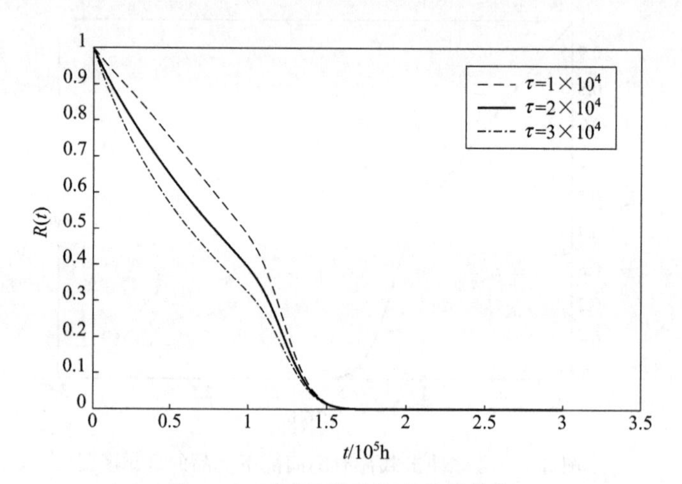

图 8.5　不同阈值下的产品可靠度

达 0.2 左右。因此在对产品的可靠度进行分析的时候，同时考虑外界冲击载荷的大小和冲击载荷的时间间隔是有必要的。

8.6　本章小结

本章研究了外界冲击载荷的时间间隔对产品可靠度的影响，在突发失效阈值为离散变化的情况下，分别建立了不考虑冲击载荷时间间隔与考虑冲击载荷时间间隔的产品可靠度模型。

在相同条件下，将考虑冲击载荷时间间隔的产品可靠度与不考虑冲击载荷时间间隔的产品可靠度进行了比较，同时还考虑了时间间隔不同的产品的可靠度。将所建立的模型进行比较，最终得到两个结论：①不考虑外界冲击载荷的时间间隔的产品可靠度要比考虑冲击载荷时间间隔的产品可靠度高，在产品建模过程既考虑冲击载荷大小又考虑载荷的时间间隔更符合实际要求。②冲击载荷时间间隔的阈值 τ 越小，产品的可靠度越高。

第9章

基于退化轨迹和随机过程的变失效阈值可靠性设计

9.1 概述

在竞争失效理论中，外界冲击是加速产品退化过程的主要因素。外界冲击的到达会影响自然退化过程，表现为软失效阈值的改变、累积退化量的激增与退化速率的改变。此外，当冲击过程满足冲击模型判别条件时，产品的硬失效就会发生，这就使得硬失效分析模型需要做到客观全面。现有研究大多忽略了产品实际工作环境的复杂性，传统的单一硬失效模型并不完全匹配产品的分析需求。外界环境的复杂性又决定了产品遭受的冲击过程不仅仅是单一来源、单一性质的。在这种情况下，仅用单一的冲击过程来表述外界影响显然不够全面。由此可见，对产品整体失效过程进行全面的模型构建与分析研究是必要的。产品可靠性分析建模理应更加全面对竞争失效模式所涉及的各个方面的影响加以细致表述。

本章选用退化轨迹模型，应用变软失效阈值的建模方法，以细化产品退化可靠度分析模型为出发点，较为全面地分析了多来源冲击对产品退化过程的影响。在细化冲击过程的同时，提出了新的冲击模型，建立了一种改进的可靠度分析模型，为非理想环境下的机械产品可靠度评估提供了理论支撑与实际的计算方法。

随着现代机械制造水平的提高，产品的生产出现了批量化、集中化的特点。这就使得多数产品在投入使用之前，需要经历一个储存阶段。许多产品更是对生产时间、库存时间等指标均有严格的约束限制[103]，而目前的产品可靠性研究普遍忽略了这一点。除了产品在储存过程中的退化量累积需要引入建模外，还应从全局角度出发，关注产品在整个寿命周期内表现出的退化特性。通过对轴承、GaAs 激光器、显像器等产品的加速性能退化数据的分析[104-106]，发现在工程实际中，产品存在两阶段退化的特性[107-109] 的现象较为普遍。从建模角度来看，该特性主要体现在产品退化速率的改变与抗冲击能力的下降，这就使得在可靠度分析模型的构建中，应用退化过程分阶段表述与变硬失效阈值的建模方法十分必要。相比于退化轨迹模型，本章选取的随机过程模型在针对高质量产品的两阶段非线性退化以及存储寿命分析方面具有良好的数学特性。本节建模基于变硬失效阈值与分阶段表述的建模思想，考虑产品储存期性能退化量累积与产品两阶段退化特性，提出了一种全寿命周期内的三阶段竞争失效可靠度分析模型，并给出了对应解析表达式与实例验证。

本章的组织结构介绍如下：9.2 节介绍了对模型的描述与基本假设；9.3 节进行了基于极值冲击损伤的竞争失效的可靠性模型的推导，并通过密集冲击概念的引入，给出了考虑密集冲击的 delta 冲击竞争失效可靠性模型的推导过程及结果，然后于 9.4 节选取了一种应用广泛的微型发动机作为实例，对本章提出的两种模型进行了验证；在 9.5 节中，关于模型的描述与基本建立方法将会被给出，此外给出一些有关模型搭建的前期推导过程；9.6 节给出了本模型的具体推导过程及结果；依据文献［110］中的退化数据，在 9.7 节中给出了算例分析，验证了所提出模型的正确性与灵敏性；最后，本章小结在 9.8 节中讨论。现将本章用到的符号列于表 9.1 中。

表 9.1　第 9 章符号表

符号	含义
λ	总体冲击过程泊松分布到达率
λ_c	有效冲击过程泊松分布到达率
λ_1	有效常规冲击过程泊松分布到达率
λ_2	有效额外冲击过程泊松分布到达率
$N_1(t)$	截止到 t 时刻到达的有效常规冲击个数
$N_2(t)$	截止到 t 时刻到达的有效额外冲击个数
$N_c(t)$	截止到 t 时刻到达的有效冲击总数
T_m	第 m 个有效冲击到达的时间点
W_i	第 i 个有效常规冲击造成的损伤量

续表

符号	含义
$X(t)$	截止到 t 时刻产品的自然退化量
$S(t)$	截止到 t 时刻产品的总退化激增量
$X_s(t)$	截止到 t 时刻产品的总退化量
D_0	产品初始软失效阈值
D_m	第 m 个有效冲击到达后的软失效阈值
$D_m(t)$	t 时刻软失效阈值
H	产品硬失效阈值
L	有效冲击判别阈值
s	常规冲击子冲击来源数
g	额外冲击子冲击来源数
$A_1,\cdots,A_s$	各冲击来源的子冲击大小(常规冲击)
$k_1,\cdots,k_s$	$A_1,\cdots,A_s$ 与冲击损伤的转化参数(常规冲击)
Y_0	随机事件造成的产品激增退化量
Y_i	第 i 个有效冲击造成的激增退化量(常规冲击)
$\alpha_1,\cdots,\alpha_s$	$A_1,\cdots,A_s$ 的激增退化量转化参数(常规冲击)
c	软失效阈值下降量转化参数
φ	产品初始退化量
β_m	第 m 个有效冲击到达后的产品退化率
η_m	第 m 个有效冲击导致的退化率增量
p	常规冲击到达率占总体冲击到达率的比重
δ	delta 冲击失效阈值
b	密集冲击系数
γ	密集冲击造成的退化激增量
B_l	T_{l-1} 与 T_l 对应冲击的时间间隔
$K(t)$	截止到 t 时刻的密集冲击数

注：额外冲击相关符号用波浪线加以区分，同含义符号在此不重复给出。

9.2 系统描述与模型建立

9.2.1 基于极值冲击损伤的竞争失效模型

本章选用退化轨迹模型 $X(t)=\varphi+\beta t$ 来描述自然退化过程，式中 φ 代表初始退化量，β 代表产品退化率。除自然退化过程外，认为产品会受到外界冲击，冲击总体服从强度为 λ 的泊松过程。只有当冲击造成的损伤量超过阈值 L 时，该冲击才被视为会对产品产生影响的有效冲击。有效冲击除了会引起性能退化过程中的退化量激增外，还会引起软失效阈值下降、产品退化率升高。当产品总退化量 $X_s(t)$ 超过阈值 $D(t)$ 时产品发生软失效。

产品经历的冲击来源纷繁复杂，本章将外部冲击分为常规冲击、额外冲击两种冲击类型。常规冲击过程、额外冲击过程分别服从强度为 $p\lambda$ 和 $(1-p)\lambda$ 的齐次泊松过程，其中 p 是常规冲击到达率占总体冲击到达率的比重。将有效的常规冲击个数记为 $N_1(t)=i$，第 i 个有效常规冲击对应的损伤量记为 W_i。将有效的额外冲击个数记为 $N_2(t)=j$，假设 $i<j$，第 i 个有效额外冲击对应的损伤量记为 $\widetilde{W}_i$。将有效冲击的到达时间记为 T_1，…，T_{i+j}，任一种损伤量超过阈值 H 都会导致硬失效的发生。具体过程如图 9.1 所示。

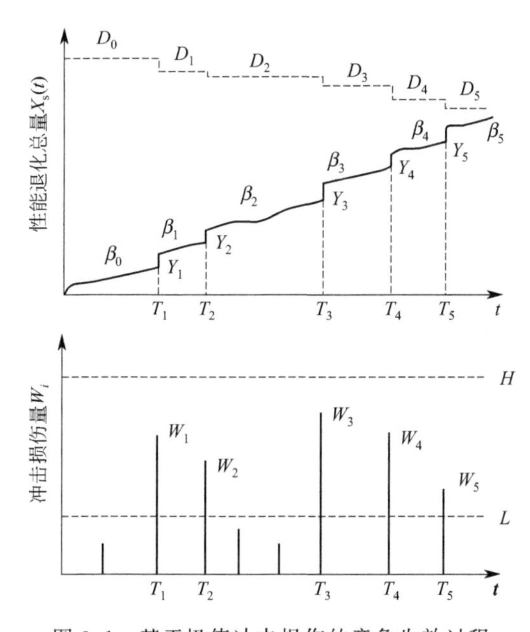

图 9.1　基于极值冲击损伤的竞争失效过程

为了更好地对建模思想加以论述，现将下文推导所需的概念列举如下：

① 任一时刻到达的冲击都是由许多不同来源的子冲击构成的。假设常规冲击共 s 种冲击来源，额外冲击共有 g 种冲击来源。依据工况，假设每种来源的冲击都会对产品造成一定的损伤，冲击大小服从正态分布且互相独立。将第 s 种冲击来源的常规冲击的大小表示为 A_s。将第 g 种冲击来源的

额外冲击大小表示为$\widetilde{A}_g$。以常规冲击中第s种来源的冲击为例，该来源冲击大小服从$A_s \sim N(\mu_{A_s},\sigma_{A_s}^2)$。根据$A_s$的危害程度设置对应的转化系数为$k_s$，则常规冲击损伤量和第$i$次常规冲击损伤量大小可以表示为：

$$W=\sum_{l=1}^{s} k_l A_l \tag{9.1}$$

$$W_i \sim N\left(\sum_{l=1}^{s} k_l \mu_{A_l},\sum_{l=1}^{s} k_l^2 \sigma_{A_l}^2\right) \tag{9.2}$$

将式(9.2)简记为$W_i \sim N(\mu_1,\sigma_1^2)$。第$j$次额外冲击损伤量服从分布，简记为$\widetilde{W}_j \sim N(\mu_2,\sigma_2^2)$。

② 有效冲击会造成产品退化量激增，将常规冲击、额外冲击造成的激增退化量分别记为Y和$\widetilde{Y}$。以常规冲击为例，A_s对应的激增退化量转化系数为α_s。则该退化激增量可以表示为：

$$Y=Y_0+\sum_{l=1}^{s} \alpha_l A_l \tag{9.3}$$

其中，Y_0为服役过程中除冲击过程之外，其他不可预计的事件所造成的激增量，且服从$Y_0 \sim N(\mu_{Y_0},\sigma_{Y_0}^2)$。则退化激增量服从：

$$Y \sim N\left(\mu_{Y_0}+\sum_{l=1}^{s} \alpha_l \mu_{A_l},\sigma_{Y_0}^2+\sum_{l=1}^{s} \alpha_l^2 \sigma_{A_l}^2\right) \tag{9.4}$$

两类有效冲击造成的激增退化量分别简记为$Y \sim N(\mu_3,\sigma_3^2)$、$\widetilde{Y} \sim N(\mu_4,\sigma_4^2)$。

9.2.2 考虑密集冲击的 delta 冲击的竞争失效模型

与9.2.1小节所述模型相比，本模型除了冲击损伤量超过硬失效阈值H外，有效冲击间隔B_l落入区间（$0,\delta$）时产品也会发生硬失效，其中δ为冲击间隔阈值。在9.2.1小节的基础上，引入密集冲击对退化过程的影响，提出考虑密集冲击的delta冲击模型。将有效冲击间隔按时长划分为（$0,\delta$）、（$\delta,b\delta$）与（$b\delta,\infty$）三个区间，不同类型的冲击间隔将对产品软失效过程产生不同影响。与传统模型相同，当有效冲击间隔B_l落入区间（$0,\delta$）时，产品发生硬失效。为表述方便，将（$0,\delta$）称为失效区间。称（$b\delta,\infty$）为安全区间，当B_l落入该区间时，冲击不会对产品软失效过程产生影响。称区间（$\delta,b\delta$）为致变区间，当有效冲击间隔B_l落入区间（$\delta,b\delta$）时一次密集冲击发生。其中b为密集冲击系数。如图9.2所示，落入区间（$\delta,b\delta$）的B_2和B_4即对应两组密集冲击。密集冲击的发生会加速退化过程，体现在T_2、T_4时刻到达的冲击所造成的激增量更大，退化率升高，软失效阈值下降加剧。

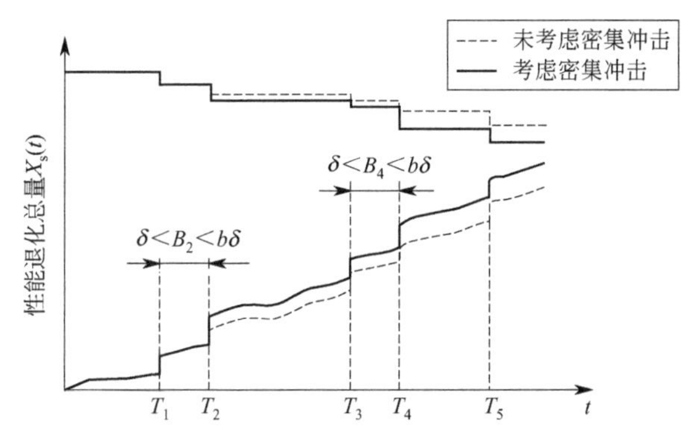

图 9.2　考虑密集冲击损伤的退化过程

9.3 复杂冲击过程下产品可靠度分析模型推导

9.3.1 基于极值冲击损伤的竞争失效模型推导

产品共经历 $N_e(t)=N_1(t)+N_2(t)$ 次有效冲击。根据前文的设定，可以得到以下结论：

到达的冲击是无效冲击的概率为分别为：

$$F_W(L)=\phi\left(\frac{L-\mu_1}{\sigma_1}\right) \tag{9.5}$$

$$F_{\widetilde{W}}(L)=\phi\left(\frac{L-\mu_2}{\sigma_2}\right) \tag{9.6}$$

易知两类冲击过程仍服从泊松分布，对应的强度分别为 $\lambda_1=\lambda(1-F_W(L))p$，$\lambda_2=\lambda(1-F_{\widetilde{W}}(L))(1-p)$。

按照 9.2 节中给出的损伤量的分布参数，可得两种外部冲击下产品不发生硬失效的概率分别为：

$$P(W<H)=\phi\left(\frac{H-\mu_1}{\sigma_1}\right) \tag{9.7}$$

$$P(\widetilde{W}<H)=\phi\left(\frac{H-\mu_2}{\sigma_2}\right) \tag{9.8}$$

依据式(9.7)和式(9.8)，可得产品工作时不发生硬失效的概率：

$$\begin{aligned} p_H(t) = & P\left(\bigcap_{z=1}^{N_1(t)}(W_z < H), \bigcap_{k=1}^{N_2(t)}(\widetilde{W}_k < H) \mid N_1(t)=i, N_2(t)=j\right) \times \\ & P(N_1(t)=i, N_2(t)=j) + P\left(\bigcap_{k=1}^{N_2(t)}(\widetilde{W}_k < H) \mid N_1(t)=0,\right. \\ & \left. N_2(t)=j\right) \times P(N_1(t)=0, N_2(t)=j) + P\left(\bigcap_{z=1}^{N_1(t)}(W_z < H) \mid \right. \\ & \left. N_1(t)=i, N_2(t)=0\right) \times P(N_1(t)=i, N_2(t)=0) \\ & + P(N_1(t)=0, N_2(t)=0) \\ = & \sum_{i=0}^{\infty}\sum_{j=0}^{\infty} P^i(W < H) \times P^j(\widetilde{W} < H) \times P(N_1(t)=i) \times \\ & P(N_2(t)=j) \\ = & \sum_{i=0}^{\infty}\sum_{j=0}^{\infty} \phi^i\left(\frac{H-\mu_1}{\sigma_1}\right) \times \phi^j\left(\frac{H-\mu_2}{\sigma_2}\right) \times \frac{e^{-\lambda_1 t}(\lambda_1 t)^i}{i!} \times \frac{e^{-\lambda_2 t}(\lambda_2 t)^j}{j!} \end{aligned} \tag{9.9}$$

本模型中包含两类冲击过程，应格外留意在分析过程包含所有可能会发生的情形。当一种冲击不存在时的可靠度表达式会与大多数情况不同。当存在有效冲击时，将有效冲击总数表示为 $N_e(t)=i+j=m$，现将总激增退化量 $S(t)$ 表达为下式：

$$S(t) = \begin{cases} 0 & m=0 \\ \sum_{l=0}^{m} Y_l = \begin{cases} \sum_{z=1}^{i} Y_z & i \geqslant 1, j=0 \\ \sum_{k=1}^{j} \widetilde{Y}_k & i=0, j \geqslant 1 \\ \sum_{z=1}^{i} Y_z + \sum_{k=1}^{j} \widetilde{Y}_k & i \geqslant 1, j \geqslant 1 \end{cases} \end{cases} \tag{9.10}$$

根据式(9.10)，可以得到 t 时刻产品的总退化量为：

$$X_s(t) = X(t) + S(t) \tag{9.11}$$

依照假设，有效冲击的到达会将连续的退化量变化离散成若干个连续阶段。软失效阈值的下降量与有效冲击造成的损伤量有关。为方便下文计算，引入参数 c，将其近似表述为一个与退化激增量有关的参量。则第 m 次有效冲击到达后软失效阈值为：

$$D_m = D_0 - \sum_{l=1}^{m} Q(Y_l) = D_0 - c\left(\sum_{z=1}^{i} Y_z + \sum_{k=1}^{j} \widetilde{Y}_k\right) \tag{9.12}$$

与此同时，冲击也会加速连续部分的退化过程，造成退化率 β 在原有基础上增加，增加量为服从正态分布的非负随机变量 $\eta_m \sim N(\mu_\eta, \sigma_\eta^2)$，该增加量互相独立且同分布。以 $\beta_0 \sim N(\mu_\beta, \sigma_\beta^2)$ 代表初始退化率。经历第 m 次有效冲击后的退化率可以表示为：

$$\beta_m = \beta_{m-1} + \eta_m = \beta_0 + \sum_{l=1}^{m} \eta_l \tag{9.13}$$

根据两类冲击个数构成的不同，可以分以下几种情况讨论：

① 当产品不遭受有效冲击，即 $N_h(t)=0$ 时，式(9.11) 可以表示为：

$$X_s(t) = \varphi + \beta_0 t \tag{9.14}$$

联立式(9.10)～式(9.12)，仅考虑产品的软失效模式，可得该情况下产品可靠度为：

$$R_{SF1}(t \mid N_h(t)=0) = P(X_s(t) < D_0) = \phi\left(\frac{D_0 - \varphi - \mu_\beta t}{\sigma_\beta t}\right) \tag{9.15}$$

依据式(9.7)、式(9.8) 和式(9.15)，进一步可得竞争失效模式下的可靠度函数为：

$$\begin{aligned} R_1(t) &= p(X_s(t) < D_0 \mid N_1(t)=0, N_2(t)=0) \times p(N_1(t)=0, N_2(t)=0) \\ &= \phi\left(\frac{D_0 - (\varphi + \mu_{\beta_0} t)}{\sigma_{\beta_0} t}\right) \times e^{-\lambda_1 t} \times e^{-\lambda_2 t} \end{aligned} \tag{9.16}$$

② 当两种冲击均至少发生一次，即 $i \geqslant 1$，$j \geqslant 1$ 时，依据式(9.10)、式(9.11) 和式(9.13)，总退化量 $X_s(t)$ 可表示为：

$$\begin{aligned} X_s(t) &= \varphi + \beta_0 T_1 + \beta_1 (T_2 - T_1) + \cdots + \beta_{i+j-1}(T_i - T_{i+j-1}) + \\ &\quad \beta_{i+j}(t - T_m) + S(t) \\ &= \varphi + \sum_{h=1}^{m} \left[\left(\beta_0 + \sum_{l=0}^{h-1} \eta_l\right)(T_h - T_{h-1})\right] + \left(\beta_0 + \sum_{l=0}^{m} \eta_l\right)(t - T_m) + \\ &\quad \sum_{z=1}^{i} Y_z + \sum_{k=1}^{j} \widetilde{Y}_k \end{aligned} \tag{9.17}$$

式中，$T_0 = 0$，$\eta_0 = 0$。

将公式(9.12)、式(9.13) 和式(9.17) 联立，可得软失效模式下可靠度为：

$$\begin{aligned} & R_{RF2}(t \mid i \geqslant 1, j \geqslant 1) \\ &= p\{X_s(t) < D(t) \mid i \geqslant 1, j \geqslant 1\} \\ &= p\left\{\varphi + \sum_{h=1}^{m} \left[\left(\beta_0 + \sum_{l=0}^{h-1} \eta_l\right)(T_h - T_{h-1})\right] + \left(\beta_0 + \sum_{l=0}^{m} \eta_l\right)(t - T_m) + \right. \\ &\quad \left. \sum_{z=1}^{i} Y_z + \sum_{k=1}^{j} \widetilde{Y}_k < D_0 - c\left(\sum_{z=1}^{i} Y_z + \sum_{k=1}^{j} \widetilde{Y}_k\right)\right\} \\ &= p\left\{\varphi + \sum_{h=1}^{m} \left[\left(\beta_0 + \sum_{l=0}^{h-1} \eta_l\right)(T_h - T_{h-1})\right] + \left(\beta_0 + \sum_{l=0}^{m} \eta_l\right)(t - T_m) + \right. \end{aligned}$$

$$(1+c)\sum_{z=1}^{i}Y_z+(1+c)\sum_{k=1}^{j}\widetilde{Y}_k<D_0\}$$

$$=p\{A<D_0\} \tag{9.18}$$

式中：

$$A\sim \mathrm{N}(\varphi+(t-T_m)[m\mu_\eta+\mu_\beta]+\sum_{h=1}^{m}((T_h-T_{h-1})[(h-1)\mu_\eta+\mu_\beta])+$$

$$(1+c)[i\mu_3+j\mu_4],\sum_{h=1}^{m}(T_h-T_{h-1})^2[(h-1)\sigma_\eta^2+\sigma_\beta^2]+(1+c)^2(i\sigma_3^2+j\sigma_4^2)+$$

$$(t-T_m)^2[\sigma_\beta^2+(i+j)\sigma_\eta^2]) \tag{9.19}$$

所以，式(9.18)可以写为：

$$R_{\mathrm{SF2}}(t|N_1(t)=i,N_2(t)=j)$$

$$=\phi\left(\frac{D_0-(\varphi+(t-T_m)[m\mu_\eta+\mu_\beta]+\sum_{h=1}^{m}((T_h-T_{h-1})[(h-1)\mu_\eta+\mu_\beta])+(1+c)[i\mu_3+j\mu_4])}{\sqrt{\sum_{h=1}^{m}(T_h-T_{h-1})^2[(h-1)\sigma_\eta^2+\sigma_\beta^2]+(1+c)^2(i\sigma_3^2+j\sigma_4^2)+(t-T_m)^2[\sigma_\beta^2+m\sigma_\eta^2]}}\right) \tag{9.20}$$

有效冲击到达时间 T_1，T_2，…，T_{i+j} 互相独立，且服从均匀分布 $\mathrm{U}(0,t)$。将有效冲击到达时间作为一组变量，利用斯蒂尔杰斯积分将其引入可靠度表达式的推导。T_1，T_2，…，T_{i+j} 可以看作一组顺序统计量，且该顺序统计量的分布与有效冲击到达时间的联合分布相等。其概率密度函数[21]可表达为：

$$f_{T_1,T_2,\cdots,T_m|N_c(t)=m}(\tau_1,\tau_2,\cdots,\tau_m|N_e(t)=m)=\frac{m!}{t^m},0<\tau_1<\tau_2<\cdots<\tau_m<t \tag{9.21}$$

利用式(9.7)、式(9.8)和式(9.20)，可得竞争失效模式下的可靠度函数为：

$$\begin{aligned}R_2(t)&=\sum_{i=1}^{\infty}\sum_{j=1}^{\infty}P\{X_s(t)<D(t),\bigcap_{z=1}^{N_1(t)}(W_z<H)\bigcap_{k=1}^{N_2(t)}(\widetilde{W}_k<H)|N_1(t)\\&=i,N_2(t)=j\}\times P(N_1(t)=i,N_2(t)=j)\\&=\sum_{i=1}^{\infty}\sum_{j=1}^{\infty}[(\int_0^t\cdots m\cdots\int_0^t f_{T_1,\cdots,T_i}(\tau_1,\tau_2,\cdots,\tau_m)\times\\&R_{\mathrm{SF2}}(t|N_1(t)=i,N_2(t)=j)\mathrm{d}\tau_1\mathrm{d}\tau_2\cdots\mathrm{d}\tau_m)\\&\times P^i(W<H)\times P^j(\widetilde{W}<H)\times P(N_1(t)=i,N_2(t)=j)]\\&=\sum_{i=1}^{\infty}\sum_{j=1}^{\infty}(\int_0^t\cdots m\cdots\int_0^t\frac{m!}{t^m}\times R_{\mathrm{SF2}}(t|N_1(t)=i,N_2(t)=j)\mathrm{d}\tau_1\mathrm{d}\tau_2\cdots\mathrm{d}\tau_m)\end{aligned}$$

$$\times \phi^{i}\left(\frac{H-\mu_1}{\sigma_1}\right)\times \phi^{j}\left(\frac{H-\mu_2}{\sigma_2}\right)\times \frac{e^{-\lambda_1 t}(\lambda_1 t)^{i}}{i!}\times \frac{e^{-\lambda_2 t}(\lambda_2 t)^{j}}{j!} \quad (9.22)$$

当仅有一种有效冲击到达时，可继续列出如下两种情况：

③ 根据式(9.10)、式(9.11)，当到达的有效冲击全部为常规冲击时产品退化量可表达为：

$$X_s(t)=\varphi+\sum_{h=1}^{\infty}[(\beta_0+\sum_{l=0}^{h-1}\eta_l)(T_h-T_{h-1})]+(\beta_0+\sum_{l=0}^{i}\eta_l)(t-T_i)+\sum_{z=1}^{i}Y_z \quad (9.23)$$

将式(9.7)～式(9.11) 和式(9.23) 联立，可以得到有效冲击均为常规冲击时，软失效模式下的可靠度函数为：

$$\begin{aligned}
&R_{SF3}(t\mid N_1(t)=i\geqslant 1,N_2(t)=0)\\
&=p\{X_s(t)<D(t)\mid N_1(t)=i\geqslant 1,N_2(t)=0\}\\
&=p\{\varphi+\sum_{h=1}^{i}[(\beta_0+\sum_{l=0}^{h-1}\eta_l)(T_h-T_{h-1})]+(\beta_0+\sum_{l=0}^{i}\eta_l)(t-T_i)+\sum_{z=1}^{i}Y_z\\
&\quad<D_0-c\sum_{z=1}^{i}Y_z\}\\
&=p\{\varphi+\sum_{h=1}^{i}[(\beta_0+\sum_{l=0}^{h-1}\eta_l)(T_h-T_{h-1})]+(\beta_0+\sum_{l=0}^{i}\eta_l)(t-T_i)\\
&\quad+(1+c)\sum_{z=1}^{i}Y_z<D_0\}
\end{aligned} \quad (9.24)$$

将不等式左侧记为 B：

$$\begin{aligned}
B\sim N(&\varphi+(t-T_i)(i\mu_\eta+\mu_\beta)+\sum_{h=1}^{i}((T_h-T_{h-1})[(h-1)\mu_\eta+\mu_\beta])+i(1+c)\mu_3,\\
&\sum_{h=1}^{i}(T_h-T_{h-1})^2[(h-1)\sigma_\eta^2+\sigma_\beta^2]+i(1+c)^2\sigma_3^2+(t-T_i)^2[\sigma_\beta^2+i\sigma_\eta^2])
\end{aligned} \quad (9.25)$$

式(9.24) 可进一步表示为：

$$\begin{aligned}
&R_{SF3}(t\mid N_1(t)=i\geqslant 1,N_2(t)=0)\\
&=\phi\left(\frac{D_0-(\varphi+(t-T_i)(i\mu_\eta+\mu_\beta)+\sum_{h=1}^{i}((T_h-T_{h-1})[(h-1)\mu_\eta+\mu_\beta])+i(1+c)\mu_3)}{\sqrt{\sum_{h=1}^{i}(T_h-T_{h-1})^2[(h-1)\sigma_\eta^2+\sigma_\beta^2]+i(1+c)^2\sigma_3^2+(t-T_i)^2(\sigma_\beta^2+i\sigma_\eta^2)}}\right)
\end{aligned} \quad (9.26)$$

利用式(9.7)、式(9.8)、式(9.23) 和式(9.26)，可得本情况下的可靠度函数为：

$$R_3(t)=\sum_{i=1}^{\infty}P\{X_s(t)<D(t),\bigcap_{z=1}^{N_1(t)}(W_z<H)\mid N_1(t)=i,N_2(t)=0\}$$

$$\times P(N_1(t)=i,N_2(t)=0)$$

$$=\sum_{i=1}^{\infty}(\int_0^t\cdots i\cdots\int_0^t f_{T_1,\cdots,T_i}(\tau_1,\cdots,\tau_i)\times R_{\mathrm{SF3}}(t\mid N_1(t)=i,$$

$$N_2(t)=0)\mathrm{d}\tau_1\cdots\mathrm{d}\tau_i)\times P^i(W<H)\times P(N_1(t)=i,N_2(t)=0)$$

$$=\sum_{i=1}^{\infty}(\int_0^t\cdots i\cdots\int_0^t\frac{i!}{t^i}\times R_{\mathrm{SF3}}(t\mid N_1(t)=i,N_2(t)=0)\mathrm{d}\tau_1\mathrm{d}\tau_2\cdots\mathrm{d}\tau_i)$$

$$\times\phi^i\left(\frac{H-\mu_1}{\sigma_1}\right)\times\frac{\mathrm{e}^{-\lambda_1 t}(\lambda_1 t)^i}{i!}\times\mathrm{e}^{-\lambda_2 t} \tag{9.27}$$

④ 根据式(9.10)、式(9.11)，可以得到当有效冲击仅属于额外冲击时的产品总退化量为：

$$X_s(t)=\varphi+\sum_{h=1}^{j}[(\beta_0+\sum_{l=0}^{h-1}\eta_l)(T_h-T_{h-1})]+(\beta_0+\sum_{l=0}^{j}\eta_l)(t-T_j)+\sum_{k=1}^{j}\widetilde{Y}_k \tag{9.28}$$

联立式(9.10)、式(9.13) 和式(9.28)，可得到软失效模式下可靠度函数为：

$$R_{\mathrm{SF4}}(t\mid N_1(t)=0,N_2(t)=j\geqslant 1)$$

$$=p\{X_s(t)<D(t)\mid N_1(t)=0,N_2(t)=j\geqslant 1\}$$

$$=p\{\varphi+\sum_{h=1}^{j}[(\beta_0+\sum_{l=0}^{h-1}\eta_l)(T_h-T_{h-1})]+(\beta_0+\sum_{l=0}^{j}\eta_l)(t-T_j)$$

$$+\sum_{k=1}^{j}\widetilde{Y}_k<D_0-c\sum_{k=1}^{j}\widetilde{Y}_k)\}$$

$$=p(\varphi+\sum_{h=1}^{j}[(\beta_0+\sum_{l=0}^{h-1}\eta_l)(T_h-T_{h-1})]+(\beta_0+\sum_{l=0}^{j}\eta_l)(t-T_j)$$

$$+(1+c)\sum_{k=1}^{j}\widetilde{Y}_k<D_0\} \tag{9.29}$$

将式(9.29) 中不等式左侧记为C：

$$C\sim\mathrm{N}(\varphi+(t-T_j)(j\mu_\eta+\mu_\beta)+\sum_{h=1}^{j}((T_h-T_{h-1})[(h-1)\mu_\eta+\mu_\beta])+$$

$$j(1+c)\mu_4,\sum_{h=1}^{j}(T_h-T_{h-1})^2[(h-1)\sigma_\eta^2+\sigma_\beta^2]+j(1+c)^2\sigma_4^2+(t-T_j)^2$$

$$[\sigma_\beta^2+j\sigma_\eta^2]) \tag{9.30}$$

根据式(9.30) 和式(9.29) 可进一步表示为：

$$R_{SF4}(t \mid N_1(t)=0, N_2(t)=j \geqslant 1)=$$

$$\phi\left(\frac{D_0-(\varphi+(t-T_j)(j\mu_\eta+\mu_\beta)+\sum_{h=1}^{j}((T_h-T_{h-1})[(h-1)\mu_\eta+\mu_\beta])+j(1+c)\mu_4)}{\sqrt{\sum_{h=1}^{j}(T_h-T_{h-1})^2[(h-1)\sigma_\eta^2+\sigma_\beta^2]+j(1+c)^2\sigma_4^2+(t-T_j)^2(\sigma_\beta^2+j\sigma_\eta^2)}}\right)$$

(9.31)

利用式(9.7)、式(9.8)、式(9.28) 和式(9.31) 进一步得到该情况下可靠度函数为：

$$\begin{aligned}
R_4(t)=&\sum_{j=1}^{\infty}P\{X_s(t)<D(t),\bigcap_{k=1}^{N_2(t)}(\widetilde{W}_k<H)\mid N_1(t)=0,N_2(t)=j\}\times\\
&P(N_1(t)=0,N_2(t)=j)\\
=&\sum_{j=1}^{\infty}(\int_0^t\cdots j\cdots\int_0^t f_{T_1,\cdots,T_j}(\tau_1,\tau_2,\cdots,\tau_j)\times R_{SF4}(t\mid N_1(t)=0,\\
&N_2(t)=j)\mathrm{d}\tau_1\mathrm{d}\tau_2\cdots\mathrm{d}\tau_j)\times P^j(\widetilde{W}<H)\times P(N_1(t)=0,\\
&N_2(t)=j)\\
=&\sum_{j=1}^{\infty}(\int_0^t\cdots j\cdots\int_0^t\frac{j!}{t_j}\times R_{SF4}(t\mid N_1(t)=i,N_2(t)=0)\mathrm{d}\tau_1\mathrm{d}\tau_2\cdots\mathrm{d}\tau_j)\\
&\times\phi^j\left(\frac{H-\mu_2}{\sigma_2}\right)\times\mathrm{e}^{-\lambda_1 t}\times\frac{\mathrm{e}^{-\lambda_2 t}(\lambda_2 t)^j}{j!}
\end{aligned}\qquad(9.32)$$

产品运行状态为上述情况之一，联立式(9.16)、式(9.22)、式(9.27) 和式(9.32) 可得本模型下的产品总体可靠度函数为：

$$R(t)=R_1(t)+R_2(t)+R_3(t)+R_4(t)\qquad(9.33)$$

9.3.2 考虑密集冲击的 delta 冲击竞争失效模型推导

假设产品经历 $K(t)=n$ 次密集冲击，对应退化过程中会有 n 次较为剧烈的变化。依照本章概念，引入密集冲击所致激增退化量额外增量 $\gamma\sim \mathrm{N}(\mu_\gamma,\sigma_\gamma^2)$，则总的激增退化量可表示为：

$$S(t)=\sum_{l=1}^{i}Y_l+\sum_{l=1}^{j}\widetilde{Y}_l+n\gamma\qquad(9.34)$$

同时，依照 9.2.2 小节中的设定，密集冲击导致的退化量增加会进一步造成软失效阈值的下降更加明显，联立式(9.12)、式(9.34)，当 m 次有效冲击中有 n 次密集冲击时，产品的阈值变化为：

$$D_m=D_0-c(\sum_{l=1}^{i}Y_l+\sum_{l=1}^{j}\widetilde{Y}_l+n\gamma)\qquad(9.35)$$

此模型下的可靠度函数需要考虑：两类有效冲击发生次数的概率、冲击间隔均大于δ且存在n个区间致变的概率、不发生软失效的概率、冲击损伤量不超过设定阈值的概率。由于总体有效冲击满足泊松过程，在分析过程中需要考虑所有冲击间隔，所以应在推导中使用总体冲击过程的强度，将其记为$\lambda_e=\lambda_1+\lambda_2$。可以得到冲击间隔大小落入安全区间、致变区间的概率分别为：

$$P(B>b\delta)=\exp(-\lambda_e b\delta) \tag{9.36}$$

$$P(\delta<B<b\delta)=\exp(-\lambda_e\delta)-\exp(-\lambda_e b\delta) \tag{9.37}$$

在模型的构建中，发现密集冲击次数n的取值范围与时间的选取、参数b的设定以及时长内发生的冲击次数有关。故按以下几种情况进行分类讨论：

① 当产品服役过程中无有效冲击到达时，可靠度函数与式(9.16)一致，即

$$R_5(t)=R_1(t)=p(X_s(t)<D_0|N_1(t)=0,N_2(t)=0)\times p(N_1(t)=0,N_2(t)=0)$$
$$=\phi\left(\frac{D_0-(\varphi+\mu_{\beta_0}t)}{\sigma_{\beta_0}t}\right)\times e^{-\lambda_1 t}\times e^{-\lambda_2 t} \tag{9.38}$$

② 当产品遭受单个有效冲击时不存在时间间隔，应注意此时的冲击类型并不确定。利用式(9.23)、式(9.26)、式(9.28)和式(9.31)，可以得到该单个有效冲击分别属于常规冲击和额外冲击时，对应的软失效可靠度函数为：

$$p\{X_s(t)<D(t)\}=\phi\left(\frac{D_0-(\varphi+\mu_\beta(T_1-0)+(t-T_1)(\mu_\eta+\mu_\beta)+(1+c)\mu_3)}{\sqrt{(T_1-T_0)^2\sigma_\beta^2+(1+c)^2\sigma_3^2+(t-T_1)^2(\sigma_\beta^2+\sigma_\eta^2)}}\right) \tag{9.39}$$

$$\tilde{p}\{X_s(t)<D(t)\}=\phi\left(\frac{D_0-(\varphi+\mu_\beta(T_1-0)+(t-T_1)(\mu_\eta+\mu_\beta)+(1+c)\mu_4)}{\sqrt{(T_1-T_0)^2\sigma_\beta^2+(1+c)^2\sigma_4^2+(t-T_1)^2(\sigma_\beta^2+\sigma_\eta^2)}}\right) \tag{9.40}$$

利用式(9.7)、式(9.8)和式(9.39)、式(9.40)，可以得到本情形下的可靠度函数为：

$$R_6(t)=P(W<H,X_s(t)<D(t)|N_1(t)=1,N_2(t)=0)\times P(N_1(t)=1,$$
$$N_2(t)=0)+P(\widetilde{W}<H,X_s(t)<D(t)|N_1(t)=0,N_2(t)=1)\times$$
$$P(N_1(t)=0,N_2(t)=1)$$
$$=\int_0^t\frac{1}{t}\times p\{X_s(t)<D(t)\}d\tau_1\times\phi\left(\frac{H-\mu_1}{\sigma_1}\right)\times\exp(-\lambda_1 t)(\lambda_1 t)\times$$

$$\exp(-\lambda_2 t)+\int_0^t \frac{1}{t}\times \widetilde{p}\{X_s(t)<D(t)\}\mathrm{d}\tau_1 \times \phi\left(\frac{H-\mu_2}{\sigma_2}\right)\times$$
$$\exp(-\lambda_2 t)(\lambda_2 t)\times \exp(-\lambda_1 t) \tag{9.41}$$

为方便下文讨论，令 $N_e(t)=m$。在时刻 t，有效冲击数目应满足 $m\leqslant [t/\delta]+1$，如果冲击数目超过此上限，则一定有冲击间隔落入区间 $[0,\delta]$，此时硬失效必定发生。假设产品不发生硬失效，且在 $m-1$ 个时间间隔中，有 $K(t)=n$ 个冲击间隔落入致变区间，故有 $m-1-n$ 个冲击间隔落入安全区。此时共有 n 个冲击造成了更大的激增退化量，余下 $m-n$ 个冲击为常规有效冲击。经过归纳总结，发现 n 的范围具有较强可变性。当 $2\leqslant m<[t/\delta]+1$ 时，依据 n 的取值范围可将可靠度函数细分为以下几个区间。

③ 当 t 时刻冲击个数及系数设定满足表达式 $(m-1)b\delta\leqslant t$ 时，可得冲击数目区间为：

$$2\leqslant m\leqslant \left[\frac{t}{b\delta}\right]+1 \tag{9.42}$$

此时最多可以存在 $m-1$ 个冲击间隔落入安全区间。由于致变区间的上限为安全区间下限，可知在 $[0,t]$ 内冲击间隔落入致变区间的个数上限也是 $m-1$。基于式(9.7)、式(9.8) 和式(9.36)、式(9.37) 联立式(9.42)，本情况下产品不发生硬失效的概率，即硬失效模式下的可靠度函数可表达为：

$$\begin{aligned}
R_{\mathrm{HF7}}(t) &= P\{N_1(t)=i, N_2(t)=m-i, K(t)=n, \bigcap_{l=1}^{i}(W_l<H), \bigcap_{l=1}^{m-i}(\widetilde{W}_l<H)\} \\
&= P(\bigcap_{l=1}^{n}\{\delta<B_l<b\delta\}, \bigcap_{l=n+1}^{m-1-n}\{B_l>b\delta\})\times \bigcap_{z=1}^{i}(W_z<H), \bigcap_{k=1}^{m-i}(\widetilde{W}_k<H) \\
&\quad \times P(N_1(t)=i)\times P(N_2(t)=m-i) \\
&= \sum_{m=2}^{\left[\frac{t}{b\delta}\right]+1}\sum_{i=0}^{m}\sum_{n=1}^{m-1}[\exp(-\lambda_e\delta)-\exp(-\lambda_e b\delta)]^n\times[\exp(-\lambda_e b\delta)]^{m-1-n} \\
&\quad \times \phi^i\left(\frac{H-\mu_1}{\sigma_1}\right)\times \phi^{m-i}\left(\frac{H-\mu_2}{\sigma_2}\right)\times \frac{\exp(-\lambda_1 t)(-\lambda_1 t)^i}{i!} \\
&\quad \times \frac{\exp(-\lambda_2 t)(-\lambda_2 t)^{m-i}}{(m-i)!}
\end{aligned} \tag{9.43}$$

在冲击损伤的极值冲击可靠性模型的基础上引入密集冲击导致的退化量激增与阈值下降，联立式(9.17)、式(9.18) 和式(9.34)、式(9.35)，易得本模式下软失效可靠性函数为：

$$R_{SF7}(t|N_1(t)=i,N_e(t)=m,K(t)=n)$$
$$=P\{X_s(t)<D(t)|N_1(t)=i,N_e(t)=m,K(t)=n\}=\phi\left(\frac{D}{E}\right) \tag{9.44}$$

式中：

$$D=D_0-(\varphi+(t-T_m)[m\mu_\eta+\mu_\beta]+\sum_{h=1}^{m}((T_h-T_{h-1})[(h-1)\mu_\eta+\mu_\beta])$$
$$+(1+c)[i\mu_3+(m-i)\mu_4+n\mu_\gamma]) \tag{9.45}$$

$$E=\sqrt{\sum_{h=1}^{m}\{(T_h-T_{h-1})^2[(h-1)\sigma_\eta^2+\sigma_\beta^2]+(1+c)^2(i\sigma_3^2+(m-i)\sigma_4^2+n\sigma_\gamma^2)+(t-T_m)^2[\sigma_\beta^2+m\sigma_\eta^2]\}} \tag{9.46}$$

联立式(9.7)、式(9.8) 和式(9.43)～式(9.46)，可以得到可靠度函数为：

$$R_7(t)=P\{N_1(t)=i,N_2(t)=m-i,K(t)=n,\bigcap_{l=1}^{i}(W_l<H),$$
$$\bigcap_{l=1}^{m-i}(\widetilde{W}_l<H),X_s(t)<D(t)\}$$
$$=\sum_{m=2}^{[t/b\delta]+1}\sum_{i=0}^{m}\sum_{n=1}^{m-1}[\exp(-\lambda_e\delta)-\exp(-\lambda_e b\delta)]^n\times[\exp(-\lambda_e b\delta)]^{m-1-n}$$
$$\times\phi^i\left(\frac{H-\mu_1}{\sigma_1}\right)\times\phi^{m-i}\left(\frac{H-\mu_2}{\sigma_2}\right)\times\frac{\exp(-\lambda_1 t)(-\lambda_1 t)^i}{i!}$$
$$\times\frac{\exp(-\lambda_2 t)(-\lambda_2 t)^{m-i}}{(m-i)!}\times\int_0^t\cdots m\cdots\int_0^t\frac{m!}{t^m}\times R_{SF7}(t\mid N_1(t)=i,$$
$$N_e(t)=m,K(t)=n)\mathrm{d}\tau_1\mathrm{d}\tau_2\cdots\mathrm{d}\tau_m \tag{9.47}$$

④ 当 $[t/b\delta]+1<m<[t/\delta]+1$ 时，根据数学推导，可知冲击间隔落入安全区间的个数满足不等式：

$$0\leqslant m-1-n\leqslant\max\left(\left[\frac{t-(m-1)\delta}{(b-1)\delta}\right],0\right) \tag{9.48}$$

进一步可推导得到致变区个数 n 满足：

$$m-1-\max\left(\left[\frac{t-(m-1)\delta}{(b-1)\delta}\right],0\right)\leqslant n\leqslant m-1 \tag{9.49}$$

令 $n_1=m-1-\max([[t-(m-1)\delta]/[(b-1)\delta]],0)$，联立式(9.7)、式(9.8)、式(9.36)、式(9.37) 和式(9.49)，依照式(9.47) 的推导思路，易得本情况下竞争失效可靠度函数为：

$$R_8(t)=P\{N_1(t)=i,N_2(t)=m-i,K(t)=n,\bigcap_{l=1}^{i}(W_l<H),\bigcap_{l=1}^{m-i}(\widetilde{W}_l<H),$$
$$X_s(t)<D(t)\}$$
$$=\sum_{m=\left[\frac{t}{b\delta}\right]+2}^{\left[\frac{t}{\delta}\right]}\sum_{i=0}^{m}\sum_{n=n_1}^{m-1}[\exp(-\lambda_e\delta)-\exp(-\lambda_e b\delta)]^n\times[\exp(-\lambda_e b\delta)]^{m-1-n}$$
$$\times\phi^i\left(\frac{H-\mu_1}{\sigma_1}\right)\times\phi^{m-i}\left(\frac{H-\mu_2}{\sigma_2}\right)\times\frac{\exp(-\lambda_1 t)(-\lambda_1 t)^i}{i!}$$
$$\times\frac{\exp(-\lambda_2 t)(-\lambda_2 t)^{m-i}}{(m-i)!}\times\int_0^t\cdots m\cdots\int_0^t\frac{m!}{t^m}\times R_{SF8}(t\mid N_1(t)=i,$$
$$N_e(t)=m,K(t)=n)\mathrm{d}\tau_1\mathrm{d}\tau_2\cdots\mathrm{d}\tau_m \tag{9.50}$$

式中：

$$R_{SF8}(t|N_1(t)=i,N_e(t)=m,K(t)=n)=R_{SF7}(t|N_1(t)=i,N_e(t)=m,K(t)=n) \tag{9.51}$$

⑤ 当 $m=[t/\delta]+1$ 时，共 $n=[t/\delta]$ 个致变区间，此情况下无安全区间。推导过程与前几种情况相似，在本情况下可以将式(9.50) 改写为：

$$R_9(t)=P\{N_1(t)=i,N_2(t)=n+1-i,\bigcap_{l=1}^{i}(W_l<H),\bigcap_{l=1}^{n+1-i}(\widetilde{W}_l<H),$$
$$X_s(t)<D(t)\}$$
$$=\sum_{i=0}^{n+1}[\exp(-\lambda_h\delta)-\exp(-\lambda_h b\delta)]^n\times\phi^i\left(\frac{H-\mu_1}{\sigma_1}\right)$$
$$\times\phi^{n+1-i}\left(\frac{H-\mu_2}{\sigma_2}\right)\times\frac{\exp(-\lambda_1 t)(-\lambda_1 t)^i}{i!}\times\frac{\exp(-\lambda_2 t)(-\lambda_2 t)^{n+1-i}}{(n+1-i)!}$$
$$\times\int_0^t\cdots(n+1)\cdots\int_0^t\frac{(n+1)!}{t^{k+1}}\times R_{SF9}(t\mid N_1(t)=i,N_h(t)=n+1,$$
$$K(t)=n)\mathrm{d}\tau_1\mathrm{d}\tau_2\cdots\mathrm{d}\tau_{n+1} \tag{9.52}$$

式中：

$$R_{SF9}(t|N_1(t)=i,N_e(t)=m,K(t)=n)=R_{SF8}(t|N_1(t)=i,N_e(t)=m,K(t)=n) \tag{9.53}$$

综合以上五种情况，将式(9.38)、式(9.41)、式(9.47)、式(9.50) 和式(9.52) 联立可得总体可靠性函数为：

$$R(t)=R_5(t)+R_6(t)+R_7(t)+R_8(t)+R_9(t) \tag{9.54}$$

9.4 算例分析

9.4.1 算例背景介绍

本章应用文献［111］中的微型发动机的退化数据对上述模型进行仿真验证，该产品服役中存在销接头断裂、齿轮磨损、裂纹产生等失效类型，经历典型的竞争失效过程。该微型发动机尺寸仅有普通发动机的百分之一，更容易受到外界环境的干扰，且部件受到高热、高压、冲击等载荷的影响，符合本章中冲击来源复杂的设定，满足本章模型的适用环境。本章实例具有广泛的研究基础，实例中涉及的退化数据参数估计工作，在之前的研究中已经有了十分良好的完成度，重要参数数值及其来源汇总在表 9.2 中。表 9.3 中的数据则通过基于数据的参数估计或同类型产品的经验数据大致给出。本章算例涉及的参数设定并不影响所提出模型的准确性与适用性。本章的主要工作在于数学模型的搭建，给定的参量诸如常规冲击来源数 n、额外冲击来源数 g、常规冲击个数占比 p、冲击大小 A_{ij} 等可以根据特定分析对象进行更改，且在工程实际中真实可测。如果分析对象应用较为广泛，一些经验数据也可以选择性地作为数据来源引入分析。通过实际工程中测量出的冲击大小及其对应退化量的比对，损伤量转化系数 k 与退化激增量转化系数 α 也可以通过一般的计算方法来求解得出。退化激增量与阈值退化量的转化参数 c、有效冲击的判别阈值 L 则需要模型使用人员根据工程安全的实际需要来完成设定，比如数值更大的 c 意味着产品受冲击影响更大，数值较小的 L 意味着会有更多的冲击对产品退化造成负面影响。在确定特定分析对象后，对上述参数进行相应调整，可以满足模型使用人员不同层级的安全需求。

表 9.2　可靠度分析参数值（来源为文献）

参数	数值	来源
D_0	1.25×10^{-3}	文献[112]
φ	0	文献[112]
$\beta_0\sim N(\mu_\beta,\sigma_\beta^2)$	$\mu_\beta=8.4823\times10^{-9}$ $\sigma_\beta=6.0016\times10^{-10}$	文献[113]
$\eta\sim N(\mu_\eta,\sigma_\eta^2)$	$\mu_\eta=2.4823\times10^{-9}$ $\sigma_\eta=1.0016\times10^{-10}$	文献[45]

续表

参数	数值	来源
δ	2.0×10^{-3}	文献[45]
$Y_0\sim N(\mu_{Y_0},\sigma_{Y_0}^2)$	$\mu_Y=1\times10^{-4}$ $\sigma_Y=2\times10^{-5}$	文献[45]
λ	2.5×10^{-3}	文献[45]
s	2	文献[112]
$A_1\sim N(\mu_{A_1},\sigma_{A_1}^2)$	$\mu_{A_1}=1.5\times10^{-4}$ $\sigma_{A_1}=2\times10^{-5}$	文献[112]
$A_2\sim N(\mu_{A_2},\sigma_{A_2}^2)$	$\mu_{A_2}=2.5\times10^{-5}$ $\sigma_{A_2}=2.5\times10^{-6}$	文献[112]
(k_1,k_2)	(0.18,0.25)	文献[112]
(α_1,α_2)	(0.042,0.075)	文献[112]
H	3.5×10^{-5}	文献[112]

表 9.3 可靠度分析参数值（来源为参数估计与经验数据）

参数	数值	参数	数值
$\gamma\sim N(\mu_\gamma,\sigma_\gamma^2)$	$\mu_\gamma=5.27\times10^{-6}$ $\sigma_\gamma=2.13\times10^{-10}$	c	0.1
		b	1.2
$\widetilde{A}_1\sim N(\mu_{\widetilde{A}_1},\sigma_{\widetilde{A}_1}^2)$	$\mu_{\widetilde{A}_1}=1.5\times10^{-5}$ $\sigma_{\widetilde{A}_1}=2\times10^{-5}$	g	3
		p	1/3
$\widetilde{A}_2\sim N(\mu_{\widetilde{A}_2},\sigma_{\widetilde{A}_2}^2)$	$\mu_{\widetilde{A}_2}=1\times10^{-4}$ $\sigma_{\widetilde{A}_2}=1.5\times10^{-5}$	L	1×10^{-5}
		$(k_{A_{\text{II}1}},k_{A_{\text{II}2}},k_{A_{\text{II}3}})$	(0.15,0.2,0.18)
$\widetilde{A}_3\sim N(\mu_{\widetilde{A}_3},\sigma_{\widetilde{A}_3}^2)$	$\mu_{\widetilde{A}_3}=0.8\times10^{-5}$ $\sigma_{\widetilde{A}_3}=1\times10^{-6}$	$(\alpha_{A_{\text{II}1}},\alpha_{A_{\text{II}2}},\alpha_{A_{\text{II}3}})$	(0.038,0.040,0.055)

9.4.2 算例结果分析

对于结果中多重积分的部分，考虑利用蒙特卡洛方法进行近似求解。当选取抽样次数过大时，会造成计算缓慢且精度提高不大，故抽样数应适当选取。由于相关求解算法已相对完善，本章中略去具体求解步骤。在仿真实例中，基于冲击损伤的极值冲击竞争失效模型和考虑密集冲击的 delta 冲击竞争失效模型的可靠度曲线分别用实线与虚线来表示，并在图片备注中用上标 1 和 2 加以区分。为方便表述，图片中颜色相同、线形不同的两曲线被称为同组曲线。

图 9.3 为硬失效阈值 H 变化对可靠度曲线的影响。通过同组曲线的比对，可以发现，密集冲击对产品可靠度的影响主要体现在产品运行的中前期，且考虑密集冲击的 delta 冲击可靠度曲线始终位于同组曲线下方。随着硬失效阈值的下调，同模型下的可靠度曲线也有较为明显的下降，而同组曲线之间的差距减小。硬失效阈值过低时，硬失效成为产品主要的失效模式，所以硬失效阈值 H 取值为 2.5×10^{-5} 时，同组曲线差别不大。

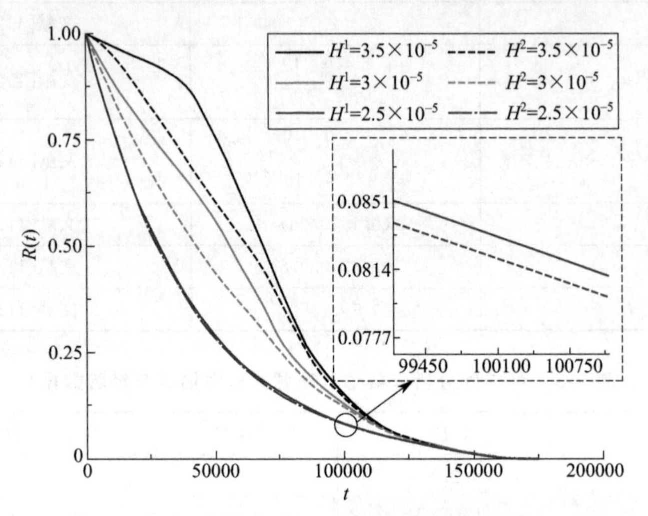

图 9.3 硬失效阈值 H 变化时的可靠度曲线

图 9.4 为有效冲击判别值 L 变化时的可靠度曲线。可以看到，除可靠度位于同组曲线下方之外，密集冲击的引入使同组曲线可靠度下降的时间

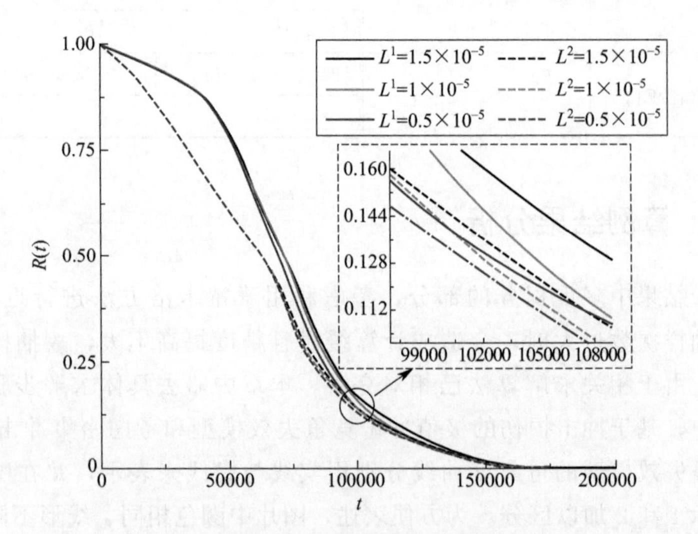

图 9.4 有效冲击判别值 L 变化时的可靠度曲线

点延后。在任一模型下，随着有效冲击判别阈值 L 的下降，到达的有效冲击个数增多，导致了可靠度的降低。

图 9.5 为软失效阈值初始值从 1×10^{-3} 增加到 1.5×10^{-3} 时两模型对应的可靠度曲线。可以看出，软失效阈值初始值越大，可靠度曲线越平滑。同时，较大的初始值会使产品的工作初期持续更久、产品寿命更长。此外，对于软失效阈值初始值的变化，两模型反应均比较灵敏。这也意味着在工程具体分析中，如果软失效阈值初始值的设定不准确，会较大程度地影响最终得到的可靠度，导致结果明显偏离实际情况。

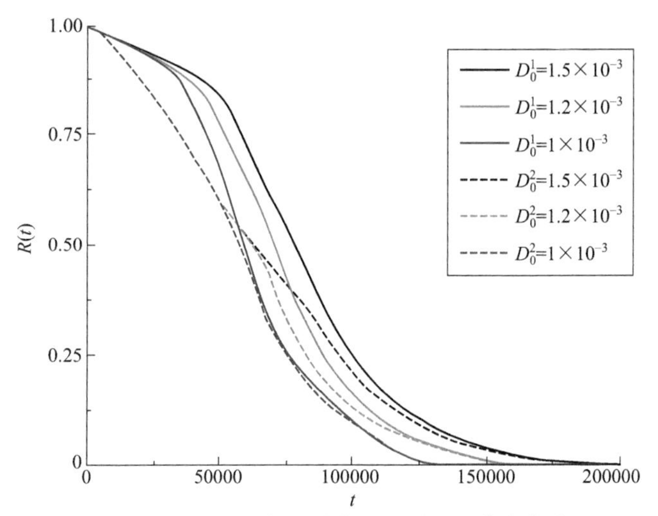

图 9.5　软失效阈值初始值变化时的可靠度曲线

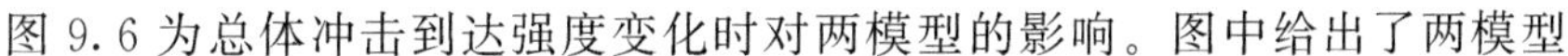
图 9.6 为总体冲击到达强度变化时对两模型的影响。图中给出了两模型

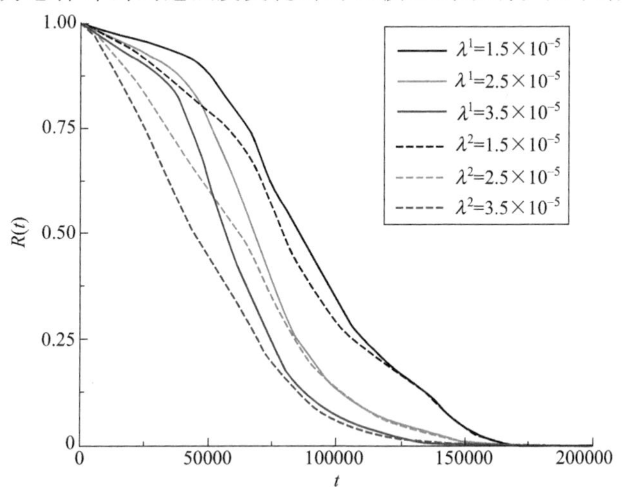

图 9.6　总体到达率变化时的可靠度曲线

下 λ 分别为 1.5×10^{-3}、2.5×10^{-3}、3.5×10^{-3} 时的可靠度曲线。随着冲击强度增高，两模型下的可靠度均有较为明显的下降。就同组曲线来说，密集冲击在产品服役中前期对产品可靠度影响比较明显。

图 9.7 讨论了致变区间系数的变化对考虑密集冲击的 delta 冲击可靠性模型的可靠度影响。值得一提的是，依据前文对密集冲击的设定，致变区间系数 b 应满足条件 $b\in(0,1)$，否则会与本模型中建立的关于密集冲击的定义相违背。但是还是可以看出，随着该系数的增加，落入致变区间的有效冲击间隔个数增多，导致了可靠度的下降。

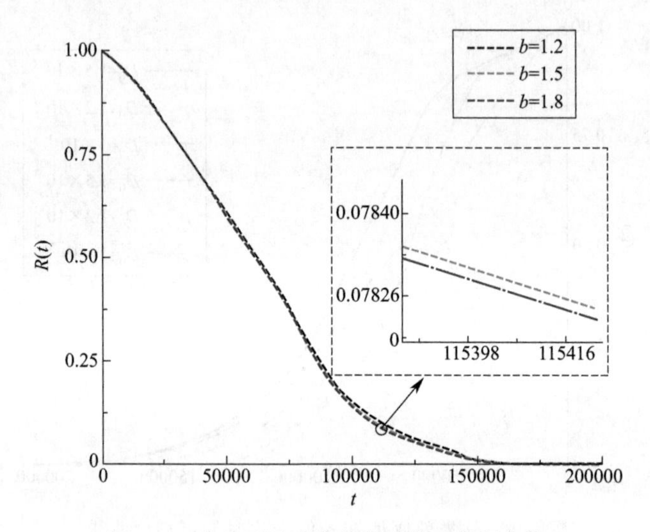

图 9.7　致变区间系数变化时的可靠度曲线

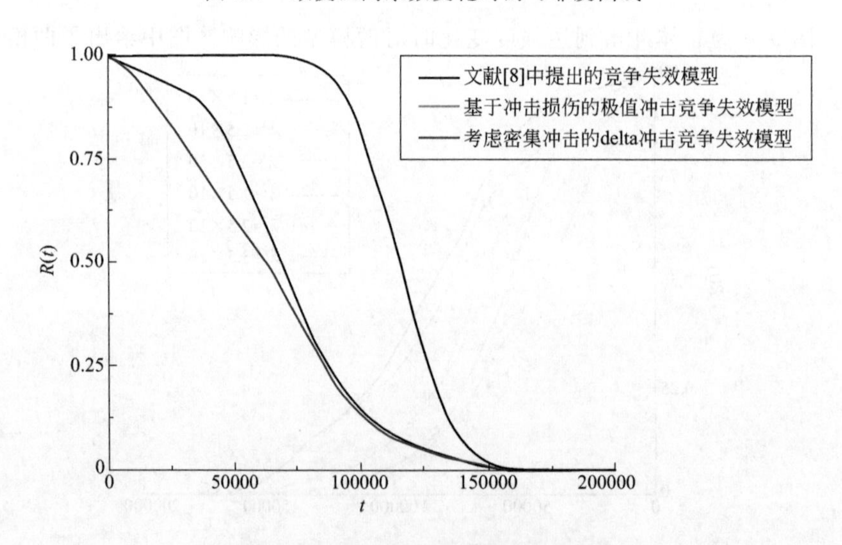

图 9.8　基于各模型的可靠度曲线对比

本章在建模过程中综合考虑了冲击过程对性能退化的影响，从图 9.8 可以看出，与文献［114］中提出的可靠度模型相比，本章提出的模型可靠度从初始时刻就出现下降，曲线始终处于文献［114］模型的下方，且下降趋势更加贴近产品失效的实际情况。

9.5 系统描述与产品失效过程分析

9.5.1 系统描述

产品在全寿命周期内经历储藏期与工作期。为不失一般性，考虑工作期内产品承受冲击与自然退化的共同作用。当冲击载荷大于硬失效阈值 H 或性能退化量 $X_s(t)$ 超过软失效阈值 D 时，产品发生失效。在储藏期内，产品也会发生退化量累积。为更好地对问题进行研究，将本章涉及的基本概念阐述如下：

① 产品在全寿命周期内共会经历存储阶段 $X_{W1}(t)$，第一工作阶段 $X_{W2}(t)$ 、第二工作阶段 $X_G(t)$ ，其中前两阶段选用维纳过程模型来描述退化，第二工作阶段则选用 Gamma 过程模型。

② 产品在进入第二工作阶段后会出现退化加剧及抵抗冲击能力下降的现象，将存储阶段与第一工作阶段硬失效阈值设置为 H_1，第二工作阶段的硬失效阈值会下降到 H_2。

③ 假设无冲击落入存储阶段。产品遭受的冲击服从强度为 λ 的泊松过程，截止到 t 时刻，到达的冲击数目 $N(t)=n$。产品遭受的第 i 次冲击大小服从正态分布 $W_i \sim \mathrm{N}(\mu_W, \sigma_W^2)$，将 W_i 在软失效模式下造成的激增退化量记为 $Y_i \sim \mathrm{N}(\mu_3,\ \sigma_3^2)$。

④ 根据实际分析对象确定存储阶段累积退化量 c 的取值范围 $[c_1, c_2]$，其中 c_2 为存储阶段所允许的累积退化量上限，c_1 为最低库存时间对应累计退化量。依据工程经验，c 在该区间内服从参数为 a 和 b 的 Beta 分布。

⑤ 将存储阶段结束时间表示为 T_1，第一工作阶段结束时间表示为 T_2。根据工程实际，认为 T_2 在时间区间 (t_1, t_2) 内服从均匀分布。

产品性能退化过程见图 9.9。

9.5.2 基于随机过程模型的失效模型分析

基于维纳过程的可靠性模型可由下式建立：

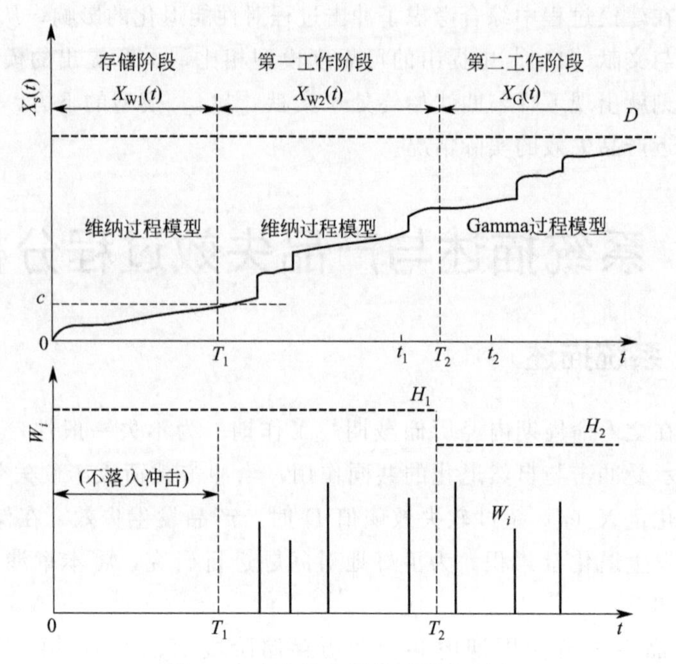

图 9.9　产品性能退化过程示意图

$$X_W(t)=X_W(0)+\mu\Lambda(t;\theta_\Lambda)+\sigma B(\tau(t;\theta_\tau)) \tag{9.55}$$

式中，$X_W(0)$ 代表系统退化量的初始值，参数 μ 和 σ 分别为漂移参数与扩散参数，退化均值随时间的变化用方程 $\Lambda(t;\theta_\Lambda)$ 来进行表述，$\tau(t;\theta_\tau)$ 为时间变换方程。为方便推导，假设退化初始量 $X_W(0)=0$，退化量随时间呈线性变化，即 $\Lambda(t;\theta_\Lambda)$，$\tau(t;\theta_\tau)=t$。上式可简化为 $X_W(t)=\mu+\sigma B(t)$。根据维纳过程性质，可得 $X_W(t)\sim N(\mu t,\sigma^2 t)$。

则本章中存储阶段、第一工作阶段可以分别表示为：

$$X_{W1}(t)=\mu_1 t+\sigma_1 B(t) \tag{9.56}$$

$$X_{W2}(t)=\mu_2 t+\sigma_2 B(t) \tag{9.57}$$

对应有：

$$X_{W1}(t)\sim N(\mu_1 t,\sigma_1^2 t) \tag{9.58}$$

$$X_{W2}(t)\sim N(\mu_2 t,\sigma_2^2 t) \tag{9.59}$$

当系统失效模式为软失效时，产品寿命 T_W 为产品的退化量首次到达阈值的时间：

$$T_W=\inf\{t\,|\,X_W\geqslant D,t\geqslant 0\} \tag{9.60}$$

根据维纳过程性质，当维纳过程表达式为 $X_{W1}(t)=\mu_1+\sigma_1 B(t)$ 时，T_W 服从逆高斯分布。由此可知，本章所述存储阶段结束时间 T_{W1} 的概率密度函数与分布函数为：

$$f_{T_{W1}}=\frac{c}{\sqrt{2\pi\sigma_1^2t^3}}\exp\left(-\frac{(c-\mu_1t)^2}{2\sigma_1^2t}\right) \tag{9.61}$$

$$F_{T_{W1}}=\phi\left(\frac{\mu_1t-c}{\sigma_1\sqrt{t}}\right)+\exp\left(\frac{2\mu_1c}{\sigma_1^2}\right)\phi\left(-\frac{\mu_1t+c}{\sigma_1\sqrt{t}}\right) \tag{9.62}$$

第二工作阶段用 Gamma 过程模型描述，将其记为 $G(t)\sim \mathrm{Ga}(\beta(t),\eta(t))$。其中 $\beta(t)$ 为尺度参数，$\eta(t)$ 为形状参数。随机变量 $X_G(t)$ 的概率密度函数为：

$$f(X_G(t)|\eta(t),\beta(t))=\frac{x^{\eta(t)-1}\beta(t)^{\eta(t)}\mathrm{e}^{-\beta(t)x}}{\Gamma(\eta(t))},x>0 \tag{9.63}$$

在 Gamma 过程模型中，产品寿命 T_G 被定义为 $T_G=\inf\{X_G(t)>D,t\geqslant 0\}$，将尺度参数、形状参数分别设为 $\beta(t)=\beta$ 和 $\eta(t)=\alpha t$，可以得到产品寿命累积分布函数为：

$$F_{T_G}(t)=P\{T_G\leqslant t\}=P\{X_G(t)\geqslant D\}=\int_D^{\infty}f(X_G(t)\mid\eta(t),\beta)\mathrm{d}y$$

$$=\int_D^{\infty}\frac{x^{\alpha t-1}\beta^{\alpha t}\mathrm{e}^{-\beta x}}{\Gamma(\alpha t)}\mathrm{d}x=\int_{D\beta}^{\infty}\frac{\mu^{\alpha t-1}\mathrm{e}^{-\mu}}{\Gamma(\alpha t)}\mathrm{d}\mu=\frac{\Gamma(\alpha t,D\beta)}{\Gamma(\alpha t)} \tag{9.64}$$

其中：

$$\Gamma(a,b)=\int_b^{\infty}y^{a-1}\mathrm{e}^{-y}\mathrm{d}y \tag{9.65}$$

$$\Gamma(a)=\int_0^{\infty}y^{a-1}\mathrm{e}^{-y}\mathrm{d}y \tag{9.66}$$

由式(9.64)，进一步可得 Gamma 退化过程模型下可靠度为：

$$R_G(t)=P\{T_G\geqslant t\}=1-F_{T_G}(t)=1-\frac{\Gamma(\alpha t,\beta D)}{\Gamma(\alpha t)} \tag{9.67}$$

依照 9.5.1 小节，将第 i 次冲击造成的激增退化量记为 Y_i，将 t 时刻产品经历的冲击数目记为 $N(t)$，总激增退化量记为 $S(t)$。易知 $t<T_1$ 时 $S(t)=0$，当 $t\geqslant T_1$ 时则有：

$$S(t)=\begin{cases}\sum_{i=1}^{N(t)}Y_i & N(t)\geqslant 1\\ 0 & N(t)=0\end{cases} \tag{9.68}$$

令 $N(t)=n$，则有：

$$S(t)=\sum_{i=0}^{N(t)}Y_i\sim \mathrm{N}(n\mu_3,n\sigma_3^2) \tag{9.69}$$

此时产品总退化量可以表示为 $X_s(t)=X(t)+S(t)$，进一步可以得到 t 时刻的可靠度函数：

$$R(t)=\sum_{n=0}^{\infty}P(X(t)+S(t)<D,\ \bigcap_{i=1}^{N(t)}(W_i<H)\mid P(N(t)=n)\times P(N(t)=n)$$
$$=\sum_{n=0}^{\infty}R_{SF}(t\mid N(t)=n)\times p^n(W_i<H)\times p(N(t)=n) \tag{9.70}$$

9.6 基于随机过程模型的三阶段可靠度分析模型建立

① 当 $t>T_2$ 时，产品完全经历本章所述三个阶段。此情况下 t 时刻产品自然退化量为：

$$X(t)=X_{W1}(T_1)+X_{W2}(T_2-T_1)+X_G(t-T_2) \tag{9.71}$$

将式(9.56)、式(9.57) 代入式(9.71) 有：

$$X(t)=\mu_1T_1+\sigma_1B(T_1)+\mu_2(T_2-T_1)+\sigma_2B(T_2-T_1)+X_G(t-T_2) \tag{9.72}$$

将总激增退化量 $S(t)$ 引入式(9.72) 得到 t 时刻下产品的累积退化量，且产品不发生软失效的概率可表示为：

$$p_1(X(t)+S(t)<D)$$
$$=p(\mu_1T_1+\sigma_1B(T_1)+\mu_2(T_2-T_1)+\sigma_2B(T_2-T_1)+X_G(t-T_2)+S(t)<D)$$
$$=p(X_G(t-T_2)<D-(\mu_1T_1+\sigma_1B(T_1)+\mu_2(T_2-T_1)+\sigma_2B(T_2-T_1)+S(t))) \tag{9.73}$$

将式(9.73)中不等式右侧记为 A_1，则 A_1 服从分布：

$$A_1\sim N(D-\mu_1T_1-\mu_2(T_2-T_1)-n\mu_3,\sigma_1^2T_1+\sigma_2^2(T_2-T_1)+n\sigma_3^2) \tag{9.74}$$

由于软失效时产品属于第二工作阶段，根据式(9.64) 和式(9.67)，可得 $t>T_2$ 时产品总退化量不超过软失效阈值的概率为：

$$p_1(X(t)+S(t)<D)=1-\frac{\Gamma(\alpha(t-T_2),\beta A_1)}{\Gamma(\alpha(t-T_2))} \tag{9.75}$$

将式(9.75) 记为 $p_1(t)$。

依据式(9.61) 将变量 T_2 引入可靠度函数。假设进入第二工作阶段的

时间 T_2 服从均匀分布 $U(t_1, t_2)$，其中 $t_1 \in (T_1, T_2)$，$t_2 \in (T_2, t)$。其概率密度函数为

$$f_G(T_2) = \frac{1}{t_2 - t_1} \tag{9.76}$$

根据 9.5.1 小节中论述的基本概念，存储阶段最终累积退化量 c 的概率密度函数为

$$f_C(c) = \frac{1}{c_2 - c_1} \frac{\Gamma(a+b)}{\Gamma(a)\Gamma(b)} \left(\frac{c - c_1}{c_2 - c_1}\right)^{a-1} \left(1 - \frac{c - c_1}{c_2 - c_1}\right)^{b-1} \tag{9.77}$$

依据式(9.61)，此处将存储阶段持续时间的概率密度函数表达为：

$$f_{T_1}^{W_1}(T_1) = \frac{c}{\sqrt{2\pi\sigma_1^2 t^3}} \exp\left(-\frac{(c - \mu_1 t)^2}{2\sigma_1^2 t}\right) \tag{9.78}$$

利用斯蒂尔杰斯积分并将式(9.73)～式(9.78) 联立，可以得到软失效可靠度函数为：

$$R_{SF1}(t) = \int_{t_1}^{t_2} \int_0^{T_2} \int_{c_1}^{c_2} p_1(t) \times f_{T_1}^{W_1}(T_1) \times f_G(T_2) \times f_C(c) \mathrm{d}c \mathrm{d}T_1 \mathrm{d}T_2 \tag{9.79}$$

依据设定，存储阶段无冲击到达，此时竞争失效模式下的可靠度函数为

$$R_1(t) = \sum_{n=0}^{\infty} R_{SF1}(t \mid N(t - T_1) = n) \times p^n (W_i < H(t)) \times p(N(t - T_1) = n) \tag{9.80}$$

式中：

$$p(W_i < H) = \phi\left(\frac{H(t) - \mu_W}{\sigma_W}\right) \tag{9.81}$$

$$p(N(t - T_1) = n) = \frac{\exp(-\lambda(t - T_1))(\lambda(t - T_1))^n}{n!} \tag{9.82}$$

$$H(t) = \begin{cases} H_1 & 0 \leqslant t \leqslant T_2 \\ H_2 & t \geqslant T_2 \end{cases} \tag{9.83}$$

因为本模型中的硬失效阈值存在时变性，所以需要根据到达时间对冲击进行分类，将第二工作阶段中到达的数目记为 $N(t - T_2) = i$，则式(9.80) 可改写为：

$$\begin{aligned} R_1(t) = & \sum_{n=0}^{\infty} \sum_{i=0}^{n} R_{SF1}(t \mid N(t - T_1) = n, N(t - T_2) = i) \times p(N(t - T_1) = n) \\ & \times p(N(t - T_2) = i) \times p^{n-i}(W_i < H_1) \times p^i (W_i < H_2) \\ = & \sum_{n=0}^{\infty} \sum_{i=0}^{n} R_{SF1}(t \mid N(t - T_1) = n, N(t - T_2) = i) \times \phi^{n-i} \left(\frac{H_1 - \mu_W}{\sigma_W}\right) \end{aligned}$$

$$\times \phi^{i}\left(\frac{H_2-\mu_W}{\sigma_W}\right)\times \frac{\exp(-\lambda(t-T_1))(\lambda(t-T_1))^n}{n!}$$

$$\times \frac{\exp(-\lambda(t-T_2))(\lambda(t-T_2))^i}{i!} \tag{9.84}$$

② 当 $T_1<t<T_2$ 时，可靠度模型中仅存在存储阶段、第一工作阶段。此情况下 t 时刻系统累积的自然退化量为：

$$X(t)=X_{W1}(T_1)+X_{W2}(t-T_1)=\mu_1 T_1+\sigma_1 B(T_1)+\mu_2(t-T_1)+\sigma_2 B(t-T_1) \tag{9.85}$$

依照9.5.1小节所述，将存储阶段结束时的累积退化量 c 视为区间 $[c_1,c_2]$ 内的一个变量。激增退化量全部发生于第一工作阶段。此情况下不发生软失效的概率可表示为：

$$\begin{aligned}
&p_2(X(t)+S(t)<D)\\
&=p(\mu_1 T_1+\sigma_1 B(T_1)+\mu_2(t-T_1)+\sigma_2 B(t-T_1)+S(t)<D)\\
&=p(X_{W2}(t-T_1)<D-(c+S(t)))
\end{aligned} \tag{9.86}$$

令不等式右侧为 A_2，易知 A_2 仍服从正态分布：

$$A_2 \sim \mathrm{N}(D-c-n\mu_3, n\sigma_3^2) \tag{9.87}$$

根据式(9.62)、式(9.87)，可得产品退化过程结束时间的分布函数为：

$$\begin{aligned}
F_{T_{W2}}(t)&=P\{T_{W2}\leqslant t\}=P\{X(t)\geqslant D\}\\
&=\phi\left(\frac{\mu_2(t-T_1)-A_2}{\sigma_2\sqrt{t-T_1}}\right)+\exp\left(\frac{2\mu_2 A_2}{\sigma_2^2}\right)\phi\left(-\frac{\mu_2(t-T_1)+A_2}{\sigma_2\sqrt{t-T_1}}\right)
\end{aligned} \tag{9.88}$$

根据式(9.88)可进一步得到产品不发生软失效的概率为：

$$p_2(X(t)+S(t)<D)=\phi\left(\frac{A_2-\mu_2(t-T_1)}{\sigma_2\sqrt{t-T_1}}\right)-\exp\left(\frac{2\mu_2 A_2}{\sigma_2^2}\right)\phi\left(\frac{\mu_2(t-T_1)+A_2}{\sigma_2\sqrt{t-T_1}}\right) \tag{9.89}$$

将式(9.89)记为 $p_2(t)$，并将式(9.89)与式(9.61)、式(9.77)联立可得：

$$R_{SF2}(t)=\int_0^t\int_{c_1}^{c_2} p_2(t)\times f_{T_1}^{W_1}(T_1)\times f_C(c)\mathrm{d}c\,\mathrm{d}T_1 \tag{9.90}$$

进一步可以得到当 $T_1<t<T_2$ 时，建立的竞争失效可靠度函数为：

$$R_2(t)=\sum_{n=0}^{\infty} R_{SF2}(t\mid N(t-T_1)=n)\times p^n(W_i<H_1)\times p(N(t-T_1)=n) \tag{9.91}$$

③ 当 $t<T_1$ 时，产品处于存储阶段，仅存在自然退化过程，根据式

(9.62) 可得其可靠度函数为：

$$R_3(t)=\phi\left(\frac{D-\mu_1 t}{\sigma_1\sqrt{t}}\right)-\exp\left(\frac{2\mu_1 D}{\sigma_1^2}\right)\phi\left(-\frac{\mu_1 t+D}{\sigma_1\sqrt{t}}\right) \tag{9.92}$$

综合式(9.84)、式(9.91)、式(9.92)，可以得到产品全时间寿命内可靠度函数为：

$$R(t)=\begin{cases}R_1(t) & t>T_2\\ R_2(t) & T_1<t\leqslant T_2\\ R_3(t) & 0<t\leqslant T_1\end{cases} \tag{9.93}$$

9.7 数值算例与仿真

本节选取某型号 GaAs 激光器作为工程背景进行模型验证，相关退化数据见表 9.4。该激光器具有较为典型的两阶段退化特性，且对存储阶段有一定要求，适用于本章提出的可靠度分析模型。该激光器正常工作时温度为 80℃，当工作电流增加 10%时，激光器即被视为软失效。导致激光器硬失效的条件是高温冲击。与第 4 章数值算例相同，本章数值算例中的参数来源涉及参考文献直接引用、基于退化数据的参数估计、采用经验数据等。依照参数估计方法，基于该性能退化数据的其他相关参数汇总于表 9.5 与表 9.6。

表 9.4　80℃下 GaAs 激光器退化数据

项目	样本 1	样本 2	样本 3	样本 4	样本 5
0	0.00	0.00	0.00	0.00	0.00
250	0.47	0.71	0.71	0.36	0.27
500	0.93	1.22	1.17	0.62	0.61
750	2.11	1.90	1.73	1.36	1.11
1000	2.72	2.30	1.99	1.95	1.77
1250	3.51	2.87	2.53	2.30	2.06
1500	5.34	3.75	2.97	2.95	2.58
1750	5.91	5.42	3.30	3.29	2.99

表 9.5　基于 GaAs 激光器退化数据的可靠度模型参数（来源为参数估计与经验数据）

参数	数值	参数	数值
(μ_1,σ_1^2)	$(5\times10^{-4},3\times10^{-5})$	(t_1,t_2)	(3500,4000)
(c_1,c_2)	(0.1,0.2)	(μ_2,σ_2^2)	$(2.2\times10^{-3},2.5445\times10^{-4})$
(a,b)	(1,1)	(α,β)	$(7.547\times10^{-4},0.4793)$

表 9.6　基于 GaAs 激光器退化数据的可靠度模型参数（来源为参考文献）

参数	数值	数据来源
(μ_3, σ_3^2)	$(0.2, 4\times10^{-4})$	文献[115]
D	10	文献[78]
(H_1, H_2)	(100,90)	文献[64]
(μ_W, σ_W^2)	$(81.34, 11.74^2)$	文献[64]
λ	0.002	文献[64]

式(9.93) 是一个包含变积分限的多重积分函数，且被积函数包含 T_1、T_2、c 等未定参量。这就使得该公式求解过程较为复杂。为此本章采用了一种近似的数值求解方法对模型进行仿真计算。具体流程如图 9.10 所示。

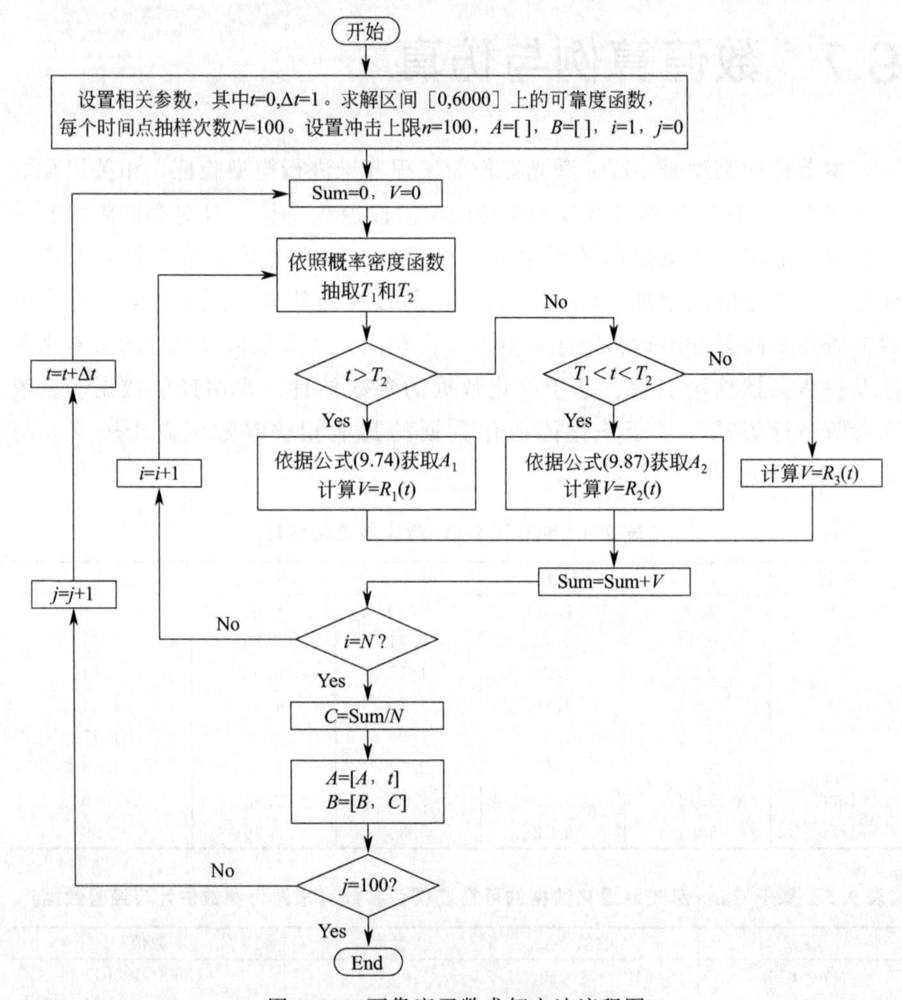

图 9.10　可靠度函数求解方法流程图

本章选取可靠度函数计算步长 $\Delta t=1$，每个时间点上进行 $N=100$ 次抽样，将所得可靠度数组元素的平均数作为该点的可靠度值，并对可靠度曲线变化趋势进行判定。当区间［0，6000］上所有的点都计算完毕后，利用 MATLAB 软件对数据进行拟合即可得到该组参数下的可靠度图像。图 9.11～图 9.17 中的黑色曲线即为依照上文参数得到的可靠度曲线，其余颜色的曲线为变化参数之后得到的，用来验证模型对关键参数具有良好的灵敏度。

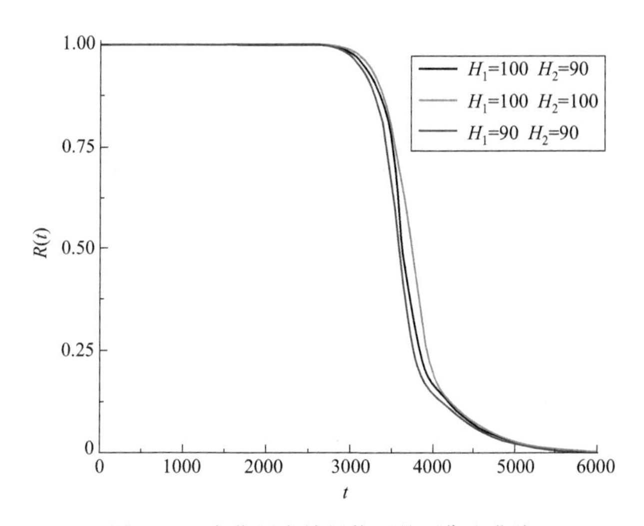

图 9.11　变化硬失效阈值下的可靠度曲线

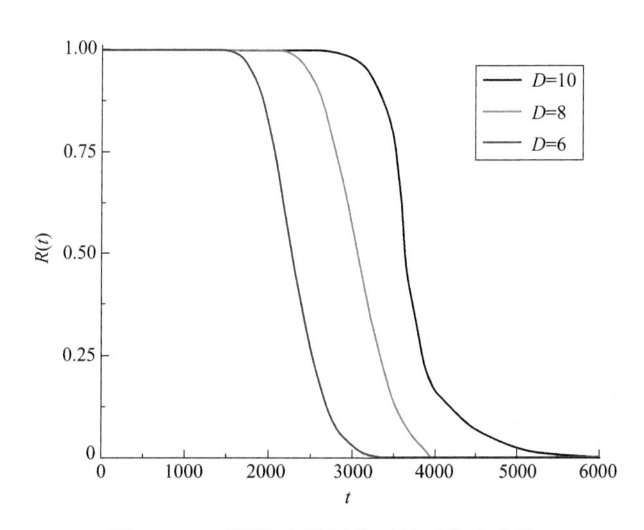

图 9.12　不同软失效阈值下的可靠度曲线

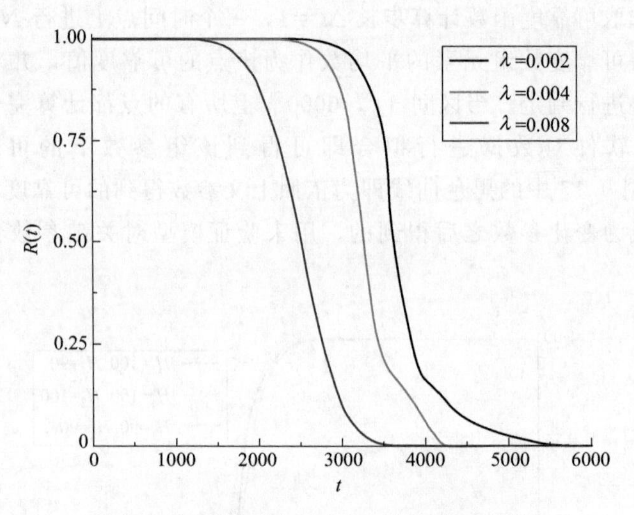

图 9.13　不同冲击到达率下的可靠度曲线

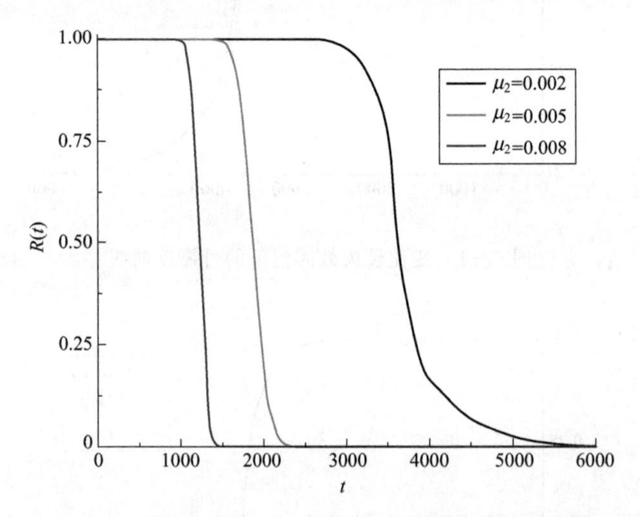

图 9.14　第一工作阶段不同漂移参数下的可靠度曲线

图 9.11 为变化硬失效阈值得到的一组曲线。由图中仿真结果可知，在建模过程中使用单一硬失效阈值的方法，忽略了产品在不同工作阶段抵抗冲击能力不同的特点，得到的可靠度曲线会偏高。针对两阶段退化产品，设置分阶段的硬失效阈值是符合客观情况且必要的。图 9.12、图 9.13 表达了软失效阈值与冲击到达强度变化时对应的产品可靠度变化情况。可以看出，随着软失效阈值的下降或冲击到达率的提升，产品可靠度曲线出现明显的左移。前者出现左移的原因在于所设定阈值的下降使得产品安全要求更为苛刻，在函数上即表现为总体寿命的下降。泊松分布到达率的升高则意

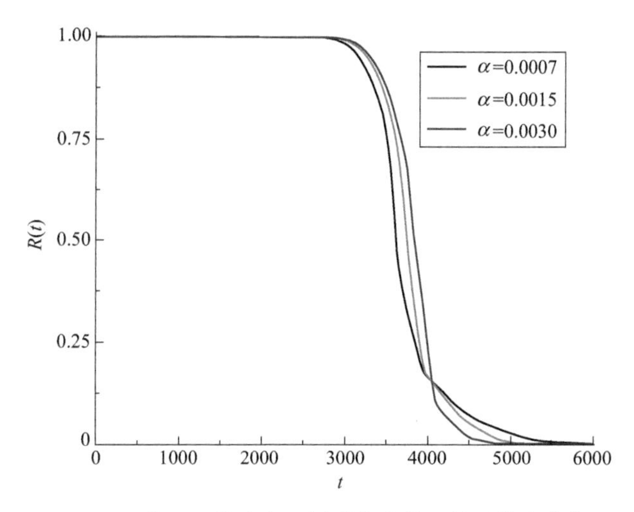

图 9.15　第二工作阶段不同形状参数下的可靠度曲线

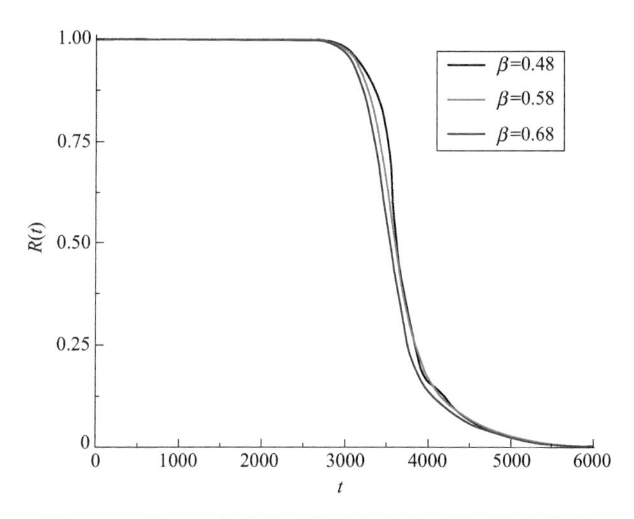

图 9.16　第二工作阶段不同尺度参数下的可靠度曲线

味着同一时间内有更多冲击到达，冲击造成的冲击损伤会进一步加速自然退化过程，所以导致了产品可靠度的大幅度下降。维纳过程中的漂移参数决定了自然退化过程的下降速度，较大的参数 μ_2 对应了较快的退化速率。从图 9.14 中可看出，随着参数 μ_2 的减小，产品可靠度下降减缓，最终得到的寿命更长。由于产品工作阶段变换时间 T_2 具有随机性，所以产品在工作区间 (T_1,t) 内的可靠度函数由第一工作阶段与 Gamma 过程共同影响。如图 9.15 所示，形状参数 α 的增大会导致产品寿命的降低，但在工作阶段变换区间内具有更高的可靠度。尺度参数 β 对产品可靠度的影响如图 9.16 所示。随着 β

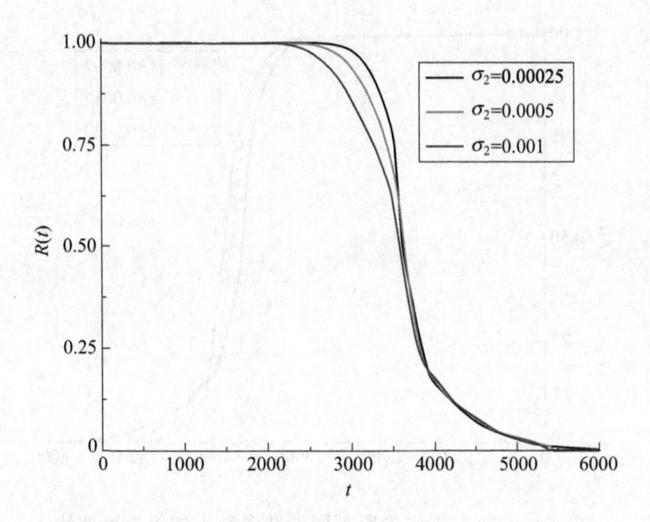

图 9.17 第一工作阶段不同扩散参数下的可靠度曲线

的增大，可靠度整体表现出减小的趋势。图 9.17 是变化第一工作阶段扩散参数后得到的一组图像，可以看出扩散参数 σ_2 主要影响第一工作阶段及第二工作阶段前期的可靠度图像，且可靠度随着 σ_2 的增加而减小。

为了验证本章所提出的三阶段退化模型更贴近实际退化情形，现给出退化过程仅用 Wiener 过程模型构建的可靠度函数作为对比。根据式(9.84)、式(9.90)～式(9.93) 可得：

$$R_4(t)=\begin{cases}\sum_{n=0}^{\infty}\sum_{i=0}^{n}R_{\mathrm{SF2}}(t\mid N(t-T_1)=n,N(t-T_2)=i)\times p(N(t-T_1)=n) \\ \quad\times p(N(t-T_2)=i)\times p^{n-i}(W_i<H_1)\times p^{i}(W_i<H_2) & t>T_2 \\ \sum_{n=0}^{\infty}R_{\mathrm{SF2}}(t\mid N(t-T_1)=n)\times p^{n}(W_i<H_1)\times p(N(t-T_1)=n) & T_1<t\leqslant T_2 \\ \phi\left(\dfrac{D-\mu_1 t}{\sigma_1\sqrt{t}}\right)-\exp\left(\dfrac{2\mu_1 D}{\sigma_1^2}\right)\phi\left(-\dfrac{\mu_1 t+D}{\sigma_1\sqrt{t}}\right) & 0<t\leqslant T_1\end{cases} \tag{9.94}$$

当工作阶段仅用 Gamma 过程描述时，式(9.73) 可改写为

$$\begin{aligned}&p_5(X(t)+S(t)<D)\\&=p(\mu_1T_1+\sigma_1B(T_1)+X_{\mathrm{G}}(t-T_1)+S(t)<D)\\&=p(X_{\mathrm{G}}(t-T_1)<D-(\mu_1T_1+\sigma_1B(T_1)+S(t)))\end{aligned} \tag{9.95}$$

对应的，将式(9.95) 中不等式右侧表示为 A_3，A_3 服从分布：

$$A_5 \sim N(D-\mu_1 T_1 - n\mu_3, \sigma_1^2 T_1 + n\sigma_3^2) \tag{9.96}$$

由于仅利用 Gamma 过程描述工作阶段，公式(9.75) 可以改写为：

$$p_5(X(t)+S(t)<D)=1-\frac{\Gamma(\alpha(t-T_1),\beta A_5)}{\Gamma(\alpha(t-T_1))} \tag{9.97}$$

将式(9.97) 表示为 $p_5(t)$，式(9.79) 可改写为

$$R_{SF5}(t)=\int_0^t\int_{c_1}^{c_2} p_5(t)\times f_{T_1}^{W_1}(T_1)\times f_C(c)\,dc\,dT_1 \tag{9.98}$$

结合式(9.92)，可得仅用 Gamma 过程描述工作阶段的全寿命周期内可靠度函数：

$$R_5(t)=\begin{cases}\sum_{n=0}^{\infty}\sum_{i=0}^{n}R_{SF5}(t\mid N(t-T_1)=n,N(t-T_2)=i)\times p(N(t-T_1)=n) \\ \quad\times p(N(t-T_2)=i)\times p^{n-i}(W_i<H_1)\times p^{i}(W_i<H_2) & t>T_2 \\ \sum_{n=0}^{\infty}R_{SF5}(t\mid N(t-T_1)=n)\times p^{n}(W_i<H)\times p(N(t-T_1)=n) & T_1<t\leqslant T_2 \\ \phi\left(\frac{D-\mu_1 t}{\sigma_1\sqrt{t}}\right)-\exp\left(\frac{2\mu_1 D}{\sigma_1^2}\right)\phi\left(-\frac{\mu_1 t+D}{\sigma_1\sqrt{t}}\right) & 0<t\leqslant T_1\end{cases} \tag{9.99}$$

从图 9.18 可以看出，利用本章模型得到的可靠度曲线位于式(9.94)、式(9.99) 对应曲线下方，所以使用单一随机过程模型进行建模，可能会导致产品的安全预期偏高。

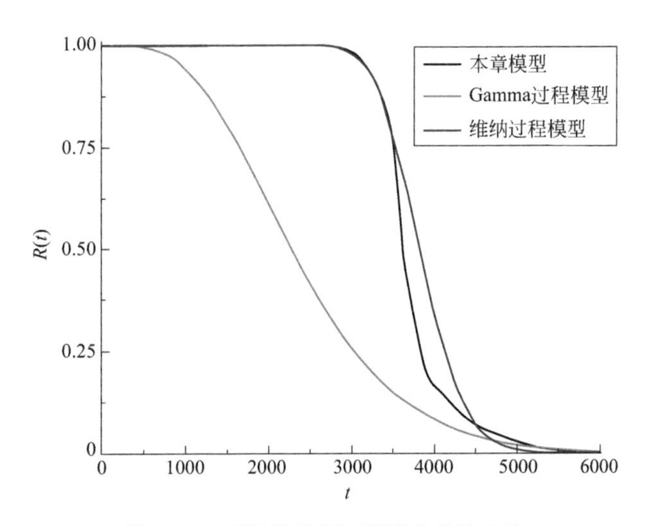

图 9.18　不同模型下可靠度曲线的对比

9.8 本章小结

通过分析证明，本章提出的可靠度分析模型可以较好地描述竞争失效过程，模型具有一定的适用性与实际意义。在建模过程中，是否能够完整地考虑有效冲击对软失效过程的一系列影响，直接决定了可靠性评估的结果。与本章模型相比，以往文献所提出的模型得到的可靠度偏大，在实际应用中无法有效保证产品服役的安全性。对比本章提出的两种模型，可以发现密集冲击对产品的影响主要体现在产品服役的中前期，且密集冲击的到达会导致产品可靠度下降速度更快。本章在考虑密集冲击的 delta 冲击竞争失效可靠性模型中，只考虑了密集冲击对激增退化量与阈值下降量的影响，对于如何将密集冲击具体到达时间引入数学模型，并进一步影响对应阶段退化率的问题，非常值得进一步分析讨论。此外，随着退化过程的进行，delta 冲击阈值或为变量。如何更有针对性地定义密集冲击区间，更好地对特定部件的实际情况进行相关表述，也需要进一步分析。

本章提出的可靠度分析模型可以较好地描述考虑存储期的两阶段退化产品的失效过程，模型具有一定的适用性与实际意义。在建模过程中，是否能够完整地描述全寿命周期内的所有阶段，直接决定了可靠性评估的精准度。与本章提出的三阶段退化过程相比，使用传统退化模型建模，在实际应用中会表现出可靠度偏高的问题。产品的退化过程与冲击过程密切相关，在建模过程中必须加以考虑。本章拓展了基于随机过程模型的竞争失效建模工作，拓展了退化过程与冲击过程间的相关关系，完成了基于变硬失效阈值的可靠性分析模型的建立，更加符合实际工程的需要。尽管如此，对于两过程互相影响的考虑并不全面。在后续研究中，可以对软硬失效阈值同时变化的情况进行分析，进一步完善两阶段退化产品的评估模型。

第10章

结论与展望

10.1 结论

随着当今科学技术的发展，往往很多现代产品具有长寿命、高可靠性的特点，因此这类产品的可靠性评估一直是一个难题。产品在工作过程中的性能退化量是研究其可靠性的重要信息源，通过产品的退化数据，能够清楚地知道产品在退化过程中的相关信息。因此，本书基于产品的性能退化数据，利用Bootstrap自助法，在变失效阈值情况下首先介绍了基于退化数据的相关知识，其次研究了单性能参数的可靠性分析、退化失效与突发失效同时存在的竞争失效分析与多性能参数退化的竞争失效分析。本书的研究成果在各种长寿命、高可靠性产品的可靠性分析上具有实用价值。主要研究内容和创新如下：

① 基于产品的性能退化数据，给出了加速性能退化试验的基本理论，完成了性能退化数据处理过程的确定与验证，为后续的可靠度建模与分析工作提供了有效的理论支撑。

② 基于主流退化模型，结合工程实际与可靠性分析需求，完成了基于变阈值的可靠性建模工作，论证了变阈值建模思想的先进性与在可靠性分析中应用该思想的必要性，使可靠度分析模型更贴近产品的实际退化情况。利用工程实例，证明了本书中的变阈值可靠性模型的正确性与可行性。

③ 基于退化轨迹模型，本书较为完整地考虑了冲击过程对产品自然退

化过程的影响。在对冲击过程进行细化的同时，对传统的硬失效模型进行了改进，提出了基于极值冲击损伤的冲击模型与考虑密集冲击的 delta 冲击模型，并以此为基础完成了竞争失效可靠度建模，为多冲击来源、复杂工作环境下的变软阈值可靠度分析提供了一种新的分析方法。

④ 基于随机过程模型，针对产品的两阶段退化特性，本书提出了一种考虑存储期退化的三阶段变硬失效阈值竞争失效可靠性模型。该模型完成了考虑产品存储期的维纳过程和 Gamma 过程的三阶段联合建模，能够较好地利用性能退化数据进行可靠度分析，填补了以往模型在采用随机过程模型进行可靠度分析时忽略冲击过程的情况。本模型完成了竞争失效思想的引入，在传统模型的基础上完成了些许改进。

⑤ 在退化失效与突发失效并存的竞争失效可靠性分析中，运用威布尔分布对产品的突发失效进行建模，在产品的退化失效中，由于其性能退化过程的本质特性，仍然采用随机过程进行描述。在竞争失效时，从独立条件与相关条件两方面分别讨论，针对独立条件，运用串联模型进行分析；在退化失效与突发失效相关条件下，从退化量的角度对产品的突发失效进行评估，按照突发失效依据性能退化量的条件概率来建立竞争失效的可靠度模型，提高模型精度。

⑥ 在考虑多性能参数退化的竞争失效可靠性分析时，主要采用基于变失效阈值的多元正态分布的多参数退化模型与基于多元 Gamma 随机过程的模型，两种方法均研究了独立条件与相关条件下的竞争失效可靠度模型。独立条件下，两者针对自身性质，均采用了串联模型；相关条件下，在多元正态分布模型中，引出协方差矩阵概念，给出协方差矩阵的求解方法，用协方差矩阵来描述各个退化参数之间的相关性，进而建立相关情况下的竞争失效可靠度模型。基于多元 Gamma 随机过程的竞争失效可靠性分析中，给出了相关系数的求解办法，用以求解在相关条件下的可靠度。

⑦ 研究了刚度退化条件下的动力伺服刀架振动传递路径系统的可靠性问题，构建了变刚度条件下的传递路径模型，确定了符合动力伺服刀架振动模式下的刚度退化模型，并且根据动力伺服刀架的实际振动情况构建了动力伺服刀架的振动传递路径模型。考虑路径质量、刚度和位置情况的条件下也考虑了存在转动惯量的问题，并以此创建了振动传递路径的运动微分方程。通过将变刚度引入传递路径的运动微分方程，从而构造出了变刚度下的动力伺服刀架振动传递路径系统模型。

⑧ 通过引入变刚度，使得运动微分方程的自变量扩展到了时域，避免了可靠性灵敏度的部分信息淹没在时域内，并通过蒙特卡洛数字模拟的方

法进行了结构验证。结果分析发现随着时间的增加，刚度退化导致系统各阶固有频率和固有频率的方差发生改变，因而使得共振区域发生偏移，即曲面图波谷随时间增加逐渐聚拢，激振频率引起在频域方向的共振总体区间逐渐变小，通过这一分析结果可以有效地避开随时间变化的共振频率带。

⑨ 本书中采用了基于二阶矩技术的灵敏度分析方法推导了系统传递可靠度对路径随机参数均值和方差的灵敏度。运用 MATLAB 编程运算，得到了系统传递可靠度对各路径随机参数均值的灵敏度曲面图。通过分析灵敏度在频域和时域的变化，可以看出由于考虑了变刚度的影响，系统传递可靠度对各路径随机参数均值的灵敏度峰值都随着时间发生波动，这一现象是由于在时域内伴随着刚度退化，系统性能受到变刚度的影响，进而使得系统的灵敏度在时域内发生改变。且随着激振频率增加，灵敏度随时间波动的频率也随之增加，其波动形式以及波动频率的改变都受到可靠性模型的影响。刚度退化受到时间和激振频率的影响，因此随着时间的增加，刚度退化导致系统性能发生改变，进而使得灵敏度发生波动。而且随着激振频率的增加，刚度退化加快，系统性能变化加剧，导致灵敏度变化加快。

综上所述，本著作通过对基于性能退化数据的可靠性分析方法的研究，在一定程度上解决了传统可靠性分析方法过于依赖失效数据而不能满足产品分析需求的问题。探究了数据获取及处理、再到理论模型搭建的完整分析过程。初步讨论了基于变阈值的可靠性分析模型的建立方法，为高质量、长寿命产品的可靠度分析工作提供了一定的理论支撑。

10.2 展望

虽然性能退化数据的获取在工程实际中已经不是难事，但是根据性能退化数据进行可靠性分析的各种理论与方法才刚刚起步，且很多研究都是在某一个具体情况下，推导一些特定的模型与求解思路，通常不具备通用性与一般性，因此较深层次的理论就相对少一些。本书对基于性能退化的可靠性进行了研究，首次提出了渐变阈值的概念，并将渐变阈值应用到了突发失效阈值离散变化、突发失效阈值连续变化，以及含有自恢复性能的可靠度模型，在一定程度上提高了可靠度模型的精确度。但是还有部分工作有待展开，主要包括以下几个方面[57]：

① 目前的产品具有高度集成化、复杂化的特性，产品许多部件的退化过程是同时进行的。除了产品部件较多之外，各种失效模式与载荷判定也

十分复杂，更会存在多个冲击过程同时存在的情况。由此可见，产品整体可靠度评估难度较大。如何建立复杂产品的整体可靠度分析模型需要进一步研究。

② 随着科技的发展，许多新式材料或新兴技术都得到了广泛的应用，这就使得产品会表现出类似自愈特性的一些特殊性质。这些性质会影响产品的退化过程，传统的分析模型不一定能完全适应非单调、非线性的复杂退化模式。针对特定产品的可靠度分析方法也亟待提出。

③ 竞争失效建模思想关注冲击过程对自然退化的影响。产品的退化往往有多个退化过程并行，软失效过程是否存在相互影响关系，如果存在又该如何进行建模的问题也需要进一步研究。

④ 本书对于突发失效阈值的研究局限在了离散变化以及线性变化的基础上，后续的研究应多考虑导致突发失效阈值变化的外界环境因素影响下，失效阈值的其他变化形式及模型建立过程。

⑤ 本书在研究竞争失效问题时，考虑了突发失效与退化失效并存的情况与多性能参数退化并存的情况。如何在性能退化试验数据的基础上，研究突发失效与多性能参数退化并存情况下的竞争失效可靠性，也是一个值得研究的方向。

⑥ 刚度退化在实际工程中通常是呈非线性的，退化模型的建立存在着近似性、假定性。因此理论研究如果与实际相贴合，就需要建立更加符合实际工况的刚度退化模型，这就涉及特定工况刚度退化的研究。后期工作应当对动力伺服刀架振动传递系统，尤其是传动系统，进行现场检测，通过采集相关数据，进行数据分析，构建更符合实际的退化模型。

⑦ 应当考虑随机参数的相关性问题。本书在考虑各种随机参数时默认其都是相互独立的。事实上，位置参数之间是有关联的，默认各种随机参数都是相互独立的是一种简化的手段，会导致数值分析与实际情况存在误差，所以应当将随机参数的数字特征完善，并考虑其相关性。

⑧ 本书在研究分析过程中为了便于计算，将阻尼问题省略。虽然阻尼对系统影响较小，但是有时也会导致结构系统故障。因此为了更贴合实际，应当将其考虑进去，并且阻尼也存在随时间而工况环境退化的现象，这点也可以考虑其中。

参考文献

[1] 刘强．基于失效物理的性能可靠性技术及应用研究［D］．长沙：国防科学技术大学，2011.

[2] Nelson W. Analysis of performance-degradation data from accelerated tests [J]. IEEE Transactions on Reliability, 2009, R-30 (2): 149-155.

[3] Wu S J, Tsai T R. Estimation of time-to-failure distribution from a degradation model using fuzzy clustering [J]. Quality & Reliability Engineering International, 2015, 16 (4): 261-267.

[4] Yang K, Xue J. Continuous state reliability analysis [C]//1996 Microelectronics Reliability, 1997, 37 (8): 1280-1281.

[5] Jayaram J S R, Girish T. Reliability prediction through degradation data modeling using a quasi-likelihood approach [C]. Proceedings of the Annual Reliability and Maintainability Symposium, 2005.

[6] Huang W, Dietrich D L. An alternative degradation reliability modeling approach using maximum likelihood estimation [J]. IEEE Transactions on Reliability, 2005, 54 (2): 310-317.

[7] Sun Q, Zhou J, Zhong Z, et al. Gauss-Poisson joint distribution model for degradation failure [J]. IEEE Transactions on Plasma Science, 2004, 32 (5): 1864-1868.

[8] Peng W, David W. Reliability prediction based on degradation modeling for systems with multiple degradation measure [J]. Proceedings Annual Reliability and Maintainability Symposium, 2004, 302-307.

[9] Xu D, Zhao W B. Reliability prediction using multivariate degradation data [J]. Proceedings Annual Reliability and Maintainability Symposium, 2005, 337-341.

[10] 胡锦涛，胡昌华，陈亮，等．基于多元退化量的可靠性评估方法研究［J］．控制工程，2007 (S3): 77-79.

[11] 赵建印，孙权，周经伦，等．基于加速退化数据的金属化膜脉冲电容器可靠性分析［J］．强激光与粒子束，2006，18 (09): 1495-1498.

[12] Freitas M A, Maria Luíza G, de Toledo, Colosimo E A, et al. Using degradation data to assess reliability: a case study on train wheel degradation [J]. Quality and Reliability Engineering International, 2009, 25.

[13] Gallais L, Natoli J Y, Amra C. Statistical study of single and multiple pulse laser-induced damage in glasses [J]. Optics Express, 2003, 10 (25): 1465-1474.

[14] Liu T, Wu X, Guo Y, et al. Bearing performance degradation assessment by orthogonal local preserving projection and continuous hidden markov model [J]. Transactions of the Canadian Society for Mechanical Engineering, 2016, 40.

[15] Zheng S S, Dai K Y, Han C W, et al. Steel bent frame structure vulnerability ananlysis based on steel performance degradation model [J]. Journal of Vibration and Shock, 2015.

[16] 蒋喜，刘宏昭，刘丽兰，等．基于伪寿命分布的电主轴极小子样可靠性研究［J］．振动与冲击，2013，32 (19): 80-85.

[17] Wang Q, Fu C Y, Chen K, et al. Single detector compound axis control based on realtime predicted trajectory correcting method [J]. Opto-Electronic Engineering, 2007, 34 (4): 17-21.

[18] Dusmez S, Akin B. Remaining useful lifetime estimation for degraded power MOSFETs under cyclic thermal stress [C]. Energy Conversion Congress & Exposition. IEEE, 2016.

[19] Gopikrishnan A. Reliability inference based on degradation and time to failure data：some models，methods and efficiency comparisons [D]. Ann Arbor：University of Michigan，2004.

[20] Chinnam R B. On-line reliability estimation for individual components using statistical degradation signal models [J]. Quality and Reliability Engineering International，2002，18 (1)：53-73.

[21] 邓爱民，陈循，张春华，等．基于性能退化数据的可靠性评估 [J]. 宇航学报，2006，27 (3)：546-552.

[22] 张永强，刘琦，周经伦．基于Bayes性能退化模型的可靠性评定 [J]. 电子产品可靠性与环境试验，2006，24 (4)：46-49.

[23] Meeker W Q，Luvalle M J. An accelerated life test model based on reliability kinetics [J]. Technometrics，1995，37 (2)：133-146.

[24] Crk V. Reliability assessment from degradation data [C]//Reliability & Maintainability Symposium. IEEE，2000.

[25] Wang X，Nair V. A class of degradation model basedon nonhomogeneous gaussian process [R]. University of Michigan，2005.

[26] Park C，Padgett W J. Accelerated degradation models for failure based on geometric brownian motion and Gamma processes [J]. Lifetime Data Analysis，2005，11 (4)：511-527.

[27] 彭宝华，周经伦，金光．综合多种信息的金属化膜电容器可靠性评估 [J]. 强激光与粒子束，2009，21 (8)：1271-1275.

[28] 彭宝华，周经伦，潘正强．Wiener过程性能退化产品可靠性评估的Bayes方法 [J]. 系统工程理论与实践，2010，30 (3)：543-549.

[29] Cai Z Y，Chen Y X，Chen F，et al. Reliability Assessment of Nonlinear Accelerated Degradation Based on Wiener Process [J]. Electronics Optics & Control，2016.

[30] 朱磊，左洪福，蔡景．基于Wiener过程的民用航空发动机性能可靠性预测 [J]. 航空动力学报，2013，28 (5)：1006-1012.

[31] Noortwijk J M V，Weide J A M V D，Kallen M J，et al. Gamma processes and peaks-over-threshold distributions for time-dependent reliability [J]. Reliability Engineering & System Safety，2007，92 (12)：1651-1658.

[32] Yuan X X. Stochastic modeling of deterioration in nuclear power plant components [J]. Pro Quest Dissertations and These；Thesis，2007，30 (5)：154-169.

[33] 姜梅．基于Gamma模型和加速退化数据的可靠性分析方法 [J]. 海军航空工程学院学报，2013，28 (4)：408-411.

[34] 张英波，贾云献，冯天乐，等．基于Gamma退化过程的直升机主减速器行星架剩余寿命预测模型 [J]. 振动与冲击，2012，31 (14)：47-51.

[35] Bocchetti D，Giorgio M，Guida M，et al. A competing risk model for the reliability of cylinder liners in marine Diesel engines [J]. Reliability Engineering & System Safety，2009，94 (8)：1299-1307.

[36] 吕萌，蔡金燕，张志斌，等．多退化模式下的电子装备可靠性建模 [J]. 火力与指挥控制，2009，34 (10)：164-166.

[37] 王华伟，高军，吴海桥，等．基于竞争失效的航空发动机剩余寿命预测 [J]. 机械工程学报，2014，50 (6)：197-205.

[38] Huang W, Askin R G. Reliability analysis of electronic devices with multiple competing failure modes involving performance aging degradation [J]. Quality and Reliability Engineering, 2003, 19 (3): 241-254.

[39] Su C, Zhang Y. System reliability assessment based on Wiener process and competing failure analysis [J]. Journal of Southeast University (English Edition), 2010, 26 (4): 44-53.

[40] 秦荦晟，陈晓阳，沈雪瑾. 小样本下基于竞争失效的轴承可靠性评估 [J]. 振动与冲击，2017, 36 (23): 248-254.

[41] 王炳兴. 竞争失效产品加速寿命试验的统计分析 [J]. 应用数学学报，2002, 25 (2): 254-262.

[42] Liu J, Li X, Peng C. Reliability analysis for multicomponent degraded system subject to multipledependent competing failure process [C]. Prognosticsand System Health Management Conference. Beijing, 2015: 1-5.

[43] 常春波，曾建潮. δ冲击条件下相关性竞争失效过程的系统可靠性建模 [J]. 振动与冲击，2015, 34 (8): 203-208.

[44] Jiang L, Feng Q, Coit D W. Reliability and maintenance modeling for dependent competing failure processes with shifting failure thresholds [J]. IEEE Transactions on Reliability, 2012, 61 (4): 932-948.

[45] Rafiee K, Feng Q, Coit D W. Reliability assessment of competing risks with generalized mixed shock models [J]. Reliability Engineering & System Safety, 2017, 159: 1-11.

[46] Hao S, Yang J. Reliability analysis for dependent competing failure processes with changing degradation rate and hard failure threshold levels [J]. Computers & Industrial Engineering, 2018, 118: 340-351.

[47] 黄文平，周经伦，宁菊红. 基于变失效阈值的竞争失效可靠性模型 [J]. 系统工程与电子技术，2017, 39 (4): 941-946.

[48] Dong Q, Cui L. A study on stochastic degradation process models under different types of failure thresholds [J]. Reliability Engineering & System Safety, 2018, 181 (1): 202-212.

[49] An Z, Sun D. Reliability modeling for systems subject to multiple dependent competing failure processes with shock loads above a certain level [J]. Reliability Engineering & System Safety, 2017, 157 (11): 129-138.

[50] Zhang X, Shang J, Chen X, et al. Statistical inference of accelerated life testing with dependent competing failures based on Copula theory [J]. IEEE Transactions on Reliability, 2014, 63 (3): 764-780.

[51] Gao H, Cui L, Kong D. Reliability analysis for a Wiener degradation process model under changing failure thresholds [J]. Reliability Engineering & System Safety, 2018, 171 (3): 1-8.

[52] Song S, Coit D W, Feng Q. Reliability analysis of multiple-component series systems subject to hard and soft failures with dependent shock effects [J]. IIE Trans, 2016, 48 (8): 720-735.

[53] Li W, Pham H. An inspection-maintenance model for systems with multiple competing processes [J]. IEEE Transactions on Reliability, 2005, 54 (2): 318-327.

[54] Neumuth D, Loebe F, Herre H, et al. Reliability analysis on competitive failure processes under fuzzy degradation data [J]. Applied Soft Computing, 2011, 11 (3): 2964-2973.

[55] 刘晓娟，王华伟，徐璇. 考虑多退化失效和突发失效之间竞争失效的可靠性评估方法 [J]. 中

国机械工程，2017（1）.
[56] 杨圆鉴．基于退化模型的机械产品可靠性评估方法研究［D］．成都：电子科技大学，2016.
[57] 魏星．基于产品性能退化数据的可靠性分析及应用研究［D］．南京：南京理工大学，2008.
[58] 曹普华，程侃，等．可靠性数学引论（修订版）［M］．北京：高等教育出版社，2012.
[59] 茆诗松，汤银才，王玲玲．可靠性统计［M］．北京：高等教育出版社，2008.
[60] 赵宇．可靠性数据分析［M］．北京：国防工业出版社，2010.
[61] 郝会兵．基于贝叶斯更新与Copula理论的性能退化可靠性建模与评估方法研究［D］．南京：东南大学，2016.
[62] 赵建印．基于性能退化数据的可靠性建模与应用研究［D］．长沙：国防科学技术大学，2005.
[63] 郭帅志．基于最大似然估计的超分辨重建算法研究与FPGA实现［D］．合肥：中国科学技术大学，2019.
[64] 齐佳．性能退化自恢复产品的相关竞争失效可靠性建模与评估［D］．哈尔滨：哈尔滨理工大学，2019.
[65] Sakamoto H，Takezono S，Nakano T. Effect of stress frequency on fatigue crack initiation in titanium［J］. Engineering Fracture Mechanics，1988，30（3）：373-382.
[66] 师义民，师小琳．逆威布尔部件的可靠性估计［J］．西北工业大学学报，2015（4）：694-698.
[67] 第四机械工业部标准化研究所．可靠性试验用表［M］．北京：国防工业出版社，1979.
[68] Sun Y，Polyanskiy Y，Uysal-Biyikoglu E. Remote Estimation of the Wiener Process over a Channel with Random Delay［C］. 2017 IEEE International Symposium on Information Theory，IEEE，2017.
[69] 庄东辰，茆诗松．退化数据统计分析［M］．北京：中国统计出版社，2013.
[70] 张北．基于退化数据的相关性失效产品可靠性评估模型［D］．成都：西南交通大学，2017.
[71] Kuntman A，Ardali A，Kuntman H，et al. A Weibull distribution-based new approach to represent hot carrier degradation in threshold voltage of MOS transistors［J］. Solid State Electronics，2004，48（2）：217-223.
[72] Qin H，Zhang S，Zhou W. Inverse Gaussian process-based corrosion growth modeling and its application in the reliability analysis for energy pipelines［J］. Frontiers of Structural & Civil Engineering，2013，7（3）：276-287.
[73] Zhang C H，Lu X，Tan Y，et al. Reliability demonstration methodology for products with Gamma Process by optimal accelerated degradation testing［J］. Reliability Engineering & System Safety，2015，142：369-377.
[74] Li J，Wang Z，Zhang Y，et al. A nonlinear Wiener process degradation model with autoregressive errors［J］. Reliability Engineering & System Safety，2018，173：S0951832017305458.
[75] 张义民，林禄祥，吕昊．基于Gamma过程的机车车轮镟修里程预测方法［J］．东北大学学报（自然科学版），2018，39（4）：522-526.
[76] 孙中泉，赵建印．Gamma过程退化失效可靠性分析［J］．海军航空工程学院学报，2010，25（5）：581-584.
[77] 苏春，张恒．基于性能退化数据和竞争失效分析的可靠性评估［J］．机械强度，2011，33（2）：196-200.
[78] 袁容．基于性能退化分析的可靠性方法研究［D］．成都：电子科技大学，2015.
[79] 龙哲，申桂香，王晓峰，牟黎明，韩辰宇．竞争失效的刀具可靠性评估模型［J］．吉林大学学

报（工学版），2019，49（1）：141-148.

[80] 孙权，冯静，潘正强．基于性能退化的长寿命产品寿命预测技术［M］. 北京：科学出版社，2015.

[81] 彭宝华．基于 Wiener 过程的可靠性建模方法研究［D］. 长沙：国防科学技术大学，2010.

[82] 张义民，李鹤．机械振动学基础［M］. 北京，高等教育出版社，2010.

[83] Williams M S，Sexsmith R G．Seismic damage indices for concrete structures：a state-of-the-art review［J］. Earthquake Spectra，1995，11（2）：319-349.

[84] 王志宇，薛辉，刘晓凯，等．螺栓端板连接方钢管柱低周疲劳性能及损伤模型研究［J］. 建筑结构学报，2016，37（6）：151-159.

[85] Liu X F，Wu Z，Song M，et al. Based on the theory of the miner fatigue damage of fuzziness analysis and mathematical modeling［J］. Applied Mechanics and Materials，2013，437：124-128.

[86] 段忠东，欧进萍．金属材料的非线性疲劳累积损伤模型及强度衰减分析［J］. 应用力学学报，1998（3）：104-109.

[87] 赵维涛，安伟光，吴香国．基于累积损伤的结构系统时变刚度可靠性分析［J］. 哈尔滨工程大学学报，2006，27（6）：812-815.

[88] 安东亚，汪大绥，周德源，等．高层建筑结构刚度退化与地震作用响应关系的理论分析［J］. 建筑结构学报，2014，35（4）：155-161.

[89] 赵薇，张义民．振动传递路径系统的传递可靠性灵敏度［J］. 航空动力学报，2012，27（5）：1080-1086.

[90] Huang X，Li Y，Zhang Y，et al. A new direct second-order reliability analysis method［J］. Applied Mathematical Modelling，2018，55：68-80.

[91] 赵薇．机械振动传递路径系统传递性的研究与应用［D］. 沈阳：东北大学，2012.

[92] 魏鹏飞．结构系统可靠性及灵敏度分析研究［D］. 西安：西北工业大学，2015.

[93] 张义民，仝允．振动传递路径系统的参数和全局灵敏度分析［J］. 振动、测试与诊断，2017（6）：1077-1081.

[94] 王新刚，常苗鑫，张恒，等．动力伺服刀架端齿盘分度精度可靠性灵敏度设计［J］. 东北大学学报（自然科学版），2017（6）：834-838.

[95] 马彦辉．基于 GLM 的非正态响应稳健设计研究［D］. 天津：天津大学，2008.

[96] Park G J，Lee T H，Lee K H，et al. Robust design：an overview［J］. Aiaa Journal，2012，44（1）：181-191.

[97] 程贤福．公理设计应用研究及其与稳健设计的集成［D］. 武汉：华中科技大学，2007.

[98] 刘久富，王宁生，丁宗红，等．三次设计的扩展介绍与探讨［J］. 工业工程，2002，5（1）：50-54.

[99] 刘洋．配气机构传动系统的频率可靠性分析［D］. 沈阳：东北大学．2017.

[100] Liu Jingyi，Zhang Yugang，Song Bifeng. Reliability modeling for competing failure systems with instant-shift hard failure threshold［J］. Transactions of the Canadian Society for Mechanical Engineering，2018，42：tcsme-2017-0130.

[101] Nakagawa T. Shock and damage models in reliability theory［M］. Springer London，2007.

[102] Koosha Rafiee，Qianmei Feng，David W Coit. Reliability modeling for dependent competing failure processes with changing degradation rate［J］. IIE Transactions，46：5，483-496.

[103] 彭贵华．半导体制造业多目标中期生产计划优化模型研究［D］．成都：西南交通大学，2011.

[104] Tsai CC，Tseng ST，Balakrishnan N. Mis-specification analyses of gamma and Wiener degradation processes [J]. J Stat Plan Inference，2011，141 (12)：3725-3735.

[105] Gebraeel N，Lawley M，Liu R，Parmeshwaran V. Residual life predictions from vibration-based degradation signals：a neural network approach [J]. IEEE Trans Ind Electron，2004，51 (3)：694-700.

[106] Ng TS. An application of the EM algorithm to degradation modeling [J]. IEEE Trans Reliab，2008，57 (1)：2-13.

[107] Kong D，Balakrishnan N，Cui L. Two-Phase degradation process model with abrupt jump at change point governed by Wiener process [J]. IEEE Transactions on Reliability，2017，99 (4)：1-16.

[108] Gao H，Cui L，Dong Q. Reliability modeling for a two-phase degradation system with a change point based on a Wiener process [J]. Reliability Engineering & System Safety，2019，193 (6)：106601.

[109] Zhao X，Guo X，Wang X. Reliability and maintenance policies for a two-stage shock model with self-healing mechanism [J]. Reliability Engineering & System Safety，2018，172 (4)：185-194.

[110] Yuan R，Li H，Huang H Z. A new non-linear continuum damage mechanics model for the fatigue life prediction under variable loading [J]. Mechanics，2013，19 (5)：506-511.

[111] Danelle M. Tanner，Michael T. Dugger. Wear mechanisms in a reliability methodology (Invited) [J]. 2003.

[112] Gao H，Cui L，Qiu Q. Reliability modeling for degradation-shock dependence systems with multiple species of shocks [J]. Reliability Engineering & System Safety，2019，185 (5)：133-143.

[113] Peng H，Feng Q，Coit D W. Reliability and maintenance modeling for systems subject to multiple dependent competing failure processes [J]. Iie Transactions，2010，43 (1)：12-22.

[114] Wang Y，Pham H. Imperfect preventive maintenance policies for two-process cumulative damage model of degradation and random shocks [J]. International Journal of System Assurance Engineering & Management，2011，2 (1)：66-77.

[115] Qi J，Zhou Z，Niu C. Reliability modeling for humidity sensors subject to multiple dependent competing failure processes with self-Recovery [J]. Sensors，2018，18 (8)：1-17.